ナノバイオとナノメディシン

― 医療応用のための材料と分子生物学 ―

博士(工学) 生駒　俊之 編著
工学博士　田中　順三

　　　　　　伊藤　　博
博士(工学) 芹澤　　武
博士(医学) 早乙女進一
博士(工学) 花方　信孝 共著
博士(工学) 吉岡　朋彦
博士(工学) 澤田　敏樹
博士(工学) 多賀谷基博

コロナ社

推　薦　文

　近年，急速に発展したナノテクノロジーは生命科学の分野に導入され，バイオテクノロジー技術と融合してナノバイオテクノロジー（ナノバイオ）という新技術領域を創り出した。ナノバイオは工学，医学，歯学，薬学，食品，農学など幅広い分野で技術革新をもたらした。その新技術は分子イメージング，バイオセンサ，バイオチップなどの開発だけでなく，核酸やタンパク質などのバイオ分子を操作していままでになかった生分解性をもつバイオ素材をつくり出すこともできるようになった。さらに医療分野ではナノメディシンという新しい概念を産み出し，ナノバイオはナノメディシンの基盤技術となっている。

　ナノメディシンは材料工学，生物学，医学，歯学，薬学などの学問分野を融合し，ナノテクノロジーの技術を活用しながら研究分野を広げつつある。現在の主な研究領域を見ると，(1) 癌組織などの患部のみに集中的に治療薬を送達する技術（drug delivery system, DDS），(2) 遺伝子を患部に送達する技術（遺伝子治療），(3) 患部の細胞活動を画像化する生体イメージング技術，(4) 新規バイオナノマテリアルの開発，(5) 生体材料を用いた検査・計測装置（ナノデバイス），などが研究対象となっているが，その他さまざまな研究が進められている。

　本書はナノバイオおよびナノメディシンの学際研究による新技術，成果を紹介，解説したものである。本書の特色は二つの点にあるといえよう。

　一つは多様な分野の研究者が連携を保ちながら執筆している点である。材料工学，有機・高分子化学，ナノテクノロジー，コラーゲン，整形外科学などの第一線の研究者がそれぞれの専攻分野の基本概念，新技術，成果，課題，将来の展望について記述しており，学際領域研究の現状と未来を知ることができる。

　もう一つの特色は本書が二つの視点を基に編集されていることである。本書

推薦文

は第Ⅰ部 物質編，第Ⅱ部 発展編の二部から構成されており，第Ⅰ部 物質編では「生命体の中に存在する物質とその機能」という視点から，細胞の機能，新しいナノメディシン用の素材開発，アルツハイマーなどの疾患を知らせる物質の役割，細胞を支える基本物質コラーゲンの応用，骨・軟骨・神経などの再生医療・疾患治療に応用できる技術が述べられている。さらにコラーゲン資源として魚のウロコが利用できるという。ウロコは無尽蔵であり，医療だけでなく化粧品分野への実用化について解説されている。

第Ⅱ部 発展編では「細胞から人工的な物質がどのように見えるか」という視点から，物質が細胞活性に与える影響と遺伝子発現，さらに具体例を挙げて臨床医療への実用化に向けた安全性評価・臨床治験のあり方が述べられている。さらに整形外科で使われる生体材料，人工関節，骨移植，人工骨材料，骨，脊髄の再生医療の現状と展望が詳細に紹介されている。

さらに全体を通しての章立ても，ナノバイオとナノメディシンの基礎から医療応用などへの実用化が一つの流れとして編集されており，初めての読者にも読みやすく，理解しやすいように工夫されている。特にナノメディシンに関してはナノバイオ技術を用いた骨，軟骨，神経，靭帯の再生法およびコラーゲンによる軟組織陥凹部修復材，骨補填材，止血材，涙点閉鎖材，歯科用GTR (guided tissue regeneration) 膜，人工血管クロッテング材，真皮欠損用グラフト，DDS基材など幅広い医療応用事例がより具体的に紹介されており，医療関係者に理解しやすい内容となっている。

本書を工学・理学分野の学生，大学院生のみならず，ナノバイオ，ナノメディシンを志す研究者あるいはすでに関わっている研究者・技術者，そして医師，歯科医師，薬剤師などの医療関係者の方々に是非薦めたい。本書を読めばナノバイオとナノメディシンに関する新技術，先端情報，研究動向を知ることができよう。

2015年8月

東京医科歯科大学名誉教授　海野　雅浩

まえがき

　この本を手にとった読者で，ナノテクノロジーを知らない人はいないだろう。しかし，ナノメディシンはなじみがないかもしれない。ナノテクノロジーとバイオテクノロジーを融合させた技術が，ナノバイオテクノロジーである。副題の"医療応用のための材料と分子生物学"を見ると，人工物である材料と分子生物学とがどこで関連しているのか不思議に思うかもしれない。本書は，バイオマテリアルをナノメートルのスケール（10億分の1ｍ）でとらえ，その極小空間における，材料と細胞との反応を材料と細胞との両側面から考え，実際の医療技術を理解できるようになることを目標とした。

　生命体が生体物質と細胞との基本要素からできていることは周知の事実である。生体物質は細胞によって分泌されるが，その物質は逆に細胞に影響を与えつつ生命体を維持している。このような生命維持に対する双方向的な考え方を基に，新しい融合分野を読者自身でも考えてほしい。無機材料と有機材料を中心にした材料工学，分子生物学，医学を専門とする先生方と協力して，学際的分野のナノバイオとナノメディシンを取り上げて教科書をつくることができた。医療の未来をつくるためには，分野の異なる多くの研究者が協力して，別な視点から同じ技術を語り，一緒に考えることが大切である。

　最近は，専門分野が異なると，研究内容を話しても，たがいによく理解できないことがある。例えば，材料を専門とする研究者は，生物学には関心を示さない。しかし，学問を志すと決めたならば，知らない領域をつくらず，広く知識を得ることが肝要ではなかろうか。分野の異なる研究者との意見を交わすことから，新しいアイディアが生まれ，それが技術革新につながることもあるだろう。このことは，医療分野に限ることではない。本書を通じて，新しい発想が生まれる一助となれば幸いである。

まえがき

　本書は，工学・理学・生物分野の研究を日夜行っている学部学生，大学院生だけでなく，幅広く医療に携わっている読者を想定して書かれている。そのため，生体に関連する物質から始まり，実際の材料を取り上げ，さらに医療機器に関して実例を挙げながら記載している。そのため，高校の生物や大学の一般教養における化学の知識があれば，本書を片手に勉強することで，学際的なナノバイオとナノメディシンの理解を深められると期待している。

　なお，本書を出版するにあたり株式会社コロナ社の皆様には並々ならぬご助言・忍耐をいただいたことを，ここに深く感謝申し上げます。

2015年8月

生駒　俊之

目次

—— Part I【物質編】——

1. 生体物質とナノテクノロジー

1.1 はじめに ··· *1*
1.2 生体内物質 ··· *1*
    1.2.1 細胞外マトリックス ·· *1*
    1.2.2 細胞増殖因子 ··· *6*
    1.2.3 サイトカイン ··· *8*
    1.2.4 抗　　　体 ·· *11*
    1.2.5 生体内の元素 ··· *13*
1.3 細胞の機能 ··· *14*
    1.3.1 小器官とエネルギー通貨 ··· *14*
    1.3.2 形態維持 ··· *19*
    1.3.3 細胞膜の成分 ··· *21*
    1.3.4 膜の役割 ··· *24*
    1.3.5 細胞受容体 ·· *27*
    1.3.6 ECMと細胞との接着 ·· *29*
1.4 細胞の物質輸送 ··· *31*
    1.4.1 薬物と生体膜透過機構 ·· *31*
    1.4.2 受動輸送 ··· *33*
    1.4.3 能動輸送 ··· *34*

1.4.4　膜動輸送···37
1.5　ナノメディシン···40
　　　1.5.1　ナノ粒子による薬物送達システム·······················40
　　　1.5.2　古典的核生成論··41
　　　1.5.3　単一分散シリカナノ粒子の生成機構·····················46
　　　1.5.4　メソポーラスシリカナノ粒子·····························52
1.6　シリカナノ粒子の生体安全性と医療······························62
　　　1.6.1　細胞との相互作用·······································62
　　　1.6.2　体内動態···71
　　　1.6.3　医療応用···74
1.7　おわりに···81
引用・参考文献···81

2.　ペプチドのナノバイオニクス

2.1　はじめに···85
2.2　高分子結合性ペプチド··88
　　　2.2.1　ペプチドの標的としての合成高分子······················88
　　　2.2.2　ペプチドによる高分子の立体規則性認識··················91
　　　2.2.3　ペプチドによるさまざまな高分子認識······················96
　　　2.2.4　高分子結合性ペプチドの応用······························99
2.3　自己組織化ペプチドナノマテリアル······························103
　　　2.3.1　βシートペプチドを用いたナノファイバの設計···········103
　　　2.3.2　ナノファイバの構築および機能化のためのペプチドの設計
　　　　　　···105
　　　2.3.3　特異的に接合するペプチドを利用した機能化············107
2.4　おわりに···111
引用・参考文献···113

3. 細胞を支えるコラーゲン化学

3.1 はじめに *115*
3.2 コラーゲンの構造・特性 *115*
    3.2.1 一次構造，二次構造，三次構造 *116*
    3.2.2 生合成と分解代謝 *119*
    3.2.3 コラーゲンの繊維形成 *120*
3.3 コラーゲンの抽出 *123*
    3.3.1 可溶性コラーゲン *125*
    3.3.2 可溶化コラーゲン *125*
3.4 コラーゲンの物性 *127*
    3.4.1 粘　　　土 *127*
    3.4.2 旋　光　度 *128*
    3.4.3 線　維　再　生 *129*
    3.4.4 コラーゲン分子鎖の組成 *130*
    3.4.5 コラーゲンの熱変性 *132*
3.5 コラーゲン素材の分類と特徴 *134*
    3.5.1 トロポコラーゲンとアテロコラーゲン *134*
    3.5.2 化　学　的　修　飾 *136*
    3.5.3 物　理　的　修　飾 *137*
    3.5.4 成　形　性 *138*
3.6 原　料　種 *140*
3.7 応　用　例 *143*
    3.7.1 食品分野への応用 *143*
    3.7.2 培養用機材への応用 *144*
    3.7.3 化粧品原料としての応用 *146*
    3.7.4 医療分野での応用 *147*

3.8 おわりに……………………………………………………………156
引用・参考文献………………………………………………………157

4. 生体組織を再生するナノバイオニクス

4.1 はじめに……………………………………………………………159
4.2 ウロコラーゲン―生体組織の階層構造………………………159
 4.2.1 ウロコと生体組織の類似性……………………………161
 4.2.2 ウロコの再生機構………………………………………164
 4.2.3 生物進化と材料…………………………………………166
 4.2.4 骨の構造と形成機構……………………………………167
 4.2.5 コラーゲンの層板構造と変性温度……………………169
 4.2.6 コラーゲンの安定性―翻訳後修飾……………………173
 4.2.7 ウロコラーゲンの機能性………………………………175
4.3 骨組織をつくる―再生医療の始まり……………………………178
 4.3.1 多孔質人工骨……………………………………………178
 4.3.2 一軸連通気孔をもった人工骨…………………………179
4.4 骨組織を再生するナノバイオ技術………………………………181
 4.4.1 骨誘導再生法……………………………………………181
 4.4.2 有機・無機複合膜………………………………………183
4.5 神経を再生するナノバイオ技術…………………………………187
 4.5.1 神経再生の考え方………………………………………187
 4.5.2 神経再生のための材料と移植…………………………189
4.6 軟骨を再生するナノバイオ技術…………………………………191
 4.6.1 軟骨の特徴………………………………………………191
 4.6.2 軟骨組織の培養と移植…………………………………192
 4.6.3 ナノ結晶を用いた再生軟骨の観測技術………………194
4.7 靱帯を再生するナノバイオ技術…………………………………196

4.7.1　靱帯再建術 …………………………………………………… *196*
　　　4.7.2　靱帯と骨組織の接合 ………………………………………… *198*
4.8　お わ り に ……………………………………………………………… *201*
引用・参考文献 ……………………………………………………………… *202*

── **Part II【発展編】** ──

5. 生体材料・ナノ材料に対する細胞の遺伝子応答

5.1　は じ め に …………………………………………………………… *204*
5.2　DNAマイクロアレイを理解するための分子生物学 ……………… *205*
　　　5.2.1　ゲノム，DNA，および遺伝子 …………………………… *205*
　　　5.2.2　遺 伝 子 の 発 現 ……………………………………………… *207*
　　　5.2.3　細胞の分化と遺伝子の発現 ………………………………… *208*
　　　5.2.4　細胞機能と遺伝子発現 ……………………………………… *209*
5.3　DNAマイクロアレイ─網羅的遺伝子発現解析の原理 …………… *211*
5.4　DNAマイクロアレイ解析の生体材料評価およびナノ材料評価
　　　への応用 ………………………………………………………………… *218*
　　　5.4.1　2種類の材料間における遺伝子発現の比較 ……………… *219*
　　　5.4.2　多種類の材料間における遺伝子発現の比較 ……………… *235*
　　　5.4.3　遺伝子発現パターンの類似性による材料のクラスター化 … *237*
5.5　マーカー遺伝子の同定 ………………………………………………… *239*
　　　5.5.1　骨芽細胞の分化マーカーの同定 …………………………… *239*
　　　5.5.2　金属酸化物ナノ粒子および金属ナノ粒子の毒性マーカー … *242*
5.6　お わ り に ……………………………………………………………… *243*
引用・参考文献 ……………………………………………………………… *244*

6. 整形外科で使われる生体材料

6.1 はじめに ……………………………………………………………… *246*
6.2 骨　　折 ……………………………………………………………… *248*
　6.2.1 骨折の治療 …………………………………………………… *248*
　6.2.2 骨折手術に用いられる生体材料 …………………………… *249*
6.3 脊椎疾患 ……………………………………………………………… *254*
　6.3.1 脊椎疾患と治療 ……………………………………………… *254*
　6.3.2 脊椎固定術に使用されるバイオマテリアル ……………… *256*
6.4 関節疾患 ……………………………………………………………… *261*
　6.4.1 関節疾患と治療 ……………………………………………… *261*
　6.4.2 人工関節 ……………………………………………………… *263*
6.5 骨移植 ………………………………………………………………… *276*
　6.5.1 骨移植とは …………………………………………………… *276*
　6.5.2 人工骨 ………………………………………………………… *278*
6.6 再生医療 ……………………………………………………………… *283*
　6.6.1 骨の再生医療 ………………………………………………… *284*
　6.6.2 軟骨・半月板の再生医療 …………………………………… *285*
　6.6.3 脊髄の再生医療 ……………………………………………… *285*
6.7 おわりに ……………………………………………………………… *286*
引用・参考文献 …………………………………………………………… *286*

付　　録 …………………………………………………………………… *289*
索　　引 …………………………………………………………………… *301*

── Part I【物質編】──

1 生体物質とナノテクノロジー

1.1 はじめに

　本章では，生体内に存在する物質，特に細胞が分泌する物質と細胞膜に存在する物質との知識を得て，細胞と細胞外の領域との間における双方向の仕組みを理解する。これらを基に，ナノテクノロジーからつくり出される材料が細胞に対して作用する機構を概観し，ナノメディシンといった新しい医療を議論しよう。

1.2 生体内物質

1.2.1 細胞外マトリックス

　ヒトは，200種類からなる約 60×10^{12}（兆）個の細胞と，それらの細胞が分泌して構築する水分の豊富な**細胞外マトリックス**（extracellular matrix, **ECM**）とでできている。ECMには，(1) 細胞との接着（受容体タンパク質），(2) 機械的な支持体（足場），(3) 組織間の結合/隔離，などの機能がある。網目骨格をつくるコラーゲン[†]やエラスチンなどのタンパク質，**グリコサミノグリカン**（glycosaminoglycan, **GAG**）のような多糖類，**プロテオグリカン**

[†] コラーゲンについては，3章，4章を参照。

(proteoglycan) といった糖タンパク質があり，これらは生理的・病理的な組織変化を生じさせることがある．このような変化は，細胞の接着・増殖・移動・分化・誘導・形態形成・発育などと関連している．細胞の分泌する「増殖因子/成長因子」がECMの発現を調整する．最初にどのようなECMがあるかを知る必要がある．

代表的な組織の一つとして，細胞を接着させたり，細胞を隔てたりする**基底膜**（basement membrane）を考える．50〜100 nmの薄い基底膜は，いくつかの構造や組成の異なる層，例えば，透明層 — 緻密層 — 線維網状層や透明層 — 緻密層 — 透明層，からできている．基底膜には，選択的な物質透過や細胞増殖因子の結合・固定化・濃縮などの機能がある．これらの層は，糖タンパク質のラミニン（約800 kDa）を最も多く含み，IV型コラーゲンや多機能な**ヘパラン硫酸プロテオグリカン**（<u>h</u>eparan <u>s</u>ulfate <u>p</u>roteoglycan，**HSP**）などもあるが，脂質はない．ラミニンは，長碗のα鎖と短碗の折れ曲がったβ鎖・γ鎖とからなる十字架構造（ヘテロ三量体構造）をとる．この3本の鎖は，長碗の下部にあるジスルフィド結合（S-S結合）でコイル状のα-ヘリックス構造をつくる．Gドメインと呼ばれるC末端（-COOH）が下端にあり，その他の三つの端はN末端（-NH$_2$）である．特異的なアミノ酸配列 YIGSR, PDSGR, LRE, IKVAV, RNIAEIIKDI, RGD（分子内）があり，上皮細胞や神経細胞をこの配列で接着させる[†]．

コラーゲン（collagen, 約300 kDa）は，組織を支持するタンパク質の一つであり，ヘテロまたはホモの三量体のα鎖からなるポリペプチド鎖（1 014個のアミノ酸）からできている．アミノ酸であるヒドロキシプロリン（hydroxyproline, Hyp）が特異的に含まれる．骨や皮膚，角膜実質，靭帯などに分布するコラーゲンは配向した線維を形成しており，引張強度が高い（靭帯：1 700 N）．

フィブロネクチン（fibronectin, 約440 kDa）は，胎児から成体の組織や血清中に広く分布し，線維化組織や創傷治癒過程の組織にも観察されるタンパク

[†] 巻末付録の表A.6のアミノ酸の略号（3文字と1文字）を参照．

質である．約2500個のアミノ酸からなる単量体がC末端側でS-S結合したヘテロ二量体である．臓器に特有な糖鎖が付加[†1]されている．フィブロネクチンは，コラーゲン原線維と細胞とを接着させたり，フィブリンやHSPなどと結合したりする．また，そのRGD配列は，線維芽細胞の細胞膜にあるインテグリン（1.3.6項参照）と特異的に結合する．

エラスチン（elastin，約67 kDa）は，組織に弾性を与える不溶性の弾性繊維をつくり，主に動脈の血管壁，皮膚，肺に存在する．組織を伸展させたり，元の形状に戻したりする．平滑筋細胞や線維芽細胞がトロポエラスチンを生合成する．親水性アミノ酸であるLysを高密度に含み，極性アミノ酸は少ない．これらLys残基の酸化による架橋（共有結合）で分子間がつながった網目状構造をとる．また疎水性アミノ酸であるGly，Pro，Ala，Valが多く，分解されにくいため生体内で安定に存在する．HyPは少なく，ヒドロキシリジン（hydroxylysine，Hyl）は含まれていない．

一方で，**テネイシン**（tenascin，約1 200〜1 800 kDa）は，細胞の接着・増殖・移動などを阻害するECMであり，N末端側でS-S結合した六量体のサブユニットとなる．フィブロネクチンとは拮抗作用[†2]がある．遺伝子から見ると4種類に分類され，腱・骨・軟骨にはテネイシンCが，神経組織にはテネイシンRが，結合組織にはテネイシンXが，腎臓と成長中の骨にはテネイシンWが，それぞれ一過性に発現する．癌や胎児の組織にも一過性に発現する．

GAGには，硫酸基のないヒアルロン酸やコンドロイチン硫酸，デルマタン硫酸，ケラタン硫酸，ヘパリン/ヘパラン硫酸などがある（巻末付録の表A.1）．一つ以上の二糖鎖の繰返し単位からなる．二糖鎖を構成する単糖には，ガラクトース（Gal）やウロン酸であるグルクロン酸（GlcA）・イズロン酸（IdoA）と，アミノ糖であるグルコサミン（GluN）のアミノ基がアセチル化されたN-アセチル-Dグルコサミン（GlcNac）や，ガラクトースから誘導されるN-アセチル-Dガラクトサミン（GalNAc）との組合せがある．

[†1] 5〜7個のN型と1〜2個のO型がある．
[†2] 生理的作用をたがいに弱め合うこと．

プロテオグリカンは，核となるタンパク質（コアタンパク質）の特定アミノ酸に付加された糖とGAGとが共有結合した化合物の総称である。これらはつぎのように細胞内で合成される。粗面小胞体（1.3.1項 参照）内でコアタンパク質が合成され，糖転移酵素のグリコシルトランスフェラーゼ[†]がSer残基の水酸基にキシロース（単糖）を付加する。そしてゴルジ体に輸送され，2個のガラクトースと1個のグルクロン酸が順番に付加される（**リンカー四糖**）。最終的に，酵素反応でリンカー四糖とGAGとが結合してプロテオグリカンになる（O型，図1.1）。スルホトランスフェラーゼにより，硫酸基が糖鎖に付加されることがある。また，Asn-Xaa-Ser/Thr（Xaaは任意のアミノ酸）配列のAsn残基の窒素原子にGlcNacが結合したN型糖タンパク質や，Ser/Thr残基の水酸基にGalNAcが結合したO型糖タンパク質もある。

プロテオグリカンには，基底膜にあるパールカン（ヘパラン硫酸/ヘパリン），軟骨にあるシダ状構造のアグリカン（コンドロイチン硫酸，ヒアルロン酸），線維芽細胞がつくるバーシカン（コンドロイチン硫酸，ヒアルロン酸），結合組織にあるデコリン（デルマタン硫酸）がある。このうち，アグリカンはII型コラーゲンと，デコリンはI型コラーゲンやトランスフォーミング増殖因子などと結合している。デコリンはコラーゲン線維間に存在し，コラーゲンの自己会合速度や線維径を制御している。

このような枝状の構造（**剛毛様構造**）には，つぎの役割がある。

(1) 静水圧などの応力の吸収
(2) 細胞の水和状態の維持と小分子の拡散促進
(3) 細胞増殖因子の濃縮や分解酵素からの保護
(4) 細胞増殖因子を損傷時に放出する間接的な制御
(5) ウイルスやバクテリアの拡散制御のための濾過膜

シンデカンやグリピカンは，ヘパラン硫酸が結合しているプロテオグリカンであり，細胞膜の外表面に存在して細胞を負に帯電させる。シンデカンは，

[†] キシロース付加はキシローストランスフェラーゼ，ガラクトース付加はガラクトーストランスフェラーゼ，グルクロン酸はグルクロン酸トランスフェラーゼという。

Pro を多く含む膜貫通タンパク質ドメインと結合する。一方，グリピカンは，膜成分のグリコシルホスファチジルイノシトール（GPI，1.3.3項 参照）と弱く相互作用している Cys を多く含む球状コアタンパク質に結合する。**図 1.1** に代表的なプロテオグリカンの構造とリンカー四糖を示す。

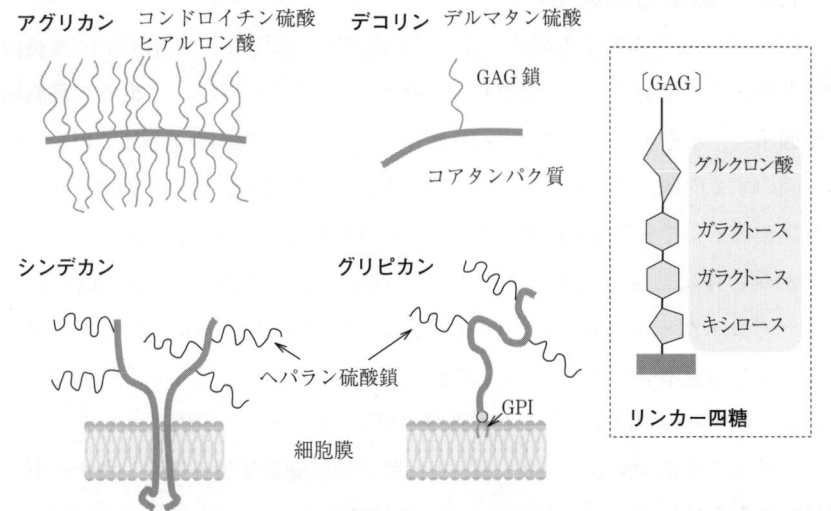

図 1.1 プロテオグリカンの構造とリンカー四糖

　HSP は，30種類以上の異なる構造の糖サブユニットからなる。その多くは細胞表面に存在し，70種類以上のタンパク質と結合する。(1) 細胞膜表面にある受容体（1.3.5項 参照）の活性化，(2) 可溶性タンパク質の補助受容体，例えば線維芽細胞増殖因子（FGF）とシンデカンとの結合，(3) 低密度リポタンパク質のエンドサイトーシス（1.4.4項 参照），(4) 細胞接着受容体の補助受容体，例えばフィブロネクチンと微細線維（細胞骨格）との結合，などの機能がある。

　生体内に存在する ECM は細胞が分泌する「酵素」で分解される。このような代謝が組織・器官をつくりかえる。酵素には，20種類の**マトリックスメタロプロテアーゼ**（matrix metalloproteinase，**MMP**）と 30種類もの **ADAM**（a disintegrin and metalloproteinase）の二つのファミリーがある。多くは不活性

型で細胞から分泌され，必要なときに必要な組織でのみ活性化される。前者にはコラゲナーゼ，ゼラチナーゼ，膜型 MMP などがあり，後者はインテグリンを介した細胞接着（脱着）にも関与する。

1.2.2 細胞増殖因子

ECM の発現を調節する因子には，固形組織から解明された増殖因子/成長因子と造血系・免疫系から解析された「サイトカイン」がある。これらの**細胞増殖因子**は，細胞表面の受容体と特異的に結合して，細胞内の情報伝達因子（細胞膜のすぐ内側に集合するタンパク質など）を活性化し，さらに細胞核内の転写調整因子までを連鎖的に働かせる。この連鎖的なシグナル伝達には，リガンドが受容体に結合した後にアダプター（gp130），変換因子（Ras, JAK），キナーゼカスケード（MAPK），転写因子複合体（STAT, Smad）といった経路があり，細胞増殖因子によってどの伝達経路をとるかは異なる。細胞の増殖だけを意味するのではない。また細胞間の相互作用を厳密に調整している。

増殖因子が結合する受容体には，1 回膜貫通の**受容体型チロシンキナーゼ**と**受容体型セリン/トレオニンキナーゼ**の 2 種類に分けられる（1.3.5 項 参照）。これらは，特定のアミノ酸（Tyr, Ser, Thr）と ATP のリン酸基とが化学的に安定なリン酸エステルをつくるリン酸化[†1]によって機能する（巻末付録の表 A.2）。これらの受容体は，癌などをはじめとするさまざまな病巣を効率的に治療する，モノクローナル抗体や各キナーゼ阻害剤などの薬の開発の標的となる。前者の代表例には，**線維芽細胞増殖因子**（fibroblast growth factor, **FGF**）[1] [†2] がある。この FGF は，その名称とは異なり，最も多機能な増殖因子である。22 種類の構造の類似した FGF ファミリーは，器官形成，組織再生，神経系制御，血管形成，代謝制御などの機能を示す。六つのサブファミリーと一つのその**相同ファミリー**（FGH homologous family, **FHF**）に分類される。自己分泌/傍分泌される FGF は，細胞表面にある受容体を活性化し，また細胞表面のヘ

[†1] リン酸化と脱リン酸を繰り返すことでエネルギーをつくり出す。これを**キナーゼ**と呼ぶ。
[†2] 肩付番号は，章末の引用・参考文献の番号を表す。

パリン/ヘパラン硫酸とこれら受容体とが相互作用してシグナル伝達が行われる。これらは**カノニカルFGF**と呼ばれ，近くの細胞の増殖・分化・生存などを制御する。また**FGF19**ファミリーは，**エンドクリンFGF**とも呼ばれ，ホルモンのように働き，体液によって運ばれて離れた細胞に作用する。一方，FHFは，細胞内のタンパク質から構成され，細胞表面ではなく細胞内の膜貫通受容体のチロシンキナーゼに結合して活性化する。受容体は，四つの遺伝子からつくられる七つのサブタイプに分類され，ヒトでは18種類も存在する。細胞外免疫グロブリン型ドメイン（Ⅰ・Ⅱ・Ⅲ）と膜貫通らせん型ドメイン，チロシンキナーゼ活性を示す分子内ドメインから構成されている。一方で，FGF19の受容体には，補助受容体であるKlothoファミリー（αとβ）といったタンパク質が必要とされる。後者の代表例は，トランスフォーミング増殖因子[2]（TGF）である。TGFにはαとβとがあり，前者はEGFファミリーに，後者はさらに1から3に分けられる。このファミリーに属する33種類の増殖

コラム

細胞分化（cellular differentiation）

　細胞は，CDで分類されるが，どの細胞でも成長・増殖・分化できるわけではない。細胞の頂上にいる生殖細胞の卵は，全能性幹細胞ですべての細胞に分化する。他の細胞には，(1) つねに分裂増殖する増殖性分裂細胞群，幹細胞（stem cell）・骨髄芽細胞・基底細胞，(2) 分化しながら細胞分裂する分化性分裂細胞群，骨髄細胞・神経芽細胞・筋芽細胞，(3) 通常は増殖しないが，損傷などにより分裂を始める可逆性分裂終了細胞群，肝細胞・平滑筋細胞・リンパ球，(4) 完全に分裂能力がない固定性分裂終了細胞群，神経細胞・心筋細胞・赤血球，がある。このうち，癌細胞は，(1)～(3)の再生細胞群から生まれる。細胞成長因子は，幹細胞の未分化・分化能を調整し，その受容体は発癌などにも関与する。幹細胞は，数十回分裂すると分裂しなくなる細胞とは異なり，一生涯分裂が可能で，また自己と他種の細胞に分化する多能性細胞である。そのため，再生医療や細胞治療において重要な役割を担っている。人工的につくられる胚性幹細胞・iPS細胞や体内にある成体幹細胞・癌幹細胞がある。成体幹細胞には，腸管幹細胞・脂肪幹細胞・造血幹細胞・間葉系幹細胞などがあり，前駆細胞を経て，非対称的な分裂をした後に，最終的に分化した非分裂細胞となる。

因子は，S-S結合したホモまたはヘテロな二量体からなる糖タンパク質である。約120個のアミノ酸（16 kDa）で構成され，保存された七つのCys残基があり，そのうち六つは分子内で三つのS-S結合（Cys^{67}-Cys^{126}，Cys^{71}-Cys^{138}，Cys^{38}-Cys^{104}）からなるCysノットモチーフ（knot motif，結び目）をつくる。もう一つの別なCysは，二量体を形成する分子間の安定性に寄与する。通常，リガンドと反応する受容体とそのシグナル伝達を媒体するSmadタンパク質とにより二つの主要な経路，Smad 2/3を通じて転写が開始されるTGF-β/アクチビン/Nodal経路と，Smad 1/5/8を通じて開始されるBMP経路，に分けられることがある。7回膜貫通型の分裂促進因子活性化タンパク質キナーゼ（MAPK）に分類されるTGFの受容体には，五つのⅠ型と七つのⅡ型があり，シグナル伝達を開始するためには両型の受容体にリガンドが結合することが必要となる。また，各受容体には異なる結合ドメインがある。骨基質中には不活性型で存在し，破骨細胞が骨を吸収する酸で活性化される。骨芽細胞や間葉系幹細胞の増殖は促進するが，上皮細胞や破骨細胞の増殖は抑制する。主な作用は細胞増殖の抑制である。

1.2.3 サイトカイン

サイトカイン（cytokine）とは，細胞間情報伝達分子であり，80 kDa以下の低分子量の糖タンパク質である。さまざまな細胞から分泌されるサイトカインを，特定器官から分泌される細胞間情報伝達物質の**ホルモン**（hormone）と明確に分類することは難しい。細胞が分泌した因子で自己以外の近くの細胞が作用される傍分泌（paracrine，パラクライン）は局所的な作用である[†]。これらは，生体内での免疫/生体防御や炎症/アレルギー，発生・分化などの形態形成，造血機構などに関与する。最もよく研究されているサイトカインは，白血球が分泌して情報交換を担う**インターロイキン**（interleukin，**IL**）である。遺伝子の単離された順番にほぼ従い番号が付される。また，炎症性サイトカイン

[†] 細胞が分泌した因子により自己が作用されることを**自己分泌**（autocrine，**オートクライン**）という。

(TNF-α, IL-1β, IL-6, IFN-α, IL-8, G-CSF）と抗炎症性サイトカイン（IL-4, IL-10, IL-11, IL-13, TGF-β）がある（巻末付録の表 A.3）。

免疫細胞に対するサイトカインネットワーク（サイトカインの相互依存性）の構築が進められ，複合的で連鎖的なカスケード機構が解明されつつある。細胞への特異性や 1 種類で多くの機能を発現する多様性，異なる種類が同じ機能を発現する重複性などが IL には備わっており，きわめて微量でも細胞の機能を制御する。

免疫に関係する**白血球**（leukocytes）は，**顆粒球**（granulocytes）と**リンパ球**（lymphocyte），**単球**（monocytes）の 3 種類に分類される。さらに，顆粒球には**好中球**（neutrophil），**好酸球**（eosinophils），**好塩基球**（basophils）が，リンパ球には **T 細胞**，**B 細胞**，**ナチュラルキラー**（natural killer, **NK**）**細胞**が，単球には**貪食細胞**（macrophage）がある。これらは，**細胞性免疫**（cell-mediated immunity）と**液性免疫**（humoral immunity）に関与し，その機能・機構は複雑である。

抗原提示細胞（antigen-presenting cell）である貪食細胞や**樹状細胞**（dendritic cells）は，異物として認識した抗原を貪食/分解して，MHC-II（主要組織適合遺伝子複合体）分子である抗原ペプチドを細胞表面に提示する。ここから免疫反応が始まる。MHC-II は B 細胞にも提示される。ヘルパー T 細胞[†1]（Th 細胞，CD[†2]4 抗原陽性）の亜集団には，ナイーブ Th 細胞（Th0 細胞），Th1 細胞（細胞性免疫），Th2 細胞（液性免疫）が存在する。抗原ペプチドは，Th0 細胞の受容体（TCR）と CD3 分子との複合体で識別され，Th1 細胞と Th2 細胞に情報を伝達する。一方，Th2 細胞（CD40 リガンド）と接触した B 細胞は，増殖して抗体（1.2.4 項 参照）をつくり出す。Th1 細胞と Th2 細胞のバランスが免疫機能を決定する。例えば，Th2 細胞が優位だと，アレルゲンである免疫グロブリン（IgE）が多く産生される。また，このバランスが崩れると自己免疫疾患を引き起こす。しかし，ヒトは，IL の迅速な誘導による生体防

[†1] T は胸腺（thymus）に由来する。
[†2] 1.2.4 項を参照。

御の多様性を獲得し，環境への順応に成功してきた．

このバランスを調整するために多様なILが産生される．例えば，抗原提示細胞がIL-12を多く分泌するとTh0細胞をTh1細胞に，プロスタグランジン（PGE$_2$）を多く分泌するとTh0細胞をTh2細胞に分化させる．ウイルス感染細胞を傷害するには，MHC-I分子[†]を認識するキラーT細胞（CD8抗原陽性）が必要となる（**図1.2**）．これらは獲得免疫である．

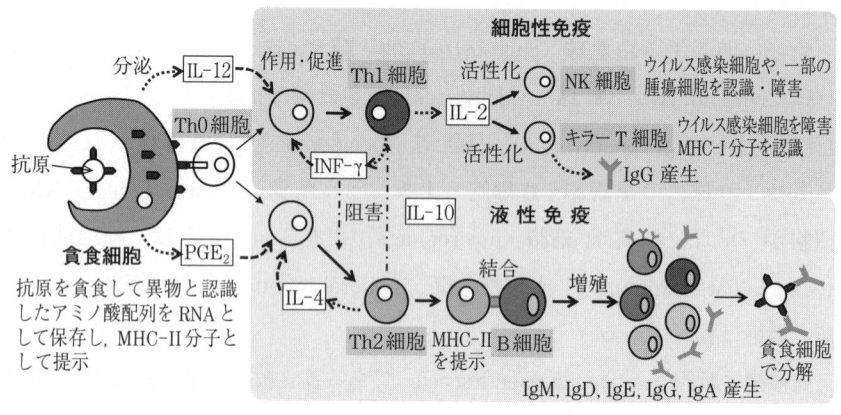

図1.2 細胞性免疫と液性免疫の模式図

抗原提示細胞は，細菌・真菌・ウイルス・寄生虫などの病原体表面にあるリポペプチドやペプチドグリカンをトル様受容体（TLR）で認識し，感染防御反応（Th1細胞やTh2細胞への分化）を誘導する．

受容体で分類した各種サイトカインとその機能を巻末付録の表A.3に示す．1回膜貫通の"I型サイトカイン受容体（エリスロポエチン受容体）"は，細胞の外にあるN末端に四つのCys残基の繰返し配列とWSボックスというTrp-Ser-Xaa-Trp-Ser配列をもつ．また別なサイトカインを共通の受容体として情報を伝達することもある．"II型サイトカイン受容体（インターフェロン受容体）"には，Cys残基の繰返し配列はあるが，WSボックスはない．I型サイトカイン受容体とその構造は類似している．さらに，"III型受容体（TNF/

[†] MHC-1分子は，ほとんどの細胞の表面に発現している．

Fas 型)"は，Cys 残基の豊富なユニットをもち，細胞死（アポトーシス）の誘導に関わる。I～Ⅲ型サイトカインの受容体には相同性があることに注意が必要である。"免疫グロブリン・スーパーファミリー型受容体"は，IL-1 と IL-18 の受容体である。これら以外に，好中球[†]の走化性を誘導する IL-8 に結合する"ケモカイン受容体"と"受容体型セリン/トレオニンキナーゼ"がある。塩基性タンパク質のケモカイン（8～14 kDa）は，G タンパク質共役受容体（GPCR，1.3.5項 参照）の一種である。

　受容体で受けた刺激は，細胞内に存在する分子を経由して遺伝子調整へと伝達（シグナル伝達）される。例えば JAK（ヤヌスキナーゼ）—STAT（signal transduction for activated T cell）経路，低分子量 G タンパク質である Ras/Raf/MPAK/ERK（extracellular singal regulated kinase）経路などがある。一方，逆の働きをするサイトカイン抑制シグナル分子（suppression of cytokine signaling，SOCS）もある。

1.2.4　抗　　　　体

　抗体（antibody）とは，**免疫グロブリン**（immunoglobulin，**Ig**）のことである。二つの同じ**軽鎖**（**L鎖**：25 kDa）と二つの**重鎖**（**H鎖**：50～77 kDa）からなり，軽鎖と重鎖，重鎖と重鎖がS-S結合でつながり，Y字形の形態をとる（**図1.3**）。B細胞が1秒間に2 000 個以上も産出する糖タンパク質であり，**抗原**（antigen）を識別して特異的に結合する（抗原抗体反応）。

　Y字の'腕の部分'にはアミノ酸の可変部位があるが，5種類ある抗体の定常部位のアミノ酸組成はほぼ同じである。V字となる腕部分の **Fab**（fragment antigen binding）**領域**と'胴体部分'の **Fc**（fragment crystalizable）**領域**とに酵素で切断される。貪食細胞の受容体とFc領域とが結合して，抗原と結合した抗体を貪食細胞が認識する。貪食細胞が抗原に長期間さらされると，単量体の IgG が大量に血漿へ産出される。重鎖の定常部位の違いにより，**IgM**（五量体：B細胞の抗原受容体），**IgA**（二量体：唾液，涙液などでの感染防止），**IgE**

[†] 炎症部に集合して，細菌・真菌などの異物の貪食・滅菌・分解を行う。

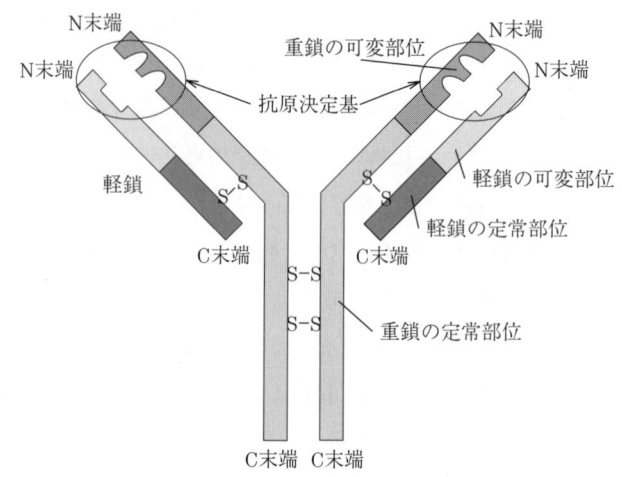

図 1.3 免疫グロブリンの構造模式図

（単量体：アレルギー反応を起こす抗体），**IgD**（単量体：B 細胞の抗原受容体）に分類される。これらは血液中に分散し，全身を循環して生体防御を行う。

抗原を認識する抗体の可変部位，**抗原決定基**（epitope，**エピトープ**）は，わずか数個のアミノ酸である。一つの抗体には二つの抗原結合部位があり，異なる抗原の特定の構造単位（エピトープ）と結合する。そのため，さまざまな抗体認識部位のある抗原抗体複合ネットワークが形成される。自然免疫である**補体系**（complement system）をこの複合体は活性化し，病原体を滅殺する。1 種類の抗原のエピトープを認識する抗体を**モノクローナル抗体**といい，複数が混ざった抗体を**ポリクローナル抗体**という。

モノクローナル抗体は細胞表面に存在するため，細胞の表面マーカーとして分類されている。この国際分類は，**CD 分類**（cluster of differentiation：1～363）と呼ばれ，さまざまな細胞の種類を詳細に識別するのに用いられる。白血球の分化抗原を目的としていたが，その適応は広がり，ヒト細胞分化抗原（HCDM）とされた。好塩基球，内皮細胞，好酸球，赤血球，胚性幹細胞，濾胞樹状細胞，線維芽細胞，顆粒球，造血幹細胞，リンパ球，貪食細胞，巨核球，単球，神経細胞，NK 細胞，血小板，細胞障害性 T 細胞，Th 細胞，胸腺

細胞などに対して分類されている。

1.2.5 生体内の元素

金属イオンには，ECM などの有機物と同等な機能がある。正常な機能を生体が発現・維持するのに必要な元素を**必須元素**（essential element）といい，生体に毒となる元素を**有害元素**（toxic element）という。必須元素でも過剰に摂取すると生体内の濃度が高くなり毒性を示す。ヒ素のような毒物も必須元素と理解されている。

必須元素は，さらに**常量必須元素**と**微量必須元素**とに分類される。常量必須元素には，有機物構成元素の H，C，N，P，O，S と，電解質元素の Na，K，Mg，Ca，Cl がある。一方，微量必須元素には，基本元素の Cr，Mn，Fe，Co，Cu，Zn，Mo，Se，I と，準基本元素の Rb，Sr，V，Ni，B，Si，As，F，Br，Al，Cd，Sn，Ba，Pb などがある。

遷移金属イオンの多くはタンパク質と特定部位で結合・配位し，活性中心のある金属タンパク質（金属酵素）をつくる。これら元素は食物のみから摂取され，生命体としての恒常性を維持する（ホメオスタシス）。特定の組織に集積して電子伝達・加水分解・生体物質の構造安定化などに関与している。生体内にある元素は水溶液中でイオンとして存在する。これらのイオンは水分子を，その双極子やその酸素原子あるいは水素原子の部分的な負または正の電荷で引きつけ，水和殻といった層をつくる。小さいイオンほど電荷密度が高くなり，局所的な電場が強くなるため，この層は厚くなる。

電解質元素の Na や K には緩衝作用があり，pH7.4 に体液を維持する。特に Na^+ は，細胞の浸透圧や細胞質のコロイド状態の調節といった生理機能があり，神経系への情報伝達に関与したり，細胞の膜電位を変化させたりする。また K^+ は，グルコースの解糖作用に必要であり，リボソーム内でのタンパク質合成を助けたり，血圧を降下させたりする。一方で Mg^{2+} は，血圧降下作用，タンパク質合成，核酸の構造安定化，などの機能を示す。またリン酸とは錯体を形成し，細胞内に存在して酵素活性を高める。さらに Ca^{2+} は，血液凝固作

用，心臓活動の刺激，筋収縮，インスリンの活性化，などのセカンドメッセンジャーとしての機能がある。

Ca^{2+}の配位する酵素は10種類以上が知られているが，ここでは一つの例だけを示す。**カルモジュリン**（calmodulin, 16 kDa）は，148個のアミノ酸から構成され，Ca^{2+}との結合部位を四つもつカルシウム調整タンパク質（細胞内のカルシウム受容体）である。このEFハンド[†]と呼ばれるアミノ酸配列は，**DKDGDGTITTKE** と **DADGNGTIDFPE**，**DKDGNGYISAAE**，**NIDGDGQVNYEE** である。太字で示したアミノ酸残基，つまりAsn/Asp残基の三つの単座配位とGlu残基の一つの二座配位，ペプチド結合の一つのカルボニル基，一つの水分子とCa^{2+}は7配位をつくる。Ca^{2+}と配位することで，その構造が変化して活性化し，リン酸化，アセチル化，メチル化などの翻訳後修飾を受ける。Ca^{2+}が離れると不活性になる。さまざまな細胞に分布して，筋収縮，細胞分裂，神経伝達などの多様な機能がある。

巻末付録の表A.4に微量必須元素の機能・濃度・分布をまとめる。Fe, Zn, Si, Cuの順番で生体内に多く分布する。いずれもイオンとしてではなく，タンパク質や酵素と配位して生理作用を担っている。このように有機分子だけで生体内の活動が行われているのではなく，生体システムは金属イオンとの協動的な作用で複雑な反応を精密に制御している。

1.3 細 胞 の 機 能

1.3.1 小器官とエネルギー通貨

細胞は，細胞核のない原核細胞（真正細菌や古細菌）と真核細胞（原生生物，真菌，植物，動物）とに分類されるが，ここでは真核細胞に焦点を当てる。

真核細胞は，**細胞膜**（cell membrane, plasma membrane, **プラズマメンブ**

[†] EとFはαヘリックスの名称であり，右手でたとえると，親指（Fヘリックス）と人差指（Eヘリックス）を伸ばし，残りの指を丸めた部分にカルシウムが配位している構造とみなせる。12個のアミノ酸配列は，10個のアミノ酸のループ（Eヘリックス）と2個のαヘリックス（Eヘリックス）からできている。

レイン）で取り囲まれ，外界と遮断された境界をつくる（**図1.4**）。細胞内部の環境を一定に保つホメオスタシスは，生命活動を維持するのに重要である。**細胞質基質**（cytoplasmic matrix）[†]と多くが膜で分離されている**細胞小器官**（organelle）は細胞内に存在し，これら二つを併せて**細胞質**（cytoplasm）と呼ぶ。細胞質基質は，イオン，タンパク質，アミノ酸，脂肪酸を含む水を分散質としたコロイド状（pH7.4）である。**表1.1**に主要なイオン種を示す。細胞の内外のイオン濃度の差が電気化学勾配をつくり，電位エネルギーとして細胞に蓄積される。

細胞核（cell nucleus）は，生命情報の**デオキシリボ核酸**（<u>d</u>eoxyribo<u>n</u>ucleic

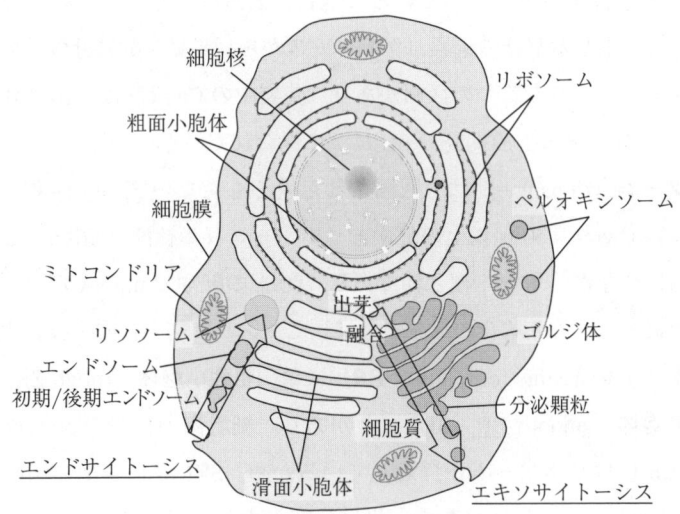

図1.4　細胞の主要小器官

表1.1　細胞膜を通過するイオン種と細胞内/外の濃度

イオン種	細胞内〔mM〕	細胞外〔mM〕
Na^+	12	145
K^+	155	4
Ca^+	10^{-4}	1.5
Cl^-	4.2	123

[†] **細胞質ゾル**や**サイトゾル**，**シトソール**（cytosol），**細胞礎質**とも呼ばれる。

acid, **DNA**）とタンパク質のヒストンとを精密に畳み込んだ複合体,**クロマチン**を保管している。細胞分裂時に**染色体**（chromosome）として観察される。pHはつねに7.4に保たれ,二層の二重脂質膜にある核膜孔が細胞質と核内との選択的な物質輸送を行う。核内の区画されていない核小体で**リボ核酸**（ribonucleic acid, **RNA**）が合成され,リボソームのサブユニットが組み立てられて核膜孔から搬出される。

ミトコンドリア（mitochondrion）は,食物から供給される炭水化物と脂肪酸とを蓄えて,エネルギー通貨である**アデノシン三リン酸**（adenosine triphosphate, **ATP**）に変換する工場である。この過程は,酸化的リン酸化と呼ばれ,電子伝達系が関与している。ATP の製造は,もう一つの別な経路,細胞質基質で生じる解糖の過程（グルコースからピルビン酸に分解）でも行われる。膜で仕切られた二つの区画があり,基質中の Ca 濃度は $\sim 10^{-3}$ M ときわめて低く,pH は 8 に,膜間腔の pH は 7 に保たれている。

リボソーム（ribosome）は,区画された膜をもたない 25 nm 程度の球形の細胞小器官であり,50種以上の酵素とリボソームリボ核酸（rRNA）とが非共有結合的につながっている複合体である。DNA の転写で mRNA がつくられ,さらに翻訳・ペプチド結合の形成を触媒してタンパク質を合成・包装する。

小胞体（endoplasmic reticulum, **ER**）には,**粗面小胞体**（rough ER, **RER**）と**滑面小胞体**（smooth ER, **SER**）とがあり,細胞内の体積の50％以上を占める。RER にはリボソームが付着しているため,SER とは表面の凹凸で区別できる。RER では,タンパク質を化学修飾したり,標識を付けたりして ER 膜で覆い,特定の場所に輸送させる。SER では,**ステロイド**（steroid）と脂質の合成,タンパク質の化学修飾（極性と水溶性の付与）,グリコーゲンの分解を行う。ER の Ca 濃度は $\sim 10^{-3}$ M 程度である。

ゴルジ体（Golgi apparatus,約 1 μm）は,一つ一つが生化学的に異なる機能のある複数の膜区画,内腔（ルーメン）からできている。小胞体側を**シスゴルジ網**と,その反対側を**トランスゴルジ網**（pH6.5～6.7）という。特定のタンパク質を細胞の外に輸送（分泌）する。タンパク質を濃縮・包装・選別し,

翻訳後修飾（例えば，オリゴ糖鎖の修飾）を行う．

　リソソーム（lysosome）[†]は，細胞に取り込んだ生体分子や異物を酵素で加水分解する消化の場である．細胞質基質に浮遊しているものもある．ゴルジ体を由来とする一次リソソームは，細胞が食作用で取り込んだ液胞であるファゴソームと結合して二次リソソームに成熟する．二次リソソーム内では，内包物を酵素（リパーゼ，ホスファターゼ，グリコシダーゼなど）で加水分解し，有効な分子にまで分解する．pHは4.5程度である．多くの化学反応を細胞内で効率よく生じさせる，進化の過程で獲得した機能である．

　エンドソーム（endosome）は，ピノサイトーシスで形成される一重膜からなる小胞である．リソソームと融合して内包物を分解する．初期エンドソームのpHは6.5～6.8，後期エンドソームのそれは5.0～6.0である．

　ペルオキシソームは，細胞質基質から送られてくるタンパク質を酵素で酸化させる．

　ヌクレオチド（nucleotide）の一種であるATPは，エネルギー通貨とも呼ばれ，高エネルギーリン酸基を有している．水との加水分解で，$-30.5\,\text{kJ/mol}$の自由エネルギーをつくる．ヌクレオチドはリン酸-糖-塩基で，「**ヌクレオシド**」は糖-塩基でできている（**図1.5**）．一方，DNAは，3′位と5′位のリン酸ジエステル結合の骨格からなるポリヌクレオチドである．RNAとDNAは糖の種類が異なり，前者はD-リボースで，後者はD-2′-デオキシリボースである．RNAと同じ糖でATPがつくられていることは，RNAが進化論的に先にでき，エネルギーを貯蔵したためと考えられている．

　ヌクレオチドの塩基には，プリン骨格のアデニン（A）・グアニン（G），ピリミジン骨格のシトシン（C）・ウラシル（U）・チミン（T）がある．RNAの塩基はA，G，C，Uで，DNAの塩基はA，G，C，Tで構成される．プリンの9位とピリミジンの1位にある窒素は，糖の1′の炭素と結合している．一方で，細胞内の代謝過程（シグナル伝達やタンパク質調整機構）には，塩基部分が異なる**グアノシン三リン酸**（guanosine triplosphate，**GTP**）なども関与する．

[†] ライソーム、ライソゾーム、**水解小体**とも呼ばれる。

18   1. 生体物質とナノテクノロジー

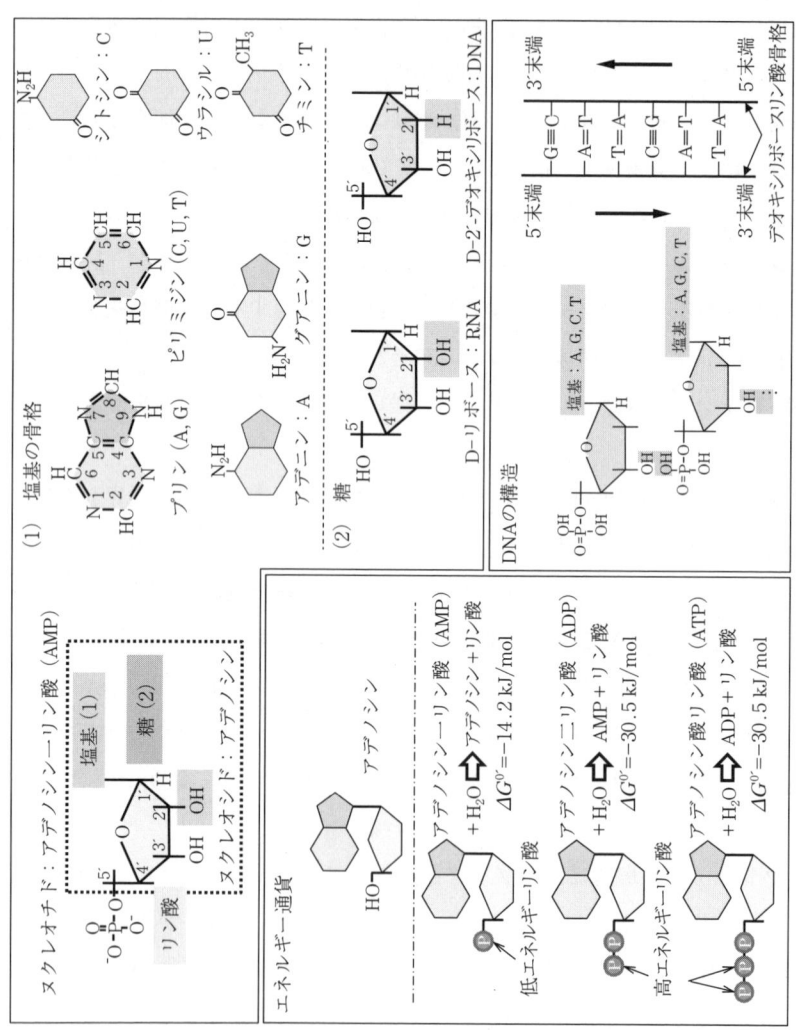

図 1.5 ヌクレオチド化合物（アデノシン三リン酸と DNA）

DNA は，大きな正の自由エネルギーを必要とするリン酸水素基の脱水反応で重合され（図1.5参照），情報を蓄える塩基と骨格部位となる D-2′ デオキシリボース-リン酸からできている。A-T（二重結合）と G-C（三重結合）の特有な塩基スタッキング，ワトソン・クリック塩基対をつくり，右回りのらせんとなる相補的塩基対を形成する。この塩基対は 95℃で分離し，冷却すると自発的に元に戻る（ハイブリダイゼーション）。DNA 対は，ヌクレオシドの 5′ と 3′ でリン酸エステル結合を形成し，逆平行（5′→3′ の方位が逆向き）になる。

細胞のもつ基本的役割は，外部の環境から隔離された区画・構造体をつくる遺伝情報（ゲノム）の保管，遺伝情報を発現する情報の伝達，エネルギーシステムなどである。

1.3.2 形 態 維 持

細胞の形態は，細胞骨格となる3種類の網目状線維で保持されている。これらには，(1) 細胞小器官の定位置への支持・移動，(2) 細胞質の運動性付与，(3) 細胞外の構造物との相互作用による細胞固定，などの役割がある。また，細胞内で生体物質の輸送通路となる。この通路の上を動くモータータンパク質は，物質を積荷として輸送する。3種類の線維はビーズ状タンパク質のサブユニットが結合と解離を繰り返し，直径 8 nm の**微細線維**（microfilament，**アクチン線維**），直径 8～12 nm の**中間径線維**（intermediate filament），直径 25 nm の**微小管**（microtubule）をつくり，単独または協働して働く。

微細線維は，単一・束・網目などの高次構造をつくり，長さ数 μm にまで成長する。仮足をつくり細胞運動に支配的な役割を果たし，形態を決めたり安定化させたりする。球状のアクチン単量体（G アクチン：43 kDa）が直鎖状に重合してアクチン線維（F アクチン）をつくる。アクチン線維は，マイナス端（矢じり端）とプラス端（反矢じり端）の逆の電荷をもつ極性二重らせん構造をつくり，方向性を示す細胞内の物質輸送にも役立つ。このような重合は核形成(核：三量体)—伸長—定常状態という3段階で起き，この反応は可逆である。筋肉細胞では，ATP の加水分解エネルギーを利用するミオシン II（18 種

類）と連動して筋肉を収縮させる。

　中間径線維は，ゲノム解析の結果から少なくとも75種類が同定され，その多くは細胞種に特有である。中間径線維をつくるタンパク質は，α-ヘリックス棒状ドメインからなる類似した構造をとり，アミノ酸配列の異なる6種類に分類される。この棒状ドメインのC末端側には，Glu-Ile-Ala-Thr-Tyr-Agr-Xaa-Leu-Leu-Glu-Gly-Glu からなる12個のアミノ酸配列がある。髪・爪・上皮に含まれているI型ケラチンとII型ケラチン（上皮細胞が分泌）は最大のグループをつくる。核膜を裏打ちするV型の中間径線維を核ラミナといい，線維状タンパク質のラミンからできている。中間径線維は核の外膜から放射状に広がった網目構造をつくり，張力に抵抗し，小胞器官を固定する。また細胞どうしを連結する接着班（デスモソーム）と結合して組織として細胞を安定させる（1.3.4項参照）。

　微小管は，最も強度が高く，枝分かれのない中空の構造からできており，長さ数μmまで伸張する。α-，β-チューブリンが自己集合して二量体をつくる。アクチン線維と同様にプラス端（α-チューブリン端）とマイナス端（β-チューブリン端）があり，重合が速く，迅速に長さを変える。γ-チューブリンの環状複合体からつくられる微小管形成中心（MTOC）は重合の核となり，細胞形態を制御する。細胞内の全体に伸展して細胞の内部骨格を硬くする。線維芽細胞の放射状の微小管は，細胞核がマイナス端で細胞膜側がプラス端である。一方，上皮細胞や神経細胞の軸索内では，頂端面/細胞体（マイナス端）から基底面/シナプス（プラス端）に向かって微小管が配向している。細胞膜のすぐ内側にあるキャッピング構造は，外部からのシグナルにより活性化され，微小管の構造を伸張・結合させて，細胞の極性形成を促進して安定化する。ATPをエネルギー源とした微小管組織の上にあるモータータンパク質（40～100 nm：酵素）には，プラス端へ歩くダイニンやマイナス端へ歩くキネシンがある。ダイニンとキネシンは，小胞に包まれた積荷を目的の場所に運ぶ役割を担っている。チューブリンが重合できなくなると，細胞は壊れてしまう。タキサン系の抗癌剤は，チューブリンの重合を阻害して細胞分裂を抑制する。

また分化した細胞は異なる微小管構造をとる。

1.3.3 細胞膜の成分

細胞膜を構成する C–C と C–H からなる**リン脂質**（phospholipid）は，細胞質側の小胞体膜で，**ケネディー経路**（Kennedy pathway）と知られる過程でつくられる。細胞小器官にも膜が存在し，すでに述べたようにミトコンドリアの内膜と外膜・リソソーム膜・小胞体膜・ゴルジ体膜・核膜があるが，それを構成する脂質の成分比率はそれぞれ異なる。

膜の主要な構成成分は，**グリセロリン脂質**（glycero phospholipid）と二重膜の外層に局在している**スフィンゴリン脂質**である。これらのリン脂質は，'頭部'（親水性，hydrophilic）と長い'尾部'（疎水性，hydropholic）とからなる。両親媒性分子であるため，ファンデルワールス力で二重膜として凝集する。頭部は膜の外側に，尾部は二重層の内側に整列して充填されるため，内外の環境を遮断する。これを**脂質二重層**と呼び，その厚さは 3〜8 nm である。脂質の構造（図 1.6）を順番に見てみよう。

〔1〕 **グリセロリン脂質** 3 価のアルコールであるグリセロール（$CH_2OHCHOHCH_2OH$）の水酸基がリン酸化した化合物をグリセロール 3-リン酸，さらに第一級と第二級の水酸基に脂肪酸がエステル結合した化合物をホスファチジン酸と呼ぶ。ホスファチジン酸には，さらに数種類の極性基（X）が結合する。例えば，第四級アンモニウム陽イオンのコリン（$((CH_3)_3N^+CH_2CH_2OH)$）が結合しているリン脂質誘導体は，ホスファチジルコリンまたはレシチンという。コリンの代わりにエタノールアミン（$HOCH_2CH_2NH_2$）が結合したホスファチジルエタノールアミン，通称セファリンは，2 番目に多く細胞膜に含まれる。さらに極性基が Ser であるホスファチジルセリンや，シクロヘキサンの各水素原子が水酸基で置換されたイノシトールを極性基としたホスファチジルイノシトールなどがある。一方，二つのホスファチジン酸がグリセロール分子で架橋されたカルジオリピンやホスファチジルグリセロールはミトコンドリアの膜に多く含まれる。

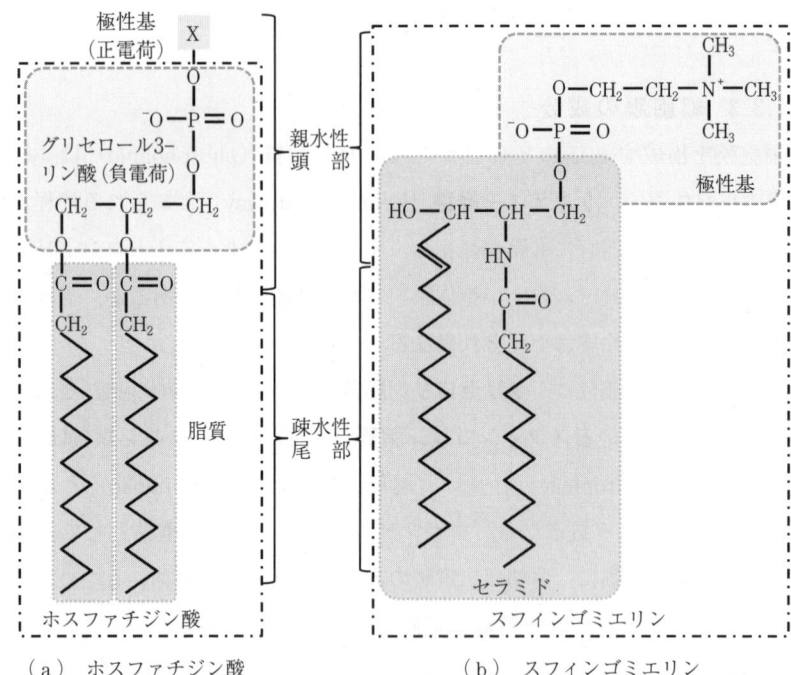

図1.6 リン脂質の構造

〔2〕 **スフィンゴリン脂質** グリセロールを基本骨格としないこの脂質は，グリセロールの2位の水酸基をアミノ基（$-NH_2$）で，さらに1位の水素原子を炭化水素で置き換えている。また，脂肪酸がアミノ基とアミド結合（-CO-NH-）している分子は**セラミド**と呼ばれる。さらに3位の水酸基は極性基と結合する。スフィンゴミエリンは，レシチンと同じ構造の極性基（リン酸とコリン）をとり，神経細胞の軸索を膜状に覆うミエリン鞘に多く分布している。一方，極性基が単糖（グルコースやガラクトース）のセレブロシドは脳の生体膜成分となる。異なる糖鎖成分のオリゴ糖が極性基としてセラミドに結合したガングリオシドは血液型（A，B，O型）の決定基であり，このオリゴ糖は抗原性を示す。

〔3〕 **リン脂質に含まれる脂肪酸** リン脂質に結合している脂肪酸は，

C_{14} から C_{20} の偶数個までが一般的であり，飽和脂肪酸と不飽和脂肪酸がある。これらの脂肪酸が膜の流動性を決める。肝臓にある酵素がステアリン酸（$CH_3(CH_2)_{15}COOH$）に二重結合を導入し，オレイン酸をつくる。天然の不飽和脂肪酸の多くはシス配位に二重結合がある。また二重結合が2箇所以上ある不飽和脂肪酸も存在するが，これらは体内で合成されないため，食物から摂取する必要がある。**表1.2**にその例を示す。

表1.2 生体膜構成に含まれる脂肪酸

名　　前	構　造　式
パルミチン酸	$CH_3(CH_2)_{14}COOH$
オレイン酸	$CH_3(CH_2)_7CH=CH(CH_2)_7COOH$
パルミトレイン酸	$CH_3(CH_2)_5CH=CH(CH_2)_7COOH$
リノール酸	$CH_3(CH_2)_4CH=CHCH_2CH=CH(CH_2)_7COOH$
リノレン酸	$CH_3CH_2CH=CHCH_2CH=CHCH_2CH=CH(CH_2)_7COOH$
アラキド酸	$CH_3(CH_2)_4CH=CHCH_2CH=CHCH_2CH=CHCH_2CH=CH(CH_2)_3COOH$

〔4〕 **コレステロール**　　細胞膜には，リン脂質以外にも両親媒性の**コレステロール**（cholesterol，$C_{27}H_{46}O$）が含まれている。肝臓の細胞が分泌するコレステロールは，多環式化合物のステロイドに分類される。ステロイドは，わずかな化学修飾でその機能を変える。**図1.7**に，生体内に存在する類似の化合

（a）コレステロール　　　　　（b）ビタミンD_2

（c）コルチゾール　　　　　（d）テストステロン

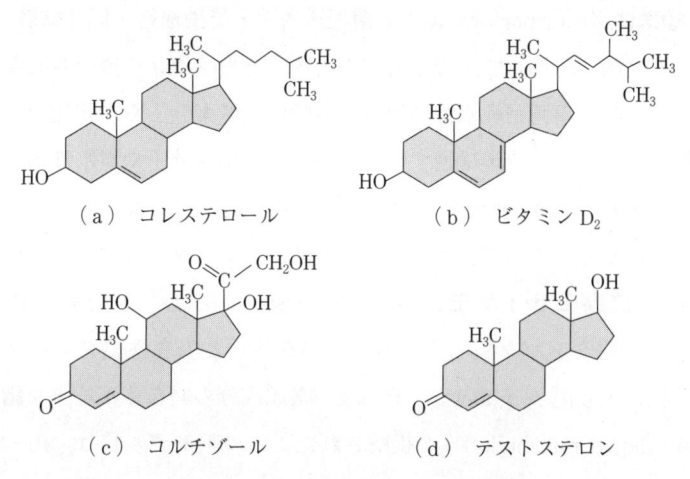

図1.7 コレステロールとその誘導体

物を示す。コレステロール誘導体であるビタミン D_2 は，光と反応して皮膚でつくられる。また，コルチゾールは副腎で分泌されるホルモンであり，テストステロンは精巣でつくられる男性の性ホルモンである。

1.3.4 膜 の 役 割

細胞膜の流動性は，構成するリン脂質の炭化水素の長さと不飽和度（水素不足指数）により変化する。炭化水素が短いほど，また二重結合の多い脂肪酸が含まれるほど，脂質間の相互作用が低下して膜の流動性が高くなる。一方，コレステロールが多いとその流動性は低くなる。

集合体（組織）をつくる細胞が，同時並行的にさまざまな反応を処理するには，機能や流動性の異なる膜で区切られた小部屋を必要とする。自己複製システムは細胞だけの機能であり，自己複製するためにも流動性の高い，物を包み込むシステムが必要である。このような膜の役割には，以下のものがある。

(1) 酵素による物質代謝
(2) 細胞内物質の流出防止・境界（容積の保持）
(3) 細胞どうしの結合（細胞と ECM の接着）
(4) 受容体を経由した情報の感受（シグナル伝達）
(5) **輸送体**（transportor）による選択透過性・能動輸送・促進拡散

(2)と(5)の役割に関連して，ほとんどの生体分子やイオンを透過させないバリアー機能もある。内側が疎水性の脂質二重膜は，酸素分子や二酸化炭素分子のような無極性で中性な分子は通すが，水のような極性分子や親水性の分子は通しにくい。また，大きな分子やイオンはまったく通過させない。

細胞膜の構造として，流動性のある脂質膜にタンパク質などが一様に分布した古典的な**流動モザイクモデル**（fluid mosaic model）[3] が提唱された（**図 1.8**）。内在性膜タンパク質（膜貫通タンパク質）と表在性膜タンパク質とがモザイク状に入り混じっている。その後，構成成分の異なる不均一な**脂質ラフトモデル**（liquid raft model）[4] が提唱された。この膜モデルには，10〜200 nm

1.3 細胞の機能

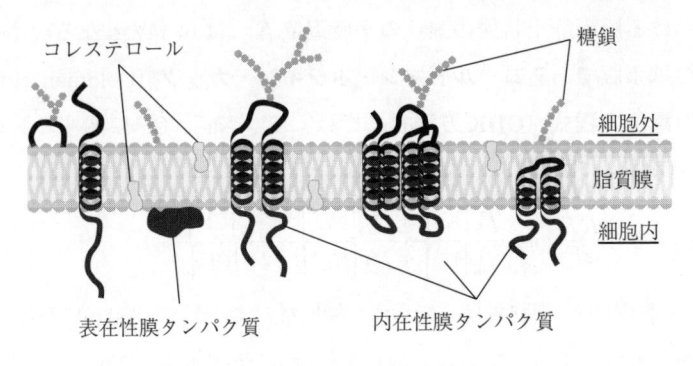

図1.8 細胞膜の流動モザイクモデルの図

の動的なステロール†とスフィンゴリン脂質を含む秩序液体相と無秩序液体相とがある。流動性のあるラフトタンパク質（内在性膜タンパク質）は必要なときに自己会合する。これらの膜タンパク質は，細胞の外と内をつなぐ物質輸送の経路，シグナル伝達システム，細胞の認識・結合などの役割をしている。

　生体膜の組成は，脂質成分が2層間で非対称に分布している。例えば赤血球の膜には，細胞質側にはホスファチジルエタノールアミンとホスファチジルセリンが，血漿側にはホスファチジルコリンとホスフィンゴミエリンが多く，糖脂質は外側にだけ存在している。自発的に膜内を移動できない脂質は，酵素フリッパーゼと協働して移動する。例えば小胞体の細胞質側の内膜でつくられる脂質は，この酵素の触媒作用で膜外層に移動する。

　膜の内外で生じる電荷の差は，膜電位を発生させる。これは，イオン濃度の関数である**ネルンストの式**（Nernst's equation）で定量的に示される。細胞内外のイオン濃度は，表1.1にすでに与えてある。

$$E_\mathrm{X} = 2.3 \frac{RT}{zF} \log_{10} \frac{[\mathrm{X}]_\mathrm{B}}{[\mathrm{X}]_\mathrm{A}} \tag{1.1}$$

ここで，E_X は平衡電位〔V〕，R は気体定数（8.314 J/(K·mol)），T は絶対温度〔K〕，z はイオンの電子数，F はファラデー定数（96 485 J/(V·mol)），$[\mathrm{X}]_\mathrm{A}$ と $[\mathrm{X}]_\mathrm{B}$ は領域Aと領域BでのXの解離イオン濃度である。そのため，体温

---

† ステロールは，ステロイドのサブグループの一つである。

37℃における膜の静止状態のNa^+の平衡電位E_{Na^+}は67 mVとなる。ネルンストの式の拡張版である**ゴールドマン・ホジキン・カッツ**（Goldman-Hodgkin-Katz）**の電位方程式（GHK方程式）**では，K^+，Na^+，Cl^-に関する膜の透過係数Pを考慮してある。

$$E_m = 2.3\frac{RT}{zF}\log_{10}\frac{P_K[K^+]_o + P_{Na}[Na^+]_o + P_{Cl}[Cl^-]_i}{P_K[K^+]_i + P_{Na}[Na^+]_i + P_{Cl}[Cl^-]_o} \tag{1.2}$$

ここで，細胞内はi，細胞外はoで示す。細胞種によるが，-200 mVから-20 mVの負の静止電位を維持している。静止電位はK^+チャネルとNa^+/K^+-ATPアーゼと呼ばれるイオンポンプでつくられる。K^+，Na^+，Cl^-の透過係数の比率は1：0.04：0.45程度であり，この透過係数の比率のみで膜電位が決定される。

　上皮系細胞間および非上皮系細胞間の結合様式と細胞-ECMの接着例を**図1.9**に示す。細胞間結合には，主に四つの様式がある。密着結合は，頂端面と基底面のある上皮細胞どうしをつなぎ，細胞間での物質の通過や膜タンパク質の膜内での拡散を防いでいる。接着結合は，上皮細胞または非上皮系細胞（内皮細胞）どうしの間にある帯状の接着体である。これは**カドヘリン**（cadherin）と呼ばれる二量体のタンパク質で，細胞骨格であるアクチン線維を細胞間で連結している。

　細胞表面にある特殊な構造体のギャップ結合は，細胞間の唯一の物質輸送を行う。これは，**コネキシン**（connexin）と呼ばれる膜貫通型タンパク質の六つのサブユニットでつくられている。細胞膜にあるコネキシンどうしがたがいに結合し，1.5 nm程度のチャネルをつくり，1 200 Da以下の分子やイオンを自由に拡散させる。**デスモソーム**は，円盤状のタンパク質と膜貫通タンパク質（カドヘリン）で構成され，中間径線維（ケラチン線維）を結合させる。また**ヘミデスモソーム**（hemidesmosome，**半接着班**）は，上皮細胞を基底膜に連結させる構造体であり，シグナル伝達機能も備えている。一方，非上皮系細胞間の結合を担うタンパク質には，カドヘリン，セレクチン，免疫グロブリン様接着分子，インテグリンなどがある。

(a) 上皮系細胞間

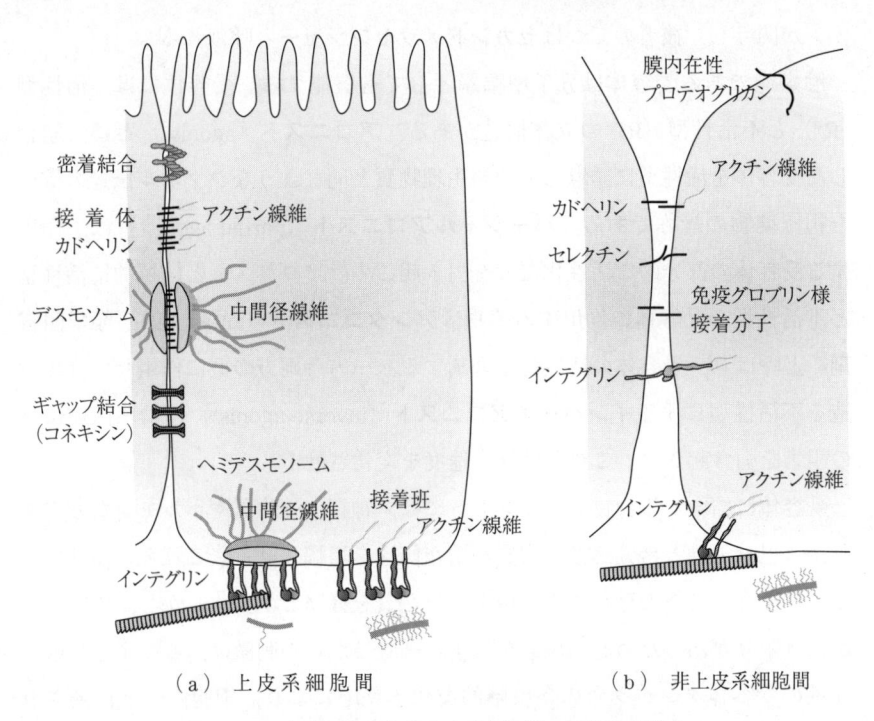

(b) 非上皮系細胞間

図1.9 上皮系細胞間と非上皮系細胞間の細胞結合様式

1.3.5 細胞受容体

外部環境を感知して細胞が応答する仕組みは，なにも物理的刺激だけではない。細胞膜にある受容体タンパク質が，外部の生体分子を特異的に認識・結合することからも始まる。すなわち，細胞増殖因子がある特定の受容体に結合し，細胞機能を制御する（1.2.2項 参照）。数多くの種類のある受容体には，細胞外にある**リガンド**[†1]**結合領域**（ligand-binding domain, **LBD**）と細胞内の**エフェクター領域**（effector domain, **ED**）を含む。リン酸化と脱リン酸化による足場タンパク質の共有結合制御（ATPの関与するプロテインキナーゼ酵素）や複数のタンパク質の立体構造をアロステリック制御[†2]で変化するシグナル伝達が起きる。細胞内のタンパク質・低分子（脂質や脂質由来化合物）・イ

[†1] 受容体タンパク質と特異的に結合する物質のこと。
[†2] 標的タンパク質に非共有結合したときに標的タンパク質の立体構造を変化させる能力。

オンが関与し，後者の二つは**セカンドメッセンジャー**と呼ばれる。

触媒能のある受容体は分子増幅器としても機能する。受容体には，活性型（R*）と不活性型（R）の立体構造がある。**アゴニスト**（agonist）とは，結合した受容体を活性型に誘導し，他の生理物質と同じようなシグナル伝達の機能を担う薬物の総称である。**パーシャルアゴニスト**（partial agonist）は，作用する受容体の部分的な活性化だけを引き起こす。アゴニストと拮抗的に活性型と不活性型の受容体に作用する薬物は**アンタゴニスト**（antagonist，**競争阻害剤**）と呼ばれ，受容体の活性化を抑制する。一方，両方の型に作用して立体構造を不活性型にする**インバースアゴニスト**（inverse agonist）は情報伝達に真の阻害を引き起こす。これらは反応速度を変化させる。

受容体に結合する物質（リガンド）には，神経伝達物質やホルモンなどがあり，自己分泌性と傍分泌性の物質が情報伝達を増幅させる。これらの機構は，受容体を介して複数存在する足場タンパク質を経路とする。しかし，受容体の数には限りがあるため飽和現象を示す。細胞外からの刺激は，このように膜内在性の受容体タンパク質の多段階的な化学反応により，細胞内へと伝達される。**図 1.10**には主要な受容体だけを示す。

イオンチャネル受容体は，後に詳細（1.4.2項 参照）を議論するが，孔を

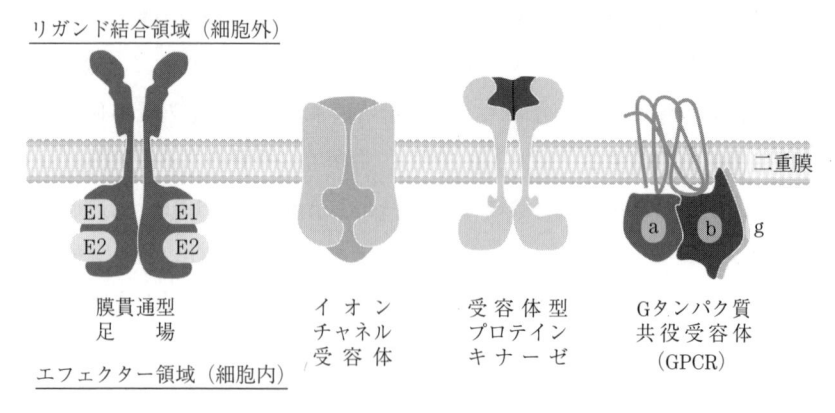

図 1.10 細胞膜に存在する主要な受容体

通じてイオンの流れを生じさせる。これにより，細胞の膜電位を変化させたり，細胞内のホメオスタシスを維持したりする。

受容体型プロテインキナーゼは，1回膜貫通型タンパク質の二量体であり，細胞の内側にある特定のアミノ酸がリン酸化して，シグナルを伝達するタンパク質と複合体を構築する。キノームと呼ばれるプロテインキナーゼ全体の概念が研究され，配列の相同性などの解析が進められている。Tyr, Ser, Thr 残基に ATP のリン酸基を化学的に安定なリン酸エステルとして結合させる。Tyr 残基だけがリン酸化される受容体型チロシンキナーゼと，Ser と Thr 残基がリン酸化される受容体型セリン/トレオニンキナーゼとがある。リン酸化によるシグナル伝達を阻害するには，プロテインホスファターゼが必要となる。例えば受容体型プロテインキナーゼに付加されたリン酸基を除去したり，細胞増殖因子の結合した受容体型セリン/トレオニンを脱リン酸化させたりする。

GPCR は，7回膜貫通型の α ヘリックス構造をとる，Cys 残基で S-S 結合した受容体である。ヘテロ三量体である GTP 結合タンパク質（G タンパク質）と細胞膜の内側で結合し，シグナル伝達を行う。ホルモンやフェロモン，神経伝達物質，局所シグナル分子などのさまざまな生体物質がリガンドとなる。そのため，薬物の標的部位として有効である。動物が臭いを嗅ぎ分けられるのは，嗅覚系の GPCR からのシグナル伝達が関与している。これら以外の受容体には，転写因子となる核内受容体もある。

1.3.6　ECM と細胞との接着

インテグリン（integrin）は，ECM と結合する受容体であり，細胞膜の表面に存在する1回膜貫通型のタンパク質ファミリーである（図1.11）。α 鎖と β 鎖は非共有結合によりヘテロ二量体を形成する。

EF ハンド構造が三つ四つある α 鎖は，Thigh, Calf1, Calf2 の三つのドメインからできている。一方，β 鎖には，Mg^{2+}/Mn^{2+} との金属イオン依存性接着部位，PSI (plexin/semaphoring/integrin) ドメイン，Cys 残基を多く含む EGF 様ドメインがある。細胞質側は C 末端である。リガンドとなる ECM のアミノ

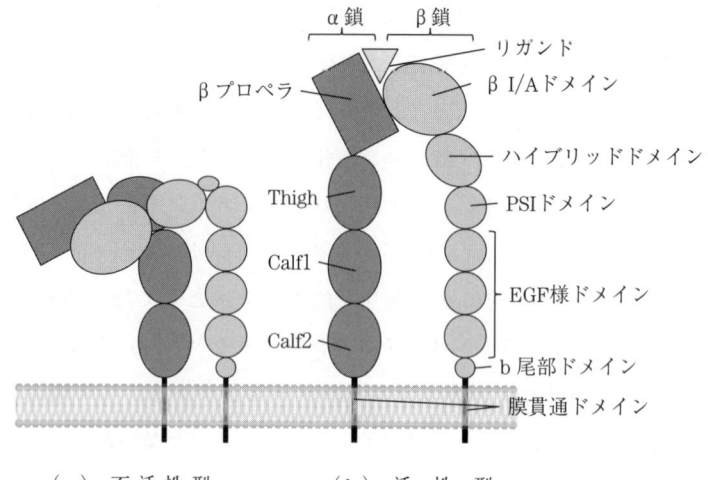

```
             α鎖   β鎖
                      リガンド
         βプロペラ      β I/Aドメイン
                      ハイブリッドドメイン
          Thigh        PSIドメイン
          Calf1        EGF様ドメイン
          Calf2        b尾部ドメイン
                      膜貫通ドメイン

    （a）不活性型   （b）活性型
```

図 1.11 インテグリン受容体の不活性型と活性型

酸配列からは結合部位の予測はできないが，β鎖には酸性アミノ酸からなるRGD配列やGFOGER配列などがある。脊椎動物には，19種のαサブユニットと8種のβサブユニットとがあり，24種類のαβ受容体をつくる。ECMと結合するサブユニットの主な組み合せを**表 1.3**にまとめる。

表 1.3 代表的なインテグリン結合部位

分子鎖組合せ		リガンド
β1	α1 または α2	コラーゲン，ラミニン
	α3	フィブロネクチン，ラミニン，
	α5	コラーゲン，フィブロネクチン
	α6 または α7	ラミニン
	α10 または α11	コラーゲン
β2	αIb	コラーゲン
	αIIb	コラーゲン，フィブロネクチン
	αV	コラーゲン，フィブロネクチン，ラミニン

細胞とECMとの接着は，受容体の数と受容体の立体構造との変化に依存する。前者を**結合性調節**（avidity modulation）と，後者を**親和性調節**（affinity modulation）という。増殖因子受容体から始まるタンパク質を介したシグナル

伝達で細胞の接着が起きることがある。これは，"中から外へのシグナル伝達（inside-out signaling）"と呼ばれるが，この機構はまだ解明されていない[5]。逆に，"外から中へのシグナル伝達（outside-in signaling）"もある。化学シグナルを伝搬させるタンパク質群と結合し，主にβ鎖を通じて起きる。接着が成熟すると接着斑が形成され，**アダプタータンパク質**（adaptor protein）を介してアクチン線維と結合する。アダプタータンパク質には，パキシリン―タリン―ビンキュリンやαアクチニン，タリン―ビンキュリンなどの群がある（図**1.12**）。一方，中間径線維と結合するには，別なアダプタータンパク質（例えば，プレクチンなど）が必要になるが，これはヘミデスモソームと呼ばれる（図1.9参照）。

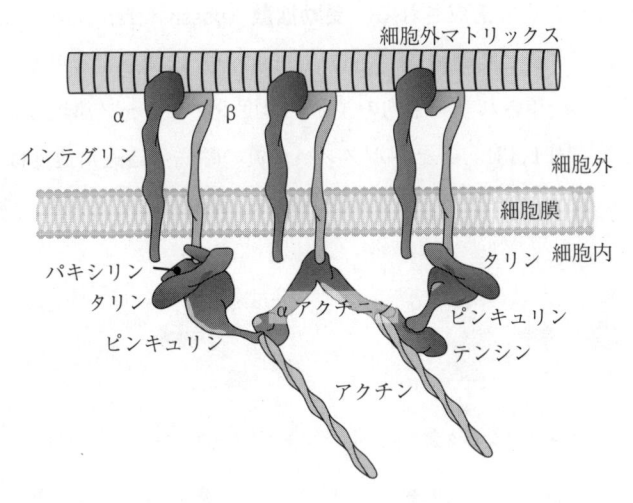

図1.12　細胞外マトリックスとインテグリンの結合様式

1.4　細胞の物質輸送

1.4.1　薬物と生体膜透過機構

経皮や経口などで薬物を全身循環させる最初の過程が**吸収**（absorption）である。静脈注射は，体内に直接投与するので吸収という過程はない。薬物が血

管を通り，肝臓・腎臓・脳などの臓器に移行する過程を**分布**（distribution）という。薬物と生体物質との相互作用や血液の流量で薬物の分布する臓器や生体内利用率が決められる。肝臓などに移行した薬物は酵素による分解や構造変化を受ける。この過程は**代謝**（metabolism）という。シトクロム P450 は肝臓にある酵素で，多くの薬物代謝に関与する。肝臓を経由せずに全身循環させる投与経路（口腔粘膜や直腸）が用いられることもある。最後の過程は，腎臓から体外への薬物の**排泄**（excretion）である。この四つの過程を合わせた薬物動態をその頭文字から **ADME** といい，薬効持続時間などが求められる。

生体膜透過機構は，三つの経路，受動輸送，能動輸送，膜動輸送で行われる。細胞の内外に物質を輸送する**輸送体/トランスポーター**は，膜に局在化する膜貫通タンパク質で構成される。**受動拡散**（passive transport）に関与するチャネルタンパク質と**能動輸送**（active transport）に関与するキャリアータンパク質の二つに分類され，細胞内のイオン濃度やグルコース濃度などを精密に調節している（**図1.13**）。チャネルタンパク質の輸送（透過）速度は 10^8 個/秒程度と速い。一方，キャリアータンパク質には，輸送体とポンプの二つがあり，

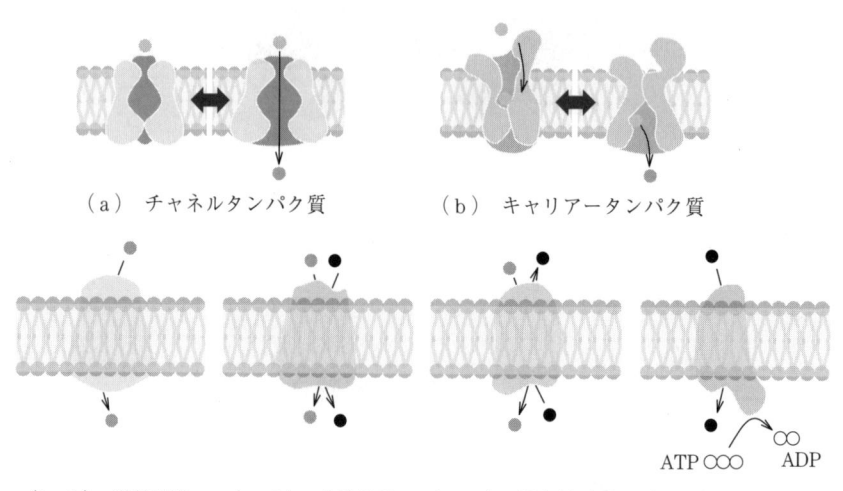

（a）チャネルタンパク質　　（b）キャリアータンパク質

（b-1）単輸送体　（b-2）共輸送体　（b-3）対向輸送体　（b-4）ATP 駆動型ポンプ

図1.13 受容体タンパク質

輸送速度は 10^3 個/秒程度と遅い。

1.4.2 受動輸送

受動輸送には，輸送体が関与しない**単純拡散**（simple diffusion）と**浸透**（pore transport），膜タンパク質が関与する**促進拡散**（facilitated diffusion）の三つがある。いずれも濃度勾配に依存した物質輸送（下り坂輸送）である。

単純拡散は，細胞内外の溶質の濃度勾配に依存した輸送形式であり，フィックの第一法則にその透過速度は従う。

$$\frac{dC}{dt} = k \cdot A \cdot \frac{C_H - C_L}{L} \tag{1.3}$$

ここで，k は透過定数，A は膜の面積，L は膜の厚さ，C_H は高い溶質濃度，C_L は低い溶質濃度である。溶質どうしに相互作用がないときは，共存する溶質は同じ透過速度となる。一方，浸透とは，膜にある細孔を通り物質が侵入することである。水で満たされた細孔内では，分子量が約 400 Da 以下の物質を孔内の水流に従い輸送する。

促進拡散は，チャネルタンパク質（100種類以上）の孔が開いたときにだけ，選択的に溶質を通過させる。膜の内外のイオン濃度の差から生じる電気化学勾配を下る方向に Na^+，K^+，Ca^{2+}，Cl^-，水などを流す。イオンの透過速度は 10^8 個/秒であり，水溶液中の最大のイオン拡散速度と同等である。

チャネルタンパク質の多くは，いくつかのサブユニットが縮合して中心に孔を形成する。サブユニットの膜貫通の形態（例えば，2回または6回膜貫通）で分類されている。例えば K^+ を選択的に透過させる四量体のタンパク質には，Thr-Xaa-Gly-Tyr-Gly または Thr-Xaa-Gly-Phe-Gly の配列がある。通過経路にある選択性フィルター（直径 0.1〜0.12 nm）は，負の電荷のペプチド骨格または側鎖カルボニル基が直鎖状に配列した四つのカゴをつくる。イオンの水和殻から脱水和させるため，水の双極子と類似した親水的な環境がフィルター内部につくられる。

イオンチャネルは，ゲート開閉と呼ばれる膜電位の変化で制御される。静止

膜電位とは，細胞の内外にある K^+ と Na^+ の濃度差に起因し，電荷の移動が見かけ上ない状態での細胞内外の電位差である。この膜電位は，細胞の内側が外側に対して負になる。膜の脱分極（符号の逆転）は Na^+ または Ca^{2+} のチャネル（前者：四量体，後者：五量体）を開き，電気化学勾配により細胞内へイオンを流入させて膜電位を正にする。一方，膜の再分極（静止膜電位と同じ）は，K^+ チャネルが開いたときに生じ，膜電位をさらに負にする。細胞質と細胞の外液との電荷は，いずれも中性に保たれる。Na^+ チャネルの選択フィルターの配列は，Gly-Xaa-Ser であり，ペプチド骨格のカルボニル基の酸素が整列して部分的に脱水・安定化させる。Na^+ の透過時に発生するエネルギーは，能動輸送における共役輸送に使われる。

Ca^{2+} はさまざまな細胞機能の制御に関わっている。五量体のサブユニットからなる非対称なタンパク質でこの濃度変化は調整されている。細胞内外の受容体の結合や膜電位の変化などで Ca^{2+} を透過させる。この選択性フィルターは，EF ハンド構造に類似し，四つの Glu 残基（EEEE 残基）からできている。この場合，イオンどうしの静電的反発力が透過速度を速める。

神経細胞，筋肉細胞，内分泌細胞は興奮性細胞であり，電気シグナルを発生する。このシグナルは**活動電位**（action potential）と呼ばれ，Na^+ や K^+，Ca^{2+} と，後述する Na^+/K^+-ATP アーゼが関与する膜電位変化から生じる。これら以外にも，Cl^- を輸送する二量体のチャネル様タンパク質があり，このイオンの選択的な膜透過には Glu 残基が関与している。また，いずれの細胞にも水の輸送を担う四量体からなるアクアポリンがある。これまでのチャネルタンパク質とは異なり，一つのサブユニットが一つの孔をもち，高い選択性を示す。

1.4.3 能 動 輸 送

能動輸送は，エネルギーを必要とする膜透過輸送である。キャリアータンパク質は，溶質と一度結合し，アロステリック効果で反対側に溶質を解離させる。そのため，濃度勾配に逆らった輸送（上り坂輸送）も可能である。輸送体は，電気化学勾配で蓄積された自由エネルギーを利用するキャリアータンパク質で，

単輸送体（uniporter），**共輸送体**（symporter），**対向輸送体**（antiporter，**交換輸送体**）に分けられる（図1.13参照）。共輸送体と対向輸送体は，共役輸送とも呼ばれ，ATP の加水分解で得られたエネルギーや光などを使う。

　これらの能動輸送には，ATP のエネルギーを使い電気化学勾配に逆らって溶質を輸送する**一次能動輸送**（primary active transport）と ATP のエネルギーを直接使用しないが電気化学勾配による自由エネルギーを利用する**二次能動輸送**（secondary active transport）がある。つまり，一次能動輸送で発生するエネルギーを二次能動輸送が利用する。

　生体膜には，F 型，V 型，P 型，ABC 型の 4 群の ATP アーゼファミリーがある。ATP アーゼとは，イオンを能動輸送したり，ATP を加水分解したりする酵素の総称である。ミトコンドリア内膜にある F 型は，ATP 合成酵素でつくられている。小胞などの膜に存在する V 型は，膜の内側に H^+ を輸送する。細胞膜にある P 型は，陽イオンを主に輸送し，E 型と呼ばれることもある。2個の ATP 結合部位のある ABC 型は，Cl^- を輸送したり，毒物や薬物を排泄したりする。

　輸送体の数に制約のある能動輸送では，濃度の上昇に従い透過速度が飽和する。**ミカエリス・メンテン**（Michaelis-Menten）**の式**でこの速度は示される。これは，輸送体を介す促進拡散にも適応される。

$$V = \frac{V_{\max} \cdot C}{K_m - C} \tag{1.4}$$

ここで，$V_{\max}$ は最大輸送速度，C は透過・吸収部位での基質濃度，K_m はミカエリス定数である。さらに，$1/V$ と $1/C$ で直線を引き，その傾きから K_m と $V_{\max}$ が求められる。これは，**ラインウィーバー・バーク**（Lineweaver-Burk）**プロット**と呼ばれ，K_m の値が大きければ低い親和性となる。

　〔1〕**一次能動輸送**　　単輸送にはグルコースの輸送がある。親水性の高いグルコースは細胞の主要なエネルギー源（栄養素）である。また**血液脳関門**（blood-brain barrier，**BBB**）を通過できる物質の一つであり，脳や中枢神経にも輸送される。細胞膜の透過性が低いこのような極性小分子には，膜タンパク

質を経由した取込みが必要である．そのため，**グルコース輸送体**（glucose transporter，**GLUT**）という濃度勾配に従う単輸送体がある．これは，細胞膜に最も多く存在する12回膜貫通型の膜内在性タンパク質で，**促進拡散輸送体**（major facilitator superfamily，**MFS**）のサブグループに分類される．

単輸送体の Ca^{2+}-ATP アーゼは，2個の Ca^{2+} イオンを取り込み，同時に2個の H^+ イオンを放出する一次能動輸送である．また Ca^{2+} の結合やリン酸化反応により，その酵素の立体構造を変化させる．細胞質の Ca^{2+} 濃度（約 $0.1\,\mu M$）は，小胞体（約 $1\,mM$ で維持）から Ca^{2+} が放出されることで上昇する．

対向輸送体の Na^+/K^+-ATP アーゼは，Na^+ の排出系として機能する．3個の Na^+ を細胞の外に排出して2個の K^+ を取り込む．リン酸化と脱リン酸化は，その立体構造を変化させ，イオンの輸送反応を段階的に進める（**図1.14**）．これは濃度勾配に逆らう上り坂輸送である．

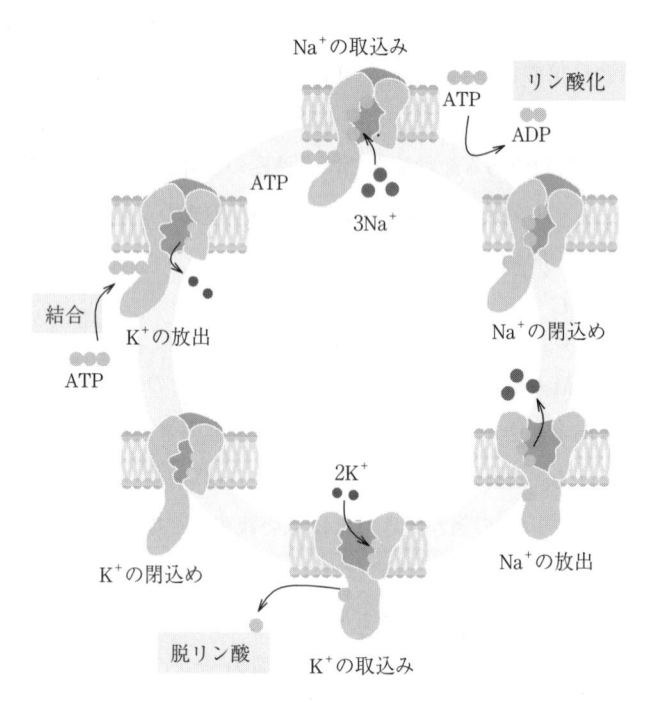

図1.14 Na^+/K^+ ATP アーゼによるイオン輸送機構の Post-Albers モデル

〔2〕 二次能動輸送　Na$^+$/グルコース共輸送体（14回膜貫通型）や糖・アミノ酸・ビタミン類の輸送体，さらにH$^+$/ペプチド共輸送体（ペプチドトランスポーター，PEPT）は，二次能動輸送を行う。また対向輸送体であるNa$^+$/Mg^{2+}-APTaseも二次能動輸送体である。膜透過性の低いMg^{2+}は，この輸送体で細胞から排出される。

Na$^+$は細胞内で濃度勾配しており，脱分極により活性化される膜輸送の多くに関わっている。電位依存性のNa$^+$チャネルは，二次能動輸送体がつくる濃度勾配で発生する共役エネルギーを利用している。**表1.4**に，輸送タンパク質とイオンの輸送量比を示す。

表1.4　輸送体とイオンの輸送量比

輸送体		イオンの輸送量比		
Na$^+$の細胞外への排出		細胞外	細胞内	
Na$^+$/K$^+$-ATPアーゼ		3Na$^+$	2K$^+$	
Na$^+$/Ca^{2+}交換体		3Na$^+$	1Ca^{2+}	
Na$^+$/K$^+$/Ca^{2+}交換体		4Na$^+$, 1K$^+$	1Ca^{2+}	
Na$^+$/HCO$_3^-$共輸送体		1Na$^+$, 3HCO$_3^-$		
Na$^+$の細胞内への輸送		細胞外	細胞内	
対向輸送体	Na$^+$/Ca^{2+}	1Ca^{2+}	3Na$^+$	
	Na$^+$/K$^+$/Ca^{2+}	1K$^+$	4Na$^+$, 1Ca^{2+}	
	Na$^+$/H$^+$	1H$^+$	1Na$^+$	
	Na$^+$/Mg^{2+}	1Mg^{2+}	2Na$^+$	
共輸送体	Na$^+$/Cl$^-$		1Na$^+$, 1Cl$^-$	
	Na$^+$/HCO$_3^-$		1Na$^+$, 1HCO$_3^-$	
	Na$^+$/K$^+$/Cl$^-$		1Na$^+$, 1K$^+$, 2Cl$^-$	
	Na$^+$/グルコース		2Na$^+$, グルコース	Sodium-dependent glucose transporter SGLT-1, SGLT
	Na$^+$/ヨウ化物		2Na$^+$	

1.4.4　膜動輸送

細胞は，合成したタンパク質を目的の場所に正しく輸送するため，短いアミノ酸配列の**選別/標的シグナル**（sorting/targeting signal）をタンパク質に埋め

込んでいる。これは，膜に存在する受容体と選択的に結合・濃縮しながら，連鎖的・段階的に反応させる。

小胞体から細胞の外に輸送する経路を**エキソサイトーシス**（exocytosis）と，細胞の外から内に輸送する経路を**エンドサイトーシス**（endocytosis）という（図1.4参照）。このような物質輸送では，輸送する物質は細胞膜で覆われるため，細胞質基質とはふれない（バルク移動）。この二つの経路による物質収支は厳密に連動して恒常性を維持する。例えば粗面小胞体から出芽した**輸送小胞**（transport vesicle）は細胞質を移動してゴルジ体に標的化される。さらに分泌小胞（顆粒）で細胞の外に物質を放出する。このような小胞輸送は，タンパク質の選別や小胞の出芽・切断，係留，結合・融合といった複雑な分子認識が行われる[6]。これとは別に，小腸の頂端部と血液とがつながる基底部にある上皮細胞には，腸内腔から血漿中に物質（栄養）を運搬する，取込み・放出の両方を行う**トランスサイトーシス**（transcytosis）もある。

エキソサイトーシスは，粗面小胞体の膜表面でつくられた消化酵素を毎分1 000万個もゴルジ体に運ぶ。この運搬には，被覆タンパク質（COP）と呼ばれる被覆小胞が使われる。次いで，ゴルジ層板（シス槽・メディアル槽・トランス槽）で翻訳後修飾された酵素は，品質管理を行うシスゴルジ網からトランスゴルジ網を経由して目的地に輸送される。

エンドサイトーシスでは，リガンド・栄養・不要物の分解や融合した膜の回収などが行われる。また取り込んだ受容体―リガンド―物質からリガンドのみを分解し，受容体を細胞膜に戻して再生させる。リガンド―物質の分解は，小胞内のpHの異なる初期エンドソーム（pH6.5～6.8），後期エンドソーム（pH4.5），リソソーム（pH4.5以下）の順番で行われる。V-ATPアーゼと呼ばれるプロトン（H^+）ポンプが，小胞内腔にH^+を運搬してその内部を酸性にする。この輸送経路では，物質の選別輸送が多くのシグナルで段階的に行われる。

食作用（ファゴサイトーシス，phagocytosis）と**飲作用**（マクロピノサイトーシス，macropinocytosis）はエンドサイトーシスである。食作用は，貪食

細胞，単球，樹状細胞，NK 細胞，好中球といった特殊な細胞でしか起きない。病原体，死細胞，細胞破片（1 μm 以上）なども取り込む。一方で，飲作用には，クラスリン介在による 300 nm 以下の物質の細胞への内在化（エンドソームへ輸送），葉酸分子などを取り込むカベオリン介在による 50〜80 nm の物質の細胞への内在化（小胞体/ゴルジ体へ輸送）があり，エンドサイトーシス小胞をつくる。他に，積荷や受容体とは関与せず，アクチン線維の伸張でつくられる 200 nm 以上の小胞で物質を取り込むこともある。

クラスリンタンパク質を介在したエンドサイトーシスは最もよく知られた取込み機構である[7]。クラスリンは，トリスケリオンと呼ばれる 3 本足の複合体で，足の末端は細胞膜の内側にあるヘテロ四量体のアダプタータンパク質（AP）に結合する。クラスリンが結合・重合した被覆ピットは，六角形と五角形とからなるかご状の格子で積荷を取り囲む。この被覆ピットを細胞膜から切り離すにはダイナミンが作用する。

AP ファミリーには四つの型（AP-1〜4）がある。細胞膜にある受容体と結合する'胴'とクラスリンのリガンドに結合する二つの伸びた'耳'があり，細胞内で特徴的な分布を示す。例えば AP-2 はホスフォチジルイノシトール-4, 5-二リン酸と結合する被覆ピットを形成するときに，AP-3 はエンドソーム内に局在する。積荷にある選別シグナルには，Tyr-Xaa-Xaa-Leu, Met, Ile,

表1.5 アダプターの代表例

シグナルタイプ	配　　列	積　　荷
YXXΦ	YTRF YRGV YKKV	トランスフェリン受容体
[DE]XXXL[LI]	PSQIKRLL ERAPLI DKQTLL EKQPLL	チロシナーゼ
[FY]XNPX[YF]	FDNPVY FTNPVY GENPIY VVNPKY	LDL 受容体 β1A インテグリン β1A インテグリン

Phe, Val などの疎水性アミノ酸や Asn-Pro-Xaa-Tyr, [Asp/Glu]-Xaa-Xaa-Xaa-Leu-[Leu/Ile], モノユビキチンの四つがあり, Ap-2に結合する (**表1.5**)。

細胞外の物質のリガンドを認識する他の受容体には, 2個の Fe^{3+} が結合したトランスフェリン受容体, 低密度リポタンパク質 (LDL) 受容体, EGF受容体の三つがある。トランスフェリンが受容体に結合すると取込みが始まり, 初期エンドソーム内で Fe^{3+} を解離して, 受容体と Fe^{3+} を含有していないアポトランスフェリンとを細胞膜に再輸送 (エクソサイトーシス) する。LDL受容体でも同様の再輸送が起きる。EGF受容体はリソソームで最終的に分解される。

1.5 ナノメディシン

1.5.1 ナノ粒子による薬物送達システム

材料工学, 生物学, 生理学, 薬学, 歯学, 医学などの学問分野を融合し, ナノテクノロジーを医療に役立てる研究分野がナノメディシン[†]である。(1) 癌組織などの患部にだけ集中的に治療薬を送達する**薬物送達システム** (drug delivery system, **DDS**), (2) 遺伝子を患部に送達する技術 (遺伝子治療), (3) 患部の細胞活動を画像化する生体イメージング技術, が最終的な目標である。これらの実現には, 有機材料, 無機材料, 有機-無機複合材料などのバイオマテリアルと, 生体環境下で分子反応を計測・検査する装置の開発が必要となる。

能動的/受動的標的化という二つのDDSが, 19世紀末から考案されてきた。これらは薬の副作用を低減させ, 患部だけで薬理作用を高める。Paul Ehrlich (1908年ノーベル生理学医学賞) は, 特定細胞の受容体に薬を選択的に結合させる '魔法の弾丸' を19世紀末に提唱した。Christian Rene de Duve (1974年ノーベル生理学・医学賞) は, エンドサイトーシスでリソソームに選択的に薬を取り込ませ, 活性化させるシステムを1970年代に考案した。同時代には, さらに Helmut Ringsdorf が, 高分子を担体とした能動的標的化の材料工学的

[†] 1999年には米国で nanomedicine という言葉が使われ, 2005年には Journal of nanomedicine が創刊されている。

1.5 ナノメディシン

な設計論を提案した。

前田・松村らは,血液中を循環させたナノ粒子が固形癌に選択的に集積する効果,**EPR**(enhanced permeability and retention)**効果**を1986年に発見した。これは受動的標的化であり,癌周辺の血管内皮細胞間の隙間(100〜200 nm)からナノ粒子が浸み出す現象である。200 nm以下の粒子,特に100 nm以下の粒子がEPR効果を示す。血液内での粒子の安定性や粒子とECMとの相互作用がこの効果を変化させるため,表面設計は重要である。また細網内皮系(RES)の間葉由来細胞群[†]はある一定以上の大きさの粒子を貪食するため,これを回避する材料設計が求められる。

金,量子ドット,シリカ,酸化鉄,カーボンナノチューブなどの無機ナノ粒子も研究されている。ここでナノ材料とは,寸法の一つが100 nm以下である粒子のことである。特に,ナノメディシンの実現に向けた非晶質シリカナノ粒子の合成方法・機能設計・生体内挙動を,材料工学的視点から概説する。

1.5.2 古典的核生成論

古典的核生成論(classical nucleation theory,**CNT**)における均質核生成は,ギブズのキャピラリー近似を用いて提唱された[8]。核生成期(球形の核)の自由エネルギーは二つの相反するエネルギーを含んでいる。一つは核の生成を促進する負のエネルギー(体積エネルギー)で,もう一つは新しい相と古い相との核間で生じる相互作用による正のエネルギー(表面エネルギー)である。前駆体の全自由エネルギー ΔG は

$$\Delta G = -\frac{4}{3}\pi r^3 \left| \Delta G_V \right| + 4\pi r^2 \gamma \tag{1.5}$$

と示される(**図1.15**)。r は前駆体の半径,ΔG_V は古い相と新しい相の間の体積当りの固体の自由エネルギーの差,γ は単位面積当りの表面自由エネルギーである。すなわち,半径の小さな前駆体を考えると,体積当りの自由エネルギーの差は小さくなり,表面自由エネルギーが優勢となる。そのため,前駆体

[†] 異物を貪食することにより生体の防御に関与する細胞の総称である。

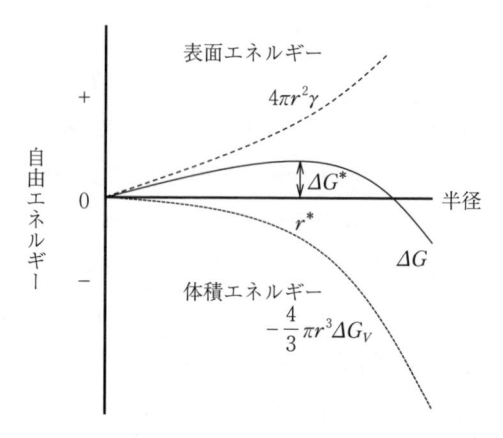

図1.15 核生成に関する自由エネルギーと粒子半径との関係

の成長初期に ΔG_V が上昇して，臨界値（半径：r^*，活性化エネルギー：ΔG^*）が現れ，核生成が活性化される。

前駆体の自由エネルギーは，その原子数の関数ともできるため

$$\Delta G = nk_B T \ln\left(\frac{C}{C_{eq}}\right) + \sigma b n^{2/3} \tag{1.6}$$

となり，n は前駆体の原子の数，k_B はボルツマン定数，T は温度，C/C_{eq} は溶液の過飽和度（S），σ は前駆体の表面張力，b は幾何学因子である。C と C_{eq} は溶液に存在する溶質の濃度と溶質の溶解度（平衡濃度）を示す。

実験結果と比較する際，核生成速度（I または J）が測定できる変数となり，つぎのように示される。

$$I = \Gamma \exp\left(-\frac{16\pi}{3k_B T} \frac{\gamma^3}{\rho_s |\Delta\mu|^2}\right) \tag{1.7}$$

ρ_s は固体の数密度，γ は固体と液体界面の自由エネルギー密度，$\Delta\mu$ は固相と液相間の化学ポテンシャルの変化量である。前駆体の粒子への接着速度 f_c^+ は，Zeldovich 因子（Z）を用いて，$\Gamma = \sum Z \rho_s f_c^+$ とできる。自己拡散係数 D_s と拡散距離 λ，臨界核生成時の粒子数 n_c から，つぎのようになる。

$$f_c^+ = \frac{24 D_s n_c^{2/3}}{\lambda^2}$$

ΔG^* を核生成の活性化エネルギーとし，B を式 (1.7) の前指数因子にすると

$$J = B\exp\left(-\frac{\Delta G^*}{RT}\right) \tag{1.8}$$

$$\Delta G^* = -\frac{16\pi r^3 V_m^2}{3|\Delta\mu|^2} \tag{1.9}$$

が得られる。式 (1.5) から，前駆体の半径はある値で最大値（微分値をゼロ）を示し，これを臨界半径 r^* という。式 (1.9) で V_m を前駆体の溶質モル体積と S を過飽和度として，$\Delta G^* = -(RT/V_m)\ln S$ から

$$\Delta G^* = -\frac{16\pi r^3}{3|\Delta G_V|^2} \tag{1.10}$$

となる。つまり前駆体の半径が臨界半径より大きくなると，粒子成長が起きる。

この古典的理論には，(1) 固体として結晶核が振る舞う，(2) 前駆体の表面自由エネルギーがその無限の平面からなる固体表面と同じである，という仮定が含まれる。実際には，前駆体の表面自由エネルギーは固体より大きいし，正確な拡散距離 λ と固体/液体の界面自由エネルギー γ を前駆体で求めることは不可能である。

前駆体の形成に関するよく知られている核生成理論は **LaMer 機構**[9]である。チオ硫酸ナトリウム（$Na_2S_2O_3$）を塩酸で分解した硫黄ゾルの形成が説明された。

$$2HS_2O_3^- \rightleftharpoons 2HSO_3 + S_2 \tag{1.11}$$

$$nS_2 \rightleftharpoons S_{2n} \tag{1.12}$$

核を生成する溶質（硫黄）の濃度を時間に対して計測した曲線を **図 1.16** に示す。

図 (a) は古典的な均質核生成と粒子成長（LaMer 機構）で，図 (b) は Stöber による均一核生成と粒子成長（改良型 LaMer 機構）である。LaMer 機構では，飽和溶解度を超えて臨界過飽和濃度（C/C_{eq}）までゆっくりと濃度が

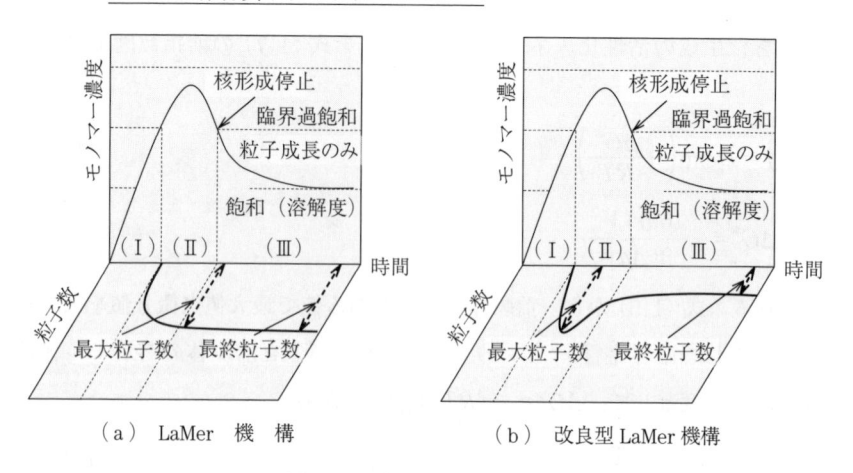

44　1. 生体物質とナノテクノロジー

図1.16 核形成と粒子数の関係

上昇し，必要な前駆体（硫黄結合体）が生成する。これが第Ⅰ段階である。ここでは臨界過飽和度まで上昇したのちに均質核生成（自己核生成）が生じる。第Ⅱ段階では，核生成の突発が起き，溶液中のモノマー（硫黄イオン）を過飽和まで急速に低下させて，必須な核生成が停止する。その結果，第Ⅲ段階で硫黄イオンが拡散して成長が起きる。すなわち，核生成と粒子成長を別々に理解するのがLaMer機構である。一方で，モノマー濃度と時間との関係を粒子数で考えると，シリカ粒子の均一核生成と粒子成長とを詳細に説明できる[10]（1.5.3項 参照）。このことから単一分散の粒子をつくるには，(1) 核生成と粒子成長過程の分離，(2) 粒子成長時の凝集の防止，(3) 溶質の留保，の三点が重要となる。

電解質溶液中の粒子の安定分散には吸着質イオン（対イオン）がつくる拡散電気二重層のゼータ（ζ）電位が関与し，ここから導かれる表面電位による静電反発力が必要である。ζ電位は，シュテルン層の外側の電位で近似される。表面から距離xの電位をϕ_xと，表面電位をϕ_0とする。自由イオンのポアソン・ボルツマン分布から

$$\Delta^2 \phi = -\frac{1}{\varepsilon_0 \varepsilon_r} \sum z_i e n_i \exp\left(\frac{ze\phi}{k_B T}\right) \tag{1.13}$$

が得られる。ここで，n_1 はイオン個数濃度，z_1 はイオン価数，e は電気素量，ε_0 は真空の誘電率，ε_r は溶媒の誘電率である。界面を平板面とすると，ラプラス作用素 $\Delta^2\phi = d^2\phi/dx^2$ で電位は近似できるため，1種類の対称型電解質の系では式 (1.13) を2回積分した次式が得られる。

$$\phi = \frac{2k_B T}{z_1 e} \ln \frac{1+\gamma\exp(-\kappa x)}{1-\gamma\exp(-\kappa x)} \tag{1.14}$$

$$\gamma = \frac{\exp(z_1 e\phi_\delta / 2k_B T) - 1}{\exp(z_1 e\phi_\delta / 2k_B T) + 1} \tag{1.15}$$

ここで κ^{-1} は，式 (1.16) で表される電気二重層の厚さである。

$$\kappa = \sqrt{\frac{2\pi\, n_1 z_1^2 e^2}{\epsilon_0 \epsilon_r k_B T}} \tag{1.16}$$

$\phi_\delta \leq 25\,\mathrm{mV}$ の場合は，デバイ・ヒュッケル近似から

$$\phi_x = \phi_0 \exp(-\kappa x) \tag{1.17}$$

となる。つまり，イオン濃度（塩濃度または前駆体モノマー濃度）が高いほど，粒子どうしの反発力は小さくなるため，凝集が起こりやすくなる。

　複数の原子や分子が溶液中で形成するクラスターの反応速度は，動的光散乱や紫外可視分光法，電子顕微鏡法，X線分光法などの実験結果から検討された。遷移金属のナノクラスターでは，非突発的で連続した遅い核生成と非拡散的な速い自己触媒成長といった Finke-Watzky の二段階機構 [11] が提案された。

$$\begin{cases} A \rightarrow B & (k_1:\text{ナノクラスターの核生成}) \\ A + B \rightarrow 2B & (k_2:\text{成長}) \end{cases}$$

ここで，B は成長するクラスター表面を意味している。これから

$$[A]_t = \frac{\dfrac{k_2}{k_1} + [A]_0}{1 + \dfrac{k_1}{k_2[A]_0}\exp(k_1 + k_2[A]_0)t} \tag{1.18}$$

が得られる。さらに成長速度 v_g と核生成速度 v_n の比率 R は

$$R = \frac{v_g}{v_n} = \frac{k_2[A][B]}{k_1[A]} = \frac{k_2[B]}{k_1} \tag{1.19}$$

とできる。つまり，存在する核の成長は新しい核の生成より優位だとわかる。単一分散のナノクラスターが形成されるとき，核の大きさはこの比率から予測できる。固体の核生成に関する代表的な反応速度モデルを**表1.6**にまとめた。

表1.6 各種核形成に対する反応速度モデル

速 度 式	モデル名	備 考
$N' = N(1-e^{nt})$ 　N'：成長核の数 　N：初期段階の核の数 　n：成長核形成の確立	Avrami[12]	一般的な核生成に用いられる。経験式であるため，化学的な意味は不明確である。
$\dfrac{p}{p_f - p} = e^{k(t-t_{\max})}$ 　p：圧力，p_f：最終圧力 　k：反応定数 　$t_{\max}$：最大速度の時間	Prout-Tompkins[13]	$2KMnO_4 \rightarrow KMn_2 + KMnO_4 + O_2$ $AgMnO_4$の分解反応では一致しない。促進と減速の反応定数が必要となる。
$\alpha = 1 - e^{-kn^t}$ 　α：生成物に変わる反応率 　n：反応の次元	Erofe'ev[14]	一般的な核生成に用いられる。経験的に決められた反応則が使用される。
$\ln\left[\dfrac{a}{1-\dfrac{a}{2a_i}}\right] - \ln\left[\dfrac{a_0}{1-\dfrac{a_0}{2a_i}}\right] = k(t-t_0)$ 　a：生成物に変換した反応物の比率 　a_i：変曲点でのaの値 　a_0：誘導時間の終わりのaの値 　t_0：誘導時間	Generalized Prout-Tompkins[15]	$AgMnO_4$の分解反応では一致するが，誘導時間が遅い核成長にのみ適合する。

1.5.3 単一分散シリカナノ粒子の生成機構

Stöber[16]らは，単一分散の非晶質シリカナノ粒子をゾルゲル法で初めて合成した。水―アルコール―アンモニア―テトラエトキシシラン（$Si(OC_2H_5)_4$, TEOS）の系が用いられた。ここで，粒子径分布の標準偏差が15％以内にあることを**単一分散**という。

ゾルゲル法とは，金属アルコシキド（$M(OR)_n$）を溶液中で加水分解させてゾル（コロイド溶液）をつくり，次いで縮合重合でゲルをつくる方法である。金属元素はMで，C_xH_{2x+1}のアルキル基はRで示される。水の存在下でアルコキシドが加水分解され，縮合反応でネットワークを構築する。中性の溶液でも

この反応は生じるが，酸性ではゲルが，アルカリ性では安定なゾルができる。アルコキシドの加水分解を促進する触媒として酸と塩基は働く。加水分解速度は，テトラメトキシシラン（$Si(OCH_3)_4$, TMOS）＞ TEOS ＞ テトラブトキシシラン（$Si(OC_4H_9)_4$, TBOS）である。

ケイ素アルコキシドを用いたゾルゲル法に TEOS がよく用いられ，反応最中にアルコールが加水分解で生成する。つづく縮合重合で，シロキサン（$R_3SiO-(R_2SiO)_n-SiR_3$）のネットワークが構築される。

$\equiv Si-OR + H_2O \rightleftharpoons \ \equiv Si-OH + ROH$ ：加水分解

$\equiv Si-OR + \equiv Si-OH \rightleftharpoons \ \equiv Si-O-S + \boxed{ROH}$ ：脱アルコールよる濃縮

$\equiv Si-OH + \equiv Si-OH \rightleftharpoons \ \equiv Si-O-Si \equiv + \boxed{H_2O}$ ：脱水による濃縮

酸を触媒とした TEOS の加水分解・縮合重合の反応（H_3O^+の求電子反応）では，ガスクロマトグラフィーと核磁気共鳴法（NMR）の分析から，反応開始時にシロキサンの分子量分布に山が観測され，反応が進むと大きな分子量分布に移動する。つまり，加水分解した TEOS の二つの反応サイトが不可逆的に直鎖状に縮合重合する。

塩基を触媒とした反応（OH^-の求核反応）では，モノマー分子量の分布が保持され，それから三つまたは四つの反応サイトのある活性モノマーが可逆的に縮合重合してゲルを形成する。

またアンモニアの代わりにアミノ酸（lys）を触媒として添加した合成系（エタノールの代わりにオクタン）で，TEOS の加水分解を制御した単一分散シリカナノ粒子（直径 12 nm）も作製されている[17]。

これらの反応機構は，反応性の等しい別な反応サイトのあるモノマー縮合重合であり，分子量分布に関する統計的・速度論的な考察から導かれた。これは，**Flory-Stockmayer 理論**で説明される[18]。成長する高分子の架橋密度が臨界値を超えるか，あるいはその高分子の断片と溶媒との相互作用が不安定となり相分離（溶解）して壊れると核が生成する。例えば f 個の官能基（反応サイト）のあるモノマー縮合を考える。このとき，分子内ではなく分子間で縮合重合が生じて非環状のオリゴマーだけが形成すると仮定する。つまり，n 個の

シリコンを中心とする縮合ケイ酸塩エステルの化学式は $[Si_nO_{n-1}](OR)_{2n+2}$ とできる。無限大の n を考えると，縮合の度合を示す結合している O と Si との比（O/Si 比，r）はほぼ 1 となる。ここで，Si の Q^0（$(HO)_4Si$）や Q^1（$(HO)_3Si(OSi)$），Q^2（$(HO)_2Si(OSi)_2$），Q^3（$HOSi(OSi)_3$）は同じ反応性で立体的な混合いを無視する。そうすると n だけ縮合したクラスターの官能基数は $(f-2)n+2$ となるため，$[Si_nO_{n-1}](OR)_{2n+2}$ の Si の割合（$M(n)$）は

$$M(n)=100\times\frac{(fn-n)!f}{(fn-2n+2)!(n-1)!}\left(\frac{2r}{f}\right)^{n-1}\times\left(\frac{f-2r}{f}\right)^{fn-2n+2} \quad (1.20)$$

とできる。TMOS の系において，ヘキサシリケイトまでの直鎖・環状・枝分かれのクラスター構造が酸性とアルカリ性の溶媒に観察され，式（1.20）を用いた最小二乗法で最適化された。酸性では $f=2$（反応種：Q^0，Q^1，Q^2）の直鎖クラスターを仮定して r を 0.49 としたとき，塩基性では $f=4$（反応種：Q^0，Q^1，Q^2，Q^3）の枝分かれしたクラスターを仮定して r を 0.27 としたとき，それぞれ最もよく一致した。他のクラスター構造も存在する。ここでは，これまでに提唱された，単一分散シリカ粒子の成長を説明する**モノマー添加モデル**（monomer additional model）[19] と**凝集成長モデル**（aggregative growth model）[20] を取り上げる。

〔1〕**モノマー添加モデル** 加水分解した二つの TEOS モノマーが縮合すると核が必ず生成し，モノマーの粒子に添加する速度がこの縮合速度を超えると核生成は停止する。つぎの不可逆な反応機構が提唱された。加水分解で活性モノマー（C_1）ができ，二つの活性モノマーが核を生成し，さらに活性モノマーが C_i に添加して C_{i+1} に成長する。モノマーの加水分解速度は，核生成と粒子成長とが反応律速になる。

$C_0 \rightarrow C_1$　　　　（加水分解：k_h）

$2C_1 \rightarrow C_2$　　　　（核生成：k_c）

$C_1 + C_i \rightarrow C_{i+1}$　　（成長）

加水分解した活性モノマーの濃度を C_h，成長した粒子の半径を R，その粒子の体積を V_p とすると

$$\frac{dV_\mathrm{p}}{dt} \approx k_c R^\alpha C_\mathrm{h} \tag{1.21}$$

とできる．ここで，α は粒子表面への活性モノマーの反応速度に依存する"べき乗則"であり，律速の過程，つまり反応または拡散により変化する．活性モノマーの粒子表面への濃縮に依存し，粒子の質量または体積に比例する反応律速ならば，$\alpha = 2$ となる．一方，活性モノマーの粒子表面への輸送に依存し，粒子の半径に比例する拡散律速ならば，$\alpha = 1$ となる．

粒子の多分散性とその大きさは成長機構に依存する．すなわち成長速度が速くなれば，最終的な粒子の多分散性は小さくなる．これは，すべての粒子の成長速度が等しいと仮定した f 関数から，つぎの式で示される．

$$\frac{dR}{dt} = \frac{1}{4\pi} R^{\alpha-3} \times f\bigl(C_h[\mathrm{H_2O}], [\mathrm{NH_3}], \cdots\bigr) \tag{1.22}$$

また粒子の成長速度を反応律速と仮定すると $\sigma^2 \propto \langle R \rangle^{-2}$ となり，粒子の平均半径に対して粒度分布 σ は狭くなる．一方，拡散律速と仮定すると $\sigma^2 \propto \langle R \rangle^{-3}$ となり，粒度分布 σ は粒子の平均半径とともに迅速に狭くなる．これまでに，この指数 α の値は -1.75 ± 0.2 と示され，成長による反応律速とされた．つまり，粒子の成長は，モノマーの加水分解で説明される一次反応となる．これらは，光散乱法による反応溶液中の光強度変化やラマン分光による TEOS 量，動的光散乱による粒子径計測から確かめられた．

〔2〕 **二次凝集成長モデル**　不安定なクラスター（2～4 nm）が形成し，これが凝集して粒子に成長する．そのため，この成長モデルは LaMer 機構と本質的に異なる．塩濃度（NaCl）を変えた実験から，活性モノマーの粒子表面への拡散では粒子の成長は律速されないことが示された．TEOS は初期（数分以内）に加水分解され，均質な古典的核生成論に従い，すべての成長期間で核生成が起きる．電荷の等価でない二つの球粒子の凝集は，DLVO 理論に従い，形成した大きな粒子どうしが凝集しなくなるまで生じる．大きさの異なる二つの粒子（直径：a と b，粒子数：n_a と n_b）の凝集速度（J_{ab}）は，**Smoluchowski 理論**から見積もられる．

$$J_{ab} = \beta_{ab} n_a n_b \tag{1.23}$$

$$\beta_{ab} = \frac{2k_B T}{3\mu} \frac{(a+b)}{W_{ab}} \left(\frac{1}{a} + \frac{1}{b}\right) \tag{1.24}$$

二成分系の反応速度定数を β_{ab} と，粒子どうしの最も大きな相互作用エネルギーを $V_{\max}$ とすると，安定因子 W_{ab} はつぎのように近似できる．

$$W_{ab} \sim \exp(V_{\max}/k_B T) = \exp\left\{\frac{8\pi\varepsilon_0 \varepsilon_r \phi_0^2 / k_B T}{(a+b)}\right\} \tag{1.25}$$

直径 a の粒子に直径 b の粒子が接近し，コロイド的に安定な同じ素材・表面特性の粒子どうしで反応する．この反応は，同じ組成の安定な粒子が分散した懸濁液中でも継続するため，ある速度でつねに核がつくられる．

二つの極限を b/a 値で考える．コロイド的に核が安定だとすると，b/a を 1 と近似したとき，直径 a の粒子が凝集する成長速度はきわめて小さくなる．一方，b/a が 1 より十分に小さいとき，粒子の直径 a に対して線形的に β_{aa} は変化する．直径 a の粒子が核と共に凝集するなら，β_{aa} で決められる速度で成長する．すなわち，小さな粒子は大きな粒子に癒着し，体積 $4\pi b^3/3$ の粒子となる．この際，隙間の空いた高容積の凝集構造（フロキュレーション）を粒子はつくる．$b/a \to 0$ とすると，式 (1.26) が得られる．

$$\frac{da}{dt} = \frac{2n_b k_B T}{9\pi} \frac{b^2}{a} \exp\left(-\frac{8\pi\varepsilon_0 \varepsilon_r \phi_0^2}{k_B T}\right) \tag{1.26}$$

この積分核は次式で決められる．

$$q_B(v, v') = \frac{2k_B T}{3\mu}\left(v^{1/3} + v'^{1/3}\right)\left(v^{-1/3} + v'^{-1/3}\right) \tag{1.27}$$

ここで，二つの粒子（体積 v と v'）の表面間の距離を x とし，全相互作用エネルギーを E_T とすると，安定因子 $W(v, v')$ はつぎのように定義される．

$$W(v, v') = 2\int_0^\infty \frac{\exp\{E_T(x : v, v')/k_B T\}}{(x+2)^2} dx \tag{1.28}$$

全相互作用エネルギーとして，静電斥力，ファンデルワールス力，溶媒斥力の三つが考慮された．これらより全粒子数密度 $N(t)$，粒子の平均直径 d，その

末付録の表 A.5 に代表的な界面活性剤を示す。最初に用いられた界面活性剤 CTAB は，水への溶解度と臨界ミセル温度（CMT）の両方が高く，酸性溶液でもアルカリ性溶液でも使用できる。界面活性剤の臨界ミセル濃度（CMC）が 0～20 mg/g であれば規則的なメソ細孔構造はつねに得られるが，20～300 mg/g では CMC を下げる必要がある。ジェミニ型やボラ型，多親水基型などの陽イオン界面活性剤も用いられる。比較的安価な非イオン性界面活性剤は，非毒性・生分解性などの性質があり，親水性のポリエチレンオキシド（PEO）と疎水性のポリプロピレンオキシド（PPO）との共重合体である。PEO 分子鎖の長い界面活性剤は，メソポーラスシリカの形成条件範囲が狭いため，ほとんど用いられない。

〔2〕 **細孔の生成機構**　これまでに，四つのモデルが提唱されている。界面活性剤の濃度が高い液晶結晶相は，溶媒の蒸発や無機前駆体の凝集・濃縮で形成される。

(1) **液晶鋳型モデル**　液晶結晶相の親水域にシリカ源が侵入・凝集して壁を形成する。

(2) **ミセル会合モデル**　加水分解した不安定なシリカオリゴマーがミセルと相互作用して，ミセル表面にシリカが重合する。

(3) **協奏的会合モデル**[26]　界面活性剤の親水基とシリカモノマー/オリゴマーが静電的に相互作用・自己会合して，形成した層状構造が別の構造に転化する。

(4) **相分離モデル**[27]　熱力学的に不安定なシリカオリゴマー/界面活性剤/溶媒の混合物が成長し，オリゴマーと界面活性剤とを多く含む二次液晶相の液滴が相分離して生じる。次いで，静電的相互作用または立体的に液滴が安定し，マイクロ相分離・重合が液滴内で起きる。

酸性/アルカリ性溶液でもメソポーラスシリカが得られるため，規則性メソ細孔の生成機構として最もよく知られている協奏的会合モデルを説明する。

陽イオン界面活性剤は，負に帯電しているシリカオリゴマーと相互作用し，中間相を形成する。一方，非イオン性界面活性剤（例えば PEO-PPO-PEO）

TEOSを加えて加水分解させた。未焼成粒子は40wt%以上の界面活性剤を含み，N：C：Si：Al = 1：19.6：4.7：0.27の化学組成であった。焼成した粒子は，規則的に細孔が配列した2D六方の構造で，MCM-41と名づけられた。

カルフォルニア大学のサンタバーバラ校のHuoら[25]は，酸性条件で高い規則性の細孔構造をとるメソポーラスシリカ粒子（SBA-1）を作製した。界面活性剤 $C_{16}H_{33}N^+(CH_2CH_3)_3Br$（CTEAB）と酸触媒（塩酸，臭化水素）を混合し，この溶媒中でTEOSを加水分解した。酸性条件では，球状やロット状などのさまざまな形態のナノ粒子が合成される。

〔1〕 **合成方法**　メソポーラスシリカ粒子は，つぎの四つの段階で合成される。

1) 界面活性剤を溶媒，多くは水に混合して均質なミセル溶液をつくり，塩基触媒（水酸化ナトリウム，水酸化カリウム，水酸化テトラメチルアンモニウムなど，pH9.5〜12.5）または酸触媒（塩酸，硝酸，臭化水素，硫酸，塩酸-n-ブタノールなど）を添加する。

2) この溶液にシリカ源を加えて，シリカ前駆体の加水分解・縮合重合を濃度・温度・時間などで調整する。オリゴマーとミセルとの相互作用で協奏的会合/マイクロ相分離が起き，粒子の凝集・沈澱が生じる。陽イオン界面活性剤は粒子の形成が速く，非イオン界面活性剤はその形成が遅い。Stöber法と同じようにケイ素アルコキシドの加水分解速度が粒子径に影響する。

3) 高い規則性のメソ細孔構造の構築には，水熱処理（〜130℃）による細孔の再配列と壁の固化が必要なことがある。

4) 鋳型の界面活性剤は，1〜2℃/分で昇温して550℃から600℃で灰化させる。界面活性剤によっては，段階的な昇温が必要なことがある。また高エネルギーの紫外線ランプで界面活性剤を分解する方法，少量の塩酸を加えたエタノールやテトラヒドロフランで界面活性剤を抽出する方法もある。後者は，粒子の骨格構造を破壊せず，細孔構造に与える影響も少ない。

陽イオン系・非イオン性・陰イオン系の界面活性剤が鋳型に用いられる。巻

表1.7 マイクロエマルジョン法の合成系の例

有機溶媒	界面活性剤	ナノ結晶
シクロヘキサン	ポリオキシエチレン(5)ノニルフェニルエーテル（Igepal CO-520，非イオン界面活性剤） トリトン X-100（非イオン界面活性剤）	Au, Pd, Fe-Pt, Rh, CdS, CdSe, PbSe, YF_3, Fe_2O_3 CdS, CdSe, Fe_2O_3
クロロホルム トルエン	臭化ヘキサデシルトリメチルアンモニウム（CTAB，陽イオン界面活性剤）	Au Au, Ag, Fe_2O_3
ヘプタン	ジ（2エチルヘキシル）コハク酸ジトリデシル（Aerosol-OT）	Au, CdS
オクタン/ イソオクタン	ドデシル硫酸ナトリウム（SDS，陰イオン性界面活性剤） ポリオキシレン(2)セチルエーテル（Brij 52，非イオン性界面活性剤）	Fe_2O_3 Fe-Pt

でも，コア/シェル型粒子が合成されることがある。

1.5.4 メソポーラスシリカナノ粒子

ナノメートルの粒子はマイクロメートルの粒子と比べて表面積が大きい。粒子内に細孔をつくると比表面積はさらに増大する（～1 000 m^2/g）。細孔径が2.0 nm 以下をマイクロ，2.0～50 nm をメソ，50 nm 以上をマクロという[22]。

早稲田大学の Yanagisawa と Kuroda らは，均一で規則的な細孔のあるメソポーラスシリカ粒子を1990年に合成し，FSM-16と命名した[23]。第四級アンモニウム化合物の陽イオン界面活性剤アルキルトリメチルアンモニウム塩（$C_nH_{2n+1}(CH_3)_3N^+Cl^-$）と層状ポリ珪酸塩カネマイト（$NaHSi_2O_5・3H_2O$）とを65℃のアルカリ性溶液（pH8～9）で1週間反応させたのち焼成した。界面活性剤のアルキル基の数が，焼成後の細孔径を2～4 nm に変化させる。界面活性剤が Na^+ と交換しながら層間で自己会合する細孔の形成機構を提案したが，後にカネマイトから融解したシリカ源と界面活性剤との相互作用による細孔の形成機構とした。

Moble の研究者は，液晶鋳型法により，触媒や収着剤といった工業利用の可能なメソポーラスシリカ粒子を1992年に合成した[24]。アルカリ性溶媒中に界面活性剤 $C_{16}H_{33}N^+(CH_3)_3Br$（CTAB）を臨界ミセル濃度（CMC）以上に調整し，

正規化分散 σ_v は，つぎのように整理される．

$$N(t) = \int_0^\infty n(v, t)dv \tag{1.29}$$

$$\bar{d} = \left[\frac{\pi}{6}(M_1/M_0)\right]^{1/3} \tag{1.30}$$

$$\sigma_d^2 = \frac{M_{2/3}M_0 - M_{1/3}^2}{M_{1/3}^2} \tag{1.31}$$

ここで i 番目の積率 M_i は

$$M_i = \int_0^\infty v^i n(v, t)dv \tag{1.32}$$

である．これは，透過型電子顕微鏡（TEM）による粒子径や原子吸光法による全シリカ濃度，Si の NMR による TEOS 濃度，溶液の伝導率，キャピラリーを用いた溶液の体積（H_2O の生成）などの結果と一致していた．

モノマー添加モデルと二次凝集成長モデルから，単一分散ナノ粒子の基礎となる粒子形成機構が確立された．最終的には，この二つの成長機構が反応段階で生じていると結論づけられた．すなわち，^{13}C の NMR・時間分解型静的光散乱・TEM などの測定から，粒子の成長機構は，加水分解モノマーまたは小さなオリゴマーの表面反応律速による濃縮であるとされた[21]．

〔3〕 **複合構造型粒子**　ナノ結晶や色素をシリカ粒子内に内包する方法として，水―有機溶媒（油）―界面活性剤の均質な混合物を用いた**マイクロエマルジョン法**がある．水と有機溶媒（**W/O エマルジョン，逆マイクロエマルジョン**ともいう）の不均質な境界に界面活性剤が存在する．ナノメートルの水相の空間にナノ結晶や色素が分散し，ケイ素アルコキシドが触媒で加水分解され，コア（ナノ結晶など）/シェル（シリカ）型の粒子が形成する．界面活性剤の選択は重要で，粒子の均質性・大きさ・形態に影響する．これまでに，金・量子ドット・磁性結晶を内包する多機能なシリカナノ粒子が合成されている．表 1.7 にすでに報告されている界面活性剤と有機溶媒をまとめた．疎水性の量子ドット表面にアルキルアミノ基などを導入して親水性にすると，シリカナノ粒子に含有させられる．また Cd を含む量子ドットの毒性を低減させる目的

は，シリカオリゴマーと相互作用しながら，球状ミセルから棒状ミセルとなって中間層をつくる．この機構では，シリカオリゴマーと界面活性剤との界面相互作用が重要となる．すべての反応過程を説明する自由エネルギーの式が提唱された．

$$\Delta G = \Delta G_{\text{inter}} + \Delta G_{\text{wall}} + \Delta G_{\text{intra}} + \Delta G_{\text{sol}} \tag{1.33}$$

ここで，ΔG_{inter} はシリカ壁とミセルとの相互作用に関わるエネルギー，ΔG_{wall} はシリカ骨格に対する構造自由エネルギー，ΔG_{intra} は界面活性剤自体の静電的・形態的エネルギー，ΔG_{sol} は溶液中のシリカ種に関わる化学ポテンシャルである．溶液系の ΔG_{sol} は一定のため，ΔG_{inter} が負になるほど会合が進む．

Sを界面活性剤，Iを無機前駆体，Xを対イオンとし，電荷を記号+または−で示すと，四つの反応過程 S^+I^-, S^-I^+, $S^+X^-I^+$, $S^-X^+I^-$ が挙げられる．すなわち，界面活性剤の頭部と無機前駆体の電荷との静電的相互作用を考える．アルカリ性条件では，シリカは負に帯電して S^+I^- をつくり，前駆体の電荷が中性になると界面活性剤が自己会合して最密充填構造をとる．また界面活性剤と無機前駆体との電荷が同じでも，逆の電荷の対イオン（例えば，Cl^-, Br^-, I^- など）を介して相互作用する．例えばSBA-1の形成は，強酸性条件で $S^+X^-I^+$ が $(SX)^-I^+$ にゆっくりと変化するとして説明できる．さらに非イオン性界面活性剤を用いた強酸性条件の系では，$S_0H^+X^-I^+$ どうしの電気二重層の水素結合が相互作用して中間層をつくる．有機溶媒を加えると，無機前駆体の加水分解や架橋形成が阻害され，粒子の大きさが制御できる．

〔3〕 **メソ細孔構造と細孔径制御** メソ細孔構造は，ミセルの充填構造に依存する．陽イオン界面活性剤の1分子当りの疎水性鎖の体積 V，親水性頭部の断面積 a_0，アルキル基の長さ l で示される充填度 $g = V/(a_0 l)$ から，その構造が推測される[28]．**表1.8**に，代表的なメソポーラスシリカの構造を示す．一般に，CMCの高い界面活性剤はメソ細孔構造を立方にする．

一方，水への溶解度の低い非イオン性界面活性剤では，親水性部と疎水性部の体積比（V_H/V_L）が中間相の構造に影響する．この体積比が高いと'かご型立方（$Im\bar{3}m$）'のメソ細孔構造（インクボトルモデル）に，中程度だと2D六

表1.8 代表的なメソポーラスシリカの構造と界面活性剤

g	メソポーラスシリカ名称と構造		界面活性剤の特徴
	塩基性合成	酸性合成	
$< 1/3$	SBA-6 (立方 $Pm\bar{3}n$) SBA-7 (3D 六方 $P6_3/mmc$)	SBA-1 (立方 $Pm\bar{3}n$) SBA-2 (3D 六方 $P6_3/mmc$)	球状ミセル 大きな親水性頭部の単鎖 $C_nH_{2n+1}N(C_2H_5)_3X$ ($n=12\sim18$) $18B_{4\text{-}3\text{-}1}$, $C_{n\text{-}s\text{-}1}$ ($n=12\sim18$)
$1/3 < 1/2$	MCM-41 (2D 六方 $p6mm$)	SBA-3 (2D 六方 $p6mc$)	棒状ミセル 小さな親水性頭部の単鎖 $C_nH_{2n+1}N(CH_3)_3X$ ($n=8\sim18$)
$1/2 < 2/3$	MCM-48 (立方 $Ia3d$)		3次元の棒状ミセル 小さな親水性頭部の単鎖 大きな親水性頭部の二重鎖 CTAB,Gemini ($C_{n\text{-}12\text{-}n}$)
1	MCM-50 (層状)	SBA-4 (層状)	小さな親水性頭部の二重鎖 $C_nH_{2n+1}N(CH_3)_3X$ ($n=20,22$) $C_{16\text{-}2\text{-}16}$

方 ($p6mm$) または3D共連続立方 ($Ia\bar{3}d$) の構造になる。電解質を加えてCMCとCMTの値を低下させた比較的低温な条件でも粒子が合成される。なお表に示した以外にもさまざまな構造をつくれるので，この点は留意されたい。

規則的なメソ細孔構造はX線回折測定で決められる。X線回折の生じないメソポーラスシリカ粒子ができる要因には，不均一なミセル形成や細孔構造の形成速度が速すぎることなどが挙げられる。合成の際には，界面活性剤とケイ素アルコキシドとの相互作用やその加水分解速度を考慮する必要がある。

界面活性剤の相図は，液晶鋳型法でつくられるメソポーラスシリカの細孔構造を予測する上で重要である。しかし，X線回折測定で決められたCTAB―TEOS―水酸化ナトリウムの三成分系の液晶構造の相図[29]は，この三成分系を用いて水熱合成（100℃）された粒子の細孔構造とは必ずしも一致しない。つまり，CTAB/TEOSのモル比が0.11〜0.5では2D六方の細孔構造に，0.5〜0.8では3D立方の細孔構造になる。これ以上のモル比だと不安定な層状構造になる。これは，シリカオリゴマーと界面活性剤の親水性部とが相互作用してできた複合体の疎水性部が細孔構造に関与し，シリカオリゴマーが重合する

1.5 ナノメディシン

度に疎水性部と親水性部を連続的に変化させるためである。界面活性剤の濃度はCMC以上でなくてはいけないが，濃度を低くしたほうが規則的な細孔構造ができる。

メソポーラスシリカの細孔径は，界面活性剤の疎水基の長さ，混合する有機助剤，水熱処理温度で制御される。例えばC_{n-12-n}のジェミニ型界面活性剤の平均鎖長を変えると，細孔径は1.6～3.8 nmになる（MCM-48）。また，PEO-PPO-PEOの非イオン界面活性剤（SBA-15，2D六方$p6mm$）の疎水性部の分子量を増加させると，5～10 nmの範囲で細孔径が変化する。

有機助剤を用いる場合には水混合系への溶解が重要となる。有機助剤は，ミセルの疎水部分を膨潤させたり，CMTやCMCを変化させて相転移させたりする。ドデカントリメチルベンゼン（TMB）やイソプロピルベンゼン，ポリプロピレングリコール，スルホコハク酸ジオクチル（AOT）などが用いられる。27 nmといった比較的大きな細孔のある材料が，F127とTMBとを鋳型にして合成された。

規則的な2D六方の細孔構造をとるメソポーラスシリカ粒子のX線回折パターンを図1.17に示す。ミラー指数100，110，200，210の回折線が低角度側から順番に検出される。これらの面間隔は，3.98，2.29，1.98，1.49 nmで

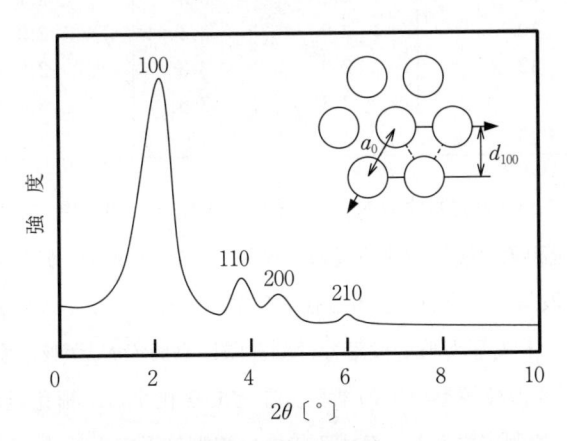

図1.17　低角X線回折測定と規則孔構造（六方）の模式図

あり，ある特定方位での"孔の直径"と"壁の長さ"の和である．例えば（100）の間隔 d_{100} から，平行四辺形である六方格子の一辺の長さ（$a_0 = d_{100} \times 2/\sqrt{3}$）が決められる．規則的な細孔構造が乱れると，100以外の回折線の強度は著しく低下する．これは，孔（中心）と孔との位置関係の乱れ，シリカ壁の界面の粗さ，壁内部のシリカ四面体の非晶質構造[30]に関連する．また細孔内壁にタンパク質などが吸着すると，規則的な細孔構造に由来する回折線は観察されにくくなる．

比表面積，細孔径分布，細孔容積は，N_2 や Ar の物理吸着から測定される．比表面積は BET（Brunauer-Emmett-Teller）法で，細孔径分布は古典的な Kelvin 式に基づく BJH（Barrett-Joyner-Halenda）法で決められる．この数値と X 線回折から求めた面間隔から，シリカ壁の厚みが求められる．**表 1.9** に，アルキル基の数が異なる界面活性剤を用いて合成された MCM-41 の細孔径を示す．

表 1.9 MCM-41 の細孔径の関係

アルキル基の数（n） $C_nH_{2n+1}(CH_3)_3N^+$	X 線回折による d_{100} [nm]	計算した a_0 [nm]	アルゴンガスによる 細孔径 [nm]
8	2.7	3.1	1.8
9	2.8	3.2	2.1
10	2.9	3.3	2.2
12	2.9	3.3	2.2
14	3.3	3.8	3.0
16	3.5	4.0	3.7

メソポーラスシリカに対する N_2 の吸着等温線には二つの異なる段階がある．例えば N_2 の飽和蒸気圧に対する吸着平衡圧，つまり相対圧が 0.4 までのキャピラリー濃縮段階と，吸着と脱着過程でひずみ（ヒステリシス）が観測される段階とである．相対圧が低い段階では細孔壁に単層で N_2 が吸着する．ひずみの存在は，ガスの種類や粒子の細孔径などで変化する．細孔径が 4.0 nm の MCM-41 を N_2 で測定すると，ひずみのない IV 型等温線を示す．一方で，細孔径が 4.0 nm 以上の粒子を Ar で測定すると，ひずみのある IV 型等温線となる．

1.5 ナノメディシン

〔4〕 **表面機能化技術**　ナノ粒子の表面に機能性分子を修飾/固定化すると，生体内安定性，組織標的性，細胞指向性などの新しい特性をナノ粒子に付与できる。しかし，塩，タンパク質，脂質，糖がどこにでも存在する生体内は，人間の生活環境と比較して過酷な環境である。ナノ粒子の特性をこの環境で最大限に引き出すには，細胞を含めた生体物質と粒子との相互作用を考慮した表面修飾技術が必要となる。

粒子の表面特性は，体内での分布，患部への侵入性（EPR 効果など），膜動輸送による細胞への内在化などを支配する。患部への粒子の標的化は治療や診断の効果を飛躍的に向上させる。アプタマー（核酸），抗体，糖などを表面に導入した粒子で細胞の標的化が試みられている。

化学的（共有結合）および物理的（非共有結合）な表面修飾技術がある。安定性の優れた化学的手法には，材料表面の官能基と機能性分子とを反応させる **grafting to 法** と，表面に化学的に固定された開始基からモノマー分子を重合反応させる **grafting from 法**（**表面開始重合法**）とがある。前者は，表面に固定する分子の反応基どうしが立体障害を起こすため，重合密度が低くなる。後者は，モノマー分子の反応開始基への接近が容易で，重合鎖からの立体障害が少ないため，重合密度を高くできる。

grafting to 法のみを説明する。水酸基が表面にある無機ナノ粒子は，この方法を用いて簡便に機能性表面をつくることができる。例えば親水性の非晶質シリカ粒子は負に帯電（≡ Si–OH）している。これは，—SiO_4—の骨格の酸素が一部欠損しているためである。非晶質シリカ表面の水酸基に 3-アミノプロピルトリエトキシシラン（APTS, $H_2N(H_2C)_3Si(OCH_2CH_3)_3$）やメチルホスホン酸 3-(トリビニルキシシリル) プロピル塩（$NaPO_3(CH_2)_3Si(OH)_3$），トリメトキシ (2-カルボキシエチル) シラン（$HOOC(CH_2)_2Si(OCH_3)_3$）を反応させると，共有結合により正や負に帯電した官能基が修飾できる。ケイ素アルコキシドの構造例と反応の模式図を **図 1.18** に示す。図中の Y は反応性官能基である。加水分解したケイ素アルコキシド（R）の水酸基と基材表面の水酸基とが配向した水素結合をつくり，脱水縮合により共有結合をつくる。これにより，

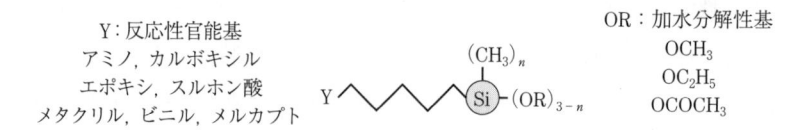

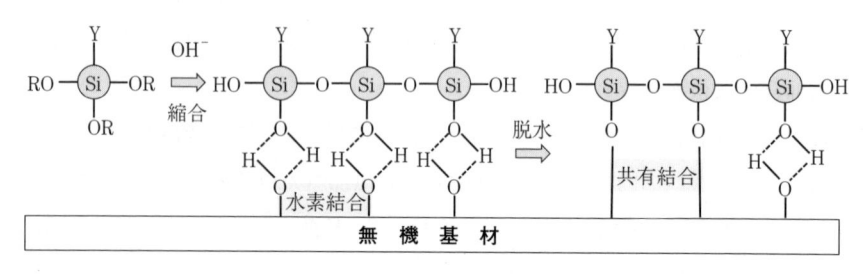

60　　1．生体物質とナノテクノロジー

図 1.18　ケイ素アルコキシドによる表面機能化

反応性官能基が基材の外を向いた表面ができる。

つぎに，生体物質と特異的に反応する機能性分子を反応性官能基（Y）に共有結合させる反応模式図を**図 1.19**に示す。アルカリ性条件でのグルタルアルデヒド（GA）または弱酸性条件でのカルボジイミド（EDC）などが，結合試薬（カップリング剤）として使われる。タンパク質や酵素を機能性分子とするには，その活性や性質が反応後に変化していないことに注意が必要である。

GA のアルデヒド基はアミノ基と反応し，イミン結合（R′-C(=NH)-R″）をつくる。そのため，基材表面に固定したアミノ基は GA を介して機能性分子を共有結合で固定化させる（図（a））。懸念されることは GA の毒性である。一方，機能性分子のカルボキシル基に EDC を作用させると，中間体となる O-アシルイソ尿素（活性エステル）が結合される。機能性分子が表面のアミノ基に反応するとアミド結合で固定されるが，毒性のある尿素誘導体が副生成物として生成する。1-ヒドロキシベンゾトリアゾールや N-ヒドロキシコハク酸イミド（NHS）をこの反応に添加してもよい。O-アシルイソ尿素に NHS を作用させると，アミン活性化 NHS エステルの中間体ができ，アミノ基と反応して機能性分子を表面に固定する（図（b））。NHS は，中間体の活性エステルと水との競争反応を抑制し，反応速度を高めることができる。

1.5 ナノメディシン

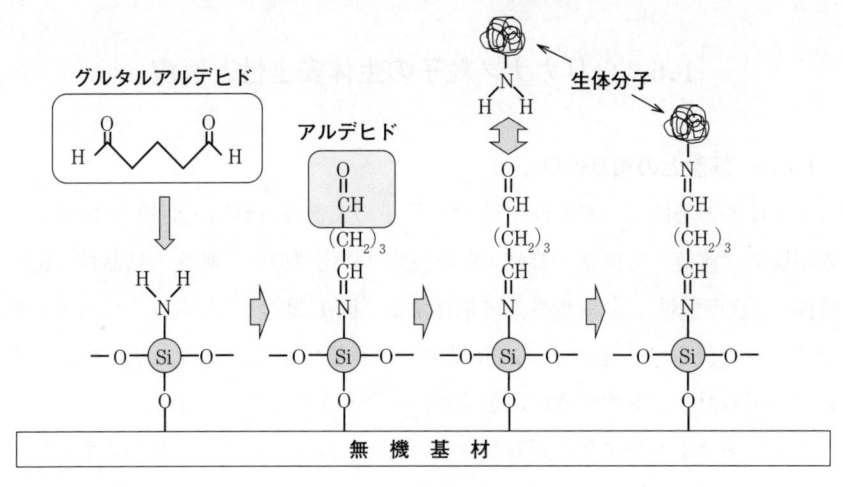

(a) グルタルアルデヒド

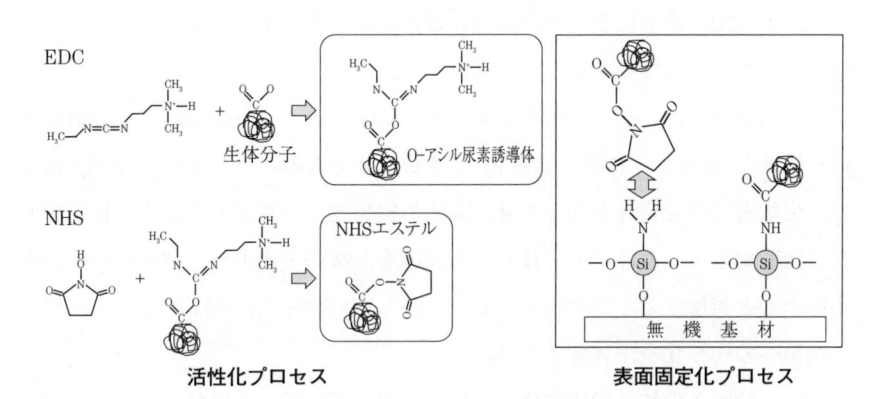

(b) カルボジイミド

図1.19 グルタルアルデヒドとカルボジイミドを用いた表面修飾反応

メソポーラスシリカ粒子の表面には，シラノール基が$1\,\mathrm{nm}^2$当りに約3個($5\,\mathrm{mmol/g}$)存在する。粒子の外壁・内壁・細孔の入口の三つの表面部位に分けて機能化させる方法が提案されている[31]。例えば，外壁のみの機能化は粒子に界面活性剤を残して化学修飾を行う，内壁の機能化は粒子を合成するときに水酸基以外の官能基のあるケイ素アルコキシドを混合する，細孔入口の機能化には無機ナノ粒子，高分子，タンパク質などで栓塞する，などが行われる。

1.6 シリカナノ粒子の生体安全性と医療

1.6.1 細胞との相互作用

ナノ粒子と細胞との相互作用は，① 粒子の大きさ（形態・面積・分布），② 表面構造（電荷・官能基・修飾・濡れ性），③ 化学組成（純度・結晶性・電子特性），④ 溶解性，⑤ 凝集性，に依存する（図1.20）。これらは，体内の循環や病巣への侵入性・集積性（EPR効果）に重要である。また，治療や診断の効果を高めたり，薬物の副作用を低減させたりすることができる。

ナノ粒子は重力や沈降の影響が少ないため，試験管内で培養皿の表面に接着した細胞に対する効果を検討するには，その対流を考慮しなくてはいけない。そのため，細胞培養による毒性評価には注意が必要であり，これまでに粒子の体積・個数・表面積を変数に検討されてきた[33]。

3～2 000 nmで粒子径が制御できるシリカ粒子は，表面修飾により，細胞毒性を低減[34]させたり細胞に標的化[35]させたりできる。シリカ粒子のメソ細孔は，生体内での安定性を向上させ，薬物の担持量を増加させる。ナノ粒子を血管に注射すると，血液中の生体分子と反応し，次いで赤血球，貪食細胞，内皮細胞などと接触する。試験管内（*in vitro*）と生体内（*in vivo*）でのナノ粒子の細胞への内在化や生体毒性を考える。

〔1〕 **細胞への粒子の内在化** 粒子表面と細胞膜（受容体）との相互作用から，エンドサイトーシス（1.4.4項 参照）は能動的と受動的の二つに分類される。前者は，イオン結合，金属結合，共有結合などの強い（硬い）液相/固相相互作用である。後者は，水素結合，疎水効果，ファンデルワールス力などの弱い（柔らかい）液相間相互作用である。生体システムと似た柔らかい相互作用の場合，表面エネルギーが同程度のため細胞内に取り込まれやすい。一方で，硬い粒子は表面張力が大きいため，相互作用点での触媒効果が細胞への取込みを阻害する。

ナノ粒子の取込み機構に関する統一的な結論はまだない。表面物性は重要で

1.6 シリカナノ粒子の生体安全性と医療

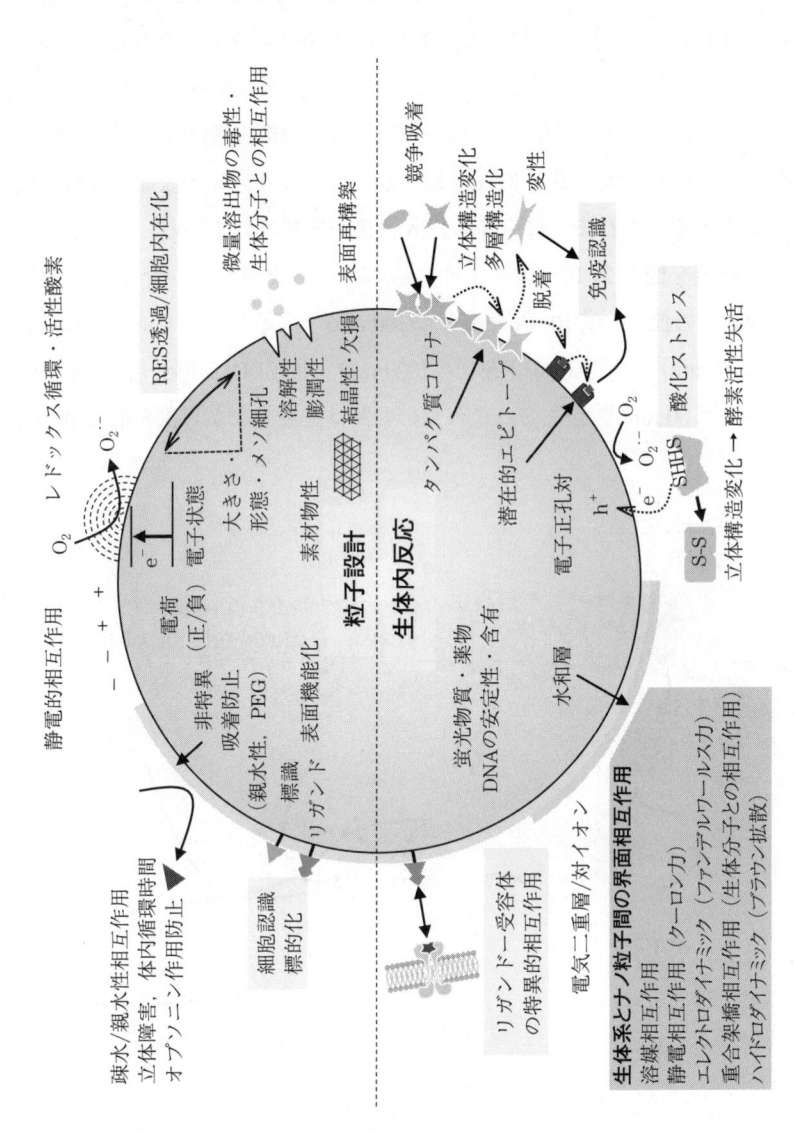

図1.20 ナノ粒子の設計と生体内反応の模式図[32]

生体系とナノ粒子間の界面相互作用
溶媒相互作用
静電相互作用
エレクトロダイナミック（ファンデルワールス力）
重合架橋相互作用（生体分子との相互作用）
ハイドロダイナミック（ブラウン拡散）

リガンド-受容体の特異的相互作用
電気二重層/対イオン
細胞認識 標的化

粒子設計
生体内反応

電子状態
電荷（正/負）
非特異吸着防止（親水性、PEG）
標識
リガンド
表面機能化
素材物性
大きさ・形態・メソ細孔
溶解性・膨潤性
結晶性・欠損
表面再構築

蛍光物質・薬物・DNAの安定性・含有
水和層

タンパク質コロナ
潜在的エピトープ
電子正孔対

競争吸着
立体構造変化
多層構造化
脱離
免疫認識
変性

酸化ストレス
SHHS
S-S
立体構造変化→酵素活性失活

疎水/親水性相互作用
立体障害、体内循環時間
オプソニン作用防止
静電的相互作用
レドックス循環 活性酸素
RES透過/細胞内在化
微量溶出物の毒性・生体分子との相互作用

はあるが，細胞種によっても変化することに注意が必要である．例えばマイクロメートル以上の物質を取り込むのが食作用とされていたが，ナノメートルの金・銀・量子ドット・高分子粒子でも生じる．生体内のタンパク質とナノ粒子は結合して，被覆（タンパク質コロナ）されたり，凝集を起こしたりするため，粒子の大きさだけに依存しているのではない．細胞周期とも関係する[36]．

飲作用は，粒子の大きさ（300 nm 以下）だけでなく，粒子表面の組成・構造にも依存する．これまでに六つの侵入機構が提唱されている．エンドサイトーシス機構を図 1.21 に示す．すでに述べた，① クラスリン介在，② カベオリン介在，の他に，③ RhoA 介在（< 200 nm）[37]，④ フロチリン（flotillin）介在（< 100 nm）[38]，⑤ ARF6 介在（< 100 nm）[39]，⑥ CDC42（cell division cycle 42）介在（< 50 nm）[40] がある．これらの経路は連動しながら複合的に働いている．

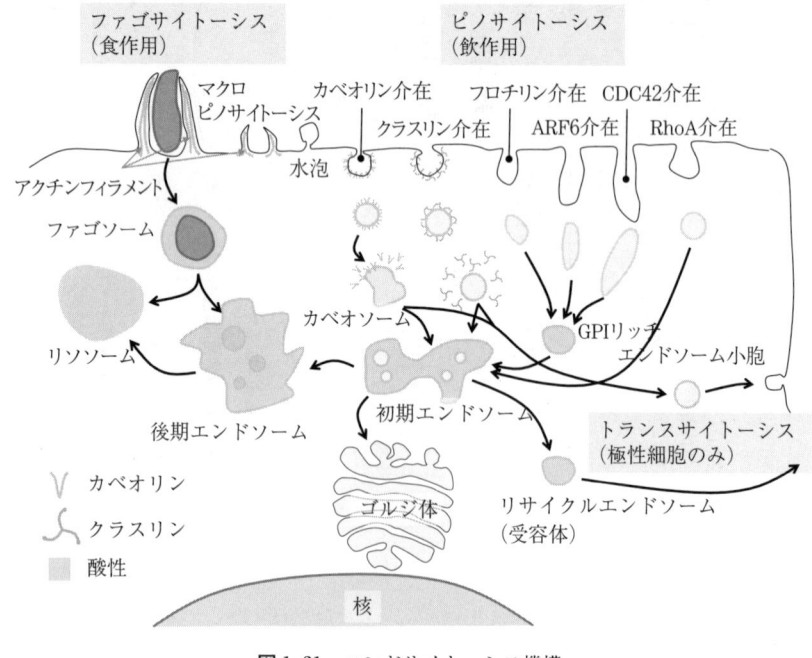

図 1.21 エンドサイトーシス機構

1.6 シリカナノ粒子の生体安全性と医療

カベオリン介在の侵入機構では，50〜80 nm の直径の小胞を細胞質側の細胞膜につくる。そのネック（首）の大きさは 20〜40 nm であるが，100 nm 径の蛍光高分子ナノ粒子が内皮細胞に取り込まれる[41]。また，フロチリン介在により，二硫化ポリアミドアミンと DNA との 100 nm 径のポリプレックスが網膜色素上皮細胞に取り込まれる[42]。

非エンドサイトーシスで細胞内に物質が取り込まれることもある[43]。例えば疎水性の単層カーボンナノチューブは，長さ，直径，アスペクト比などの大きさにも依存するが，物理的に HeLA 細胞の膜に侵入して取り込まれる[44]。

ここで，粒子の大きさ・形態・硬さ・表面特性と細胞膜との相互作用を議論する。ナノ粒子が細胞膜に接着すると，粒子の外形に沿って細胞膜が変形してピットが形成される。この現象を示す理論モデルが提唱された。細胞膜の自由エネルギーが膜面積に比例すると仮定し，粒子と接触した点での曲率半径 R_1 と R_2 を考える。つまり，接触点で湾曲した膜面の法線を含む面を切り取り，その切り口の曲線を円で近似した半径の最大値と最小値が R_1 と R_2 である。この逆数は主曲率と呼ばれる。平均曲率 c_m とガウス曲率 c_g は

$$c_m = \frac{1}{2}\left(\frac{1}{R_1} - \frac{1}{R_2}\right), \quad c_g = \frac{1}{R_1 R_2} \tag{1.34}$$

で示される。また膜の構成分子を考慮したエントロピー効果も含む曲げ弾性エネルギー F は，微小面積を dA とすると

$$F = \int dA \left\{ \sigma + \frac{\kappa}{2}(c_m - c_0)^2 + \bar{\kappa} c_g \right\} + P\Delta V \tag{1.35}$$

となる。これは **Helfrich の弾性板モデル**[45] と呼ばれる。$\int dA$ は膜全体にわたり積分することを示し，閉じた球形の単一ベシクルを考えるとガウス曲率 c_g は膜の形状に依存しない。σ は膜の表面張力，c_0 は自然な状態での膜の曲率（自発曲率）を表し，κ と $\bar{\kappa}$ は曲げ弾性率とサドルスプレイ弾性率である。ここで，面積変化が小さいので σ は無視でき，分子二重膜の対称性から自発曲率 c_0 はゼロとできる。さらに，細胞の内外の圧力差 P に抗して膜を囲む体積が ΔV だけ変化したとき，$P\Delta V$ は外界に対する仕事エネルギーとなる。つま

り，浸透圧の差を考慮した膜変形だけを議論すればよい。平衡状態における膜の形状は曲げ弾性エネルギーを最小にする。エンドサイトーシスに関する分子動力学計算[46]などが行われている。

具体的に粒子表面のリガンドと細胞膜にある受容体とが結合して，エンドサイトーシスが生じることを考える。ただし，ここでは粒子どうしの相互作用は無視する。粒子の最小半径をR_{min}とすると

$$R_{min} = \sqrt{\frac{2\kappa A}{\varepsilon k_B T}} \tag{1.36}$$

が導かれる。ここで，εはリガンドと受容体の結合（化学）エネルギー，Aは受容体1個当りの面積，k_Bはボルツマン定数（$1/38\times10^{-23}$ J/K）である[47]。細胞膜の曲げ弾性率は$20k_B T$程度で，リガンドと受容体との結合エネルギーは$15\sim25\times10^{-18}$ J/結合程度である。この簡略化した条件で，細胞内に取り込まれる最小粒子半径は約19 nmと計算される。ここで，もし粒子どうしに引力が働くならば，細胞膜の粒子を包み込む自由エネルギーが減少し，R_{min}は減少する。一方，斥力が働くならば，R_{min}は増加する。これまでの実験と上記モデルから，細胞への内在化に最適な粒子の直径は20〜25 nmとされている。

高いアスペクト比の粒子は，貪食細胞やHeLa細胞に内在化されやすい。ポリスチレンや金などの粒子で確かめられた。しかし，粒子のアスペクト比を増加させると細胞内への侵入速度が遅くなる。これは，粒子の一部分だけが細胞膜に覆われ，細胞にストレスを与えるエンドサイトーシスが生じるためだ。血液滞留時間を長くするには，高いアスペクト比の円筒状の粒子が有利である。また標的組織に集積化させるには，10時間以上の滞留が必要とされる。

素材自身のもつ硬さが細胞への内在化に影響する。例えば同じアスペクト比の柔らかいハイドロゲル粒子と硬い金粒子とでは細胞への侵入性が異なる。硬い材料は，細胞内への侵入が起きにくい。これは，粒子の屈曲がエンドサイトーシスに重要であることを示している。一般に，柔らかい粒子はマクロピノサイトーシスで，硬い粒子はクラスリン介在で細胞に取り込まれる。

ナノ粒子の表面電荷は，粒子間の斥力・引力（凝集）を決めたり，細胞膜と

の反応性を決めたりする。表面電荷がゼロまたは負の粒子は，正の粒子と比べて細胞への内在化が抑制される。これは，細胞膜が負に帯電していることからも理解しやすい。そのため，遺伝子導入試薬の多くはアミノ基のある Lys が豊富な高分子や正に帯電した脂質が使われる。しかし，正に帯電している粒子は，ミトコンドリアに損傷を与えて，アポトーシスやネクローシス（病理的な細胞死）を引き起こすことがあるため，生体親和性に課題がある。また細胞に接触させる時間を長くすると，細胞への内在化がその毒性で抑制されることがある。一方，負に帯電した粒子は，生体内においてタンパク質と強く結合し，補体の働きを高めて貪食されやすくなる（**オプソニン化**）。さらに，正や負に帯電した粒子を血清なし/ありの培地に入れて細胞に作用させると，血清なしの場合には速やかに細胞への内在化が生じることがある。すなわち，生体に対するナノ粒子の材料設計においては，タンパク質と表面との反応性の制御も重要である。

　表面修飾は細胞への内在化に効果的である。具体的には，ある分子鎖層をナノ粒子の表面に密に充填しかつ十分に柔軟であれば，結合している水分子が分子鎖層から吐き出されてタンパク質は浸透できない。この理由のため，PEO, PEG, 多糖類，ポリビニルアルコール（PVA）などが表面修飾に用いられる。最もよく使用されるのは PEO と PEG であり，血液内での循環時間も長くすることができる。一方，標的とする細胞膜にある受容体と結合（受容体介在）・集積化を目的として，アプタマー，ペプチド，葉酸，マンノース，モノクローナル抗体，血清に存在するトランスフェリンなどがナノ粒子表面に修飾される。具体的に，トランスフェリンを修飾した金ナノ粒子（50 nm, 最も細胞に内在化する量が高い）を線維芽細胞（STO 細胞），HeLa 細胞，脳腫瘍細胞（SNB19 細胞）に作用させた場合を取り上げる。このエンドサイトーシス機構を調べるため，細胞を，(1) 低温度（4℃）または ATP を枯渇させた状態（NaN$_3$ 処理）で，(2) 高張液（スクロースを培養液に添加）または K$^+$ を枯渇させた培地で培養する。(1)では，エネルギーを必要とする受容体介在（クラスリンまたはカベオリン介在）であるか否かを，(2)ではクラスリン形成を阻

害する，つまりクラスリン介在であるか否かを調べるのによく使われる方法である。いずれの条件でも，金ナノ粒子の細胞内への取込み量は70%ほど低下する。すなわち，トランスフェリンで処理した金ナノ粒子は，クラスリン介在であるとされた[48]。

シリカ粒子やメソポーラスシリカ粒子のエンドサイトーシス機構が検討されてきた。詳細な機構はまだ十分には解明されていないが，細胞種に依存した取込み機構である。

300 nm径以下のシリカ粒子の肺上皮細胞への内在化は，電子顕微鏡と免疫染色による観察から，クラスリン介在やカベオリン介在ではないエネルギーに依存した経路だと報告されている[49]。一方，フロチリンを枯渇した肺上皮細胞や内皮細胞に100 nm以下のシリカ粒子を作用させると，エンドサイトーシスは生じるが，細胞に内在化するシリカ粒子の数が減少する[50]。つまり，シリカ粒子はフロチリン介在と他の因子により細胞内に取り込まれることが示唆されている。さらに，内皮細胞と肺腺癌とを二層培養してシリカ粒子を作用させると，細胞への取込みが抑制される[51]。

ゼータ電位を−5.0〜＋19 mVの範囲で調整した100 nmのメソポーラスシリカ粒子に赤色発光ローダミンBを細孔内に入れて，クラスリンを枯渇またはアクチン，チューブリンの重合を阻害したヒト間葉系幹細胞に作用させると，細胞への内在化が抑制される。すなわち，アクチン重合の必要なクラスリン介在やカベオリン介在でメソポーラスシリカ粒子が細胞内に侵入する。しかし，正の表面電荷のメソポーラスシリカ粒子では，高分子粒子と同様に両方の細胞への内在化が起きる。

一方，エンドサイトーシスを起こさないヒト赤血球にメソポーラスシリカ粒子（100 nmと600 nm）を作用させると，細胞膜の単なる変形で粒子が内部に巻き込まれる[52]。さらに，この粒子表面をアミノ基やPEG，カルボキシル基で修飾すると，赤血球との相互作用が抑制されて，内部への巻込みが少なくなる。アミノ基を修飾した粒子は細胞内への侵入性が増加するが，赤血球では静電的な相互作用で抑制される。ここに示した粒子の内在化の機構は，細胞種に

よる細胞膜の組成の違いが主要な要因と想定できる．統一的に説明できる理論の構築が，ナノ粒子の医療応用において重要な課題である．

〔2〕 **粒子の毒性**　**細胞毒性**（cytotoxicity）とは，細胞膜のエネルギー減少や破壊，膜脂質の過酸化，小胞器官の崩壊でミトコンドリアの機能や細胞の増殖を障害/阻害することである．ナノ粒子を細胞に作用させると，その化学組成と表面構造により一電子還元されたスーパーオキサイドラジカル（O_2^-）が発生し，活性酸素（ROS，$O_2^{\cdot-}$，H_2O_2，$OH^{\cdot}$）を生成する．ROSは，タンパク質の変性や分解酵素の失活による自己抗原といった毒性，細胞膜成分やDNAの損傷による突然変異，化生（metaplasia），発癌を誘発する．これに伴う酸化ストレスは，化学物質の代謝に必要な解毒作用のある第二相解毒化酵素をつくり，炎症やミトコンドリア損傷を引き起こす．これを**遺伝毒性**（genotoxicity）といい，シグナル伝達経路の変化で細胞が死に至る．炎症は，線維症，肉芽腫，粥腫などを生じさせる[53]．

ここでは，①血液・血管に存在する細胞（赤血球，内皮細胞），②貪食細胞，③癌（HeLa細胞）または他の組織の上皮/間質細胞，に対するシリカ粒子の細胞毒性を考える．これまでに多くの研究報告がなされているが，その結果はさまざまである．粒子の直径・濃度・表面積・電荷・表面改質/修飾・タンパク質コロナ・作用時間などが影響する．シリカ粒子とメソポーラスシリカ粒子に関して言及する．

最初に，血液に存在する赤血球に粒子を作用させて生じる**溶血**（hemolysis）を考える．溶血とは，赤血球の細胞膜が破壊され，原形質が細胞外に露出して死に至る現象である．細胞の生存率は粒子の直径と濃度に依存する．24 nmのシリカ粒子では20 μg/mLの低濃度でも溶血が生じる．一方，メソポーラスシリカ粒子では，600 nmの粒子を100 μg/mLと50 μg/mLで作用させると細胞膜の変形や溶血が起きるが，100 nmの粒子ではどちらの濃度でも溶血は生じない．また120 nmの粒子では250 μg/mLで，アミノ基を修飾した同じ粒子では100 μg/mLでそれぞれ溶血が起きる．25 nmのメソポーラスシリカ粒子では，270 μg/mLで溶血が起きる．一方，メソポーラスシリカ粒子のアスペクト

比を増加させると溶血性は顕著に低下する。すなわち、メソポーラス化および粒子径を小さくすると、溶血が起きにくくなり、投与する粒子の量を多くできる。このことは、"細胞膜と粒子との接触面積を小さくすること"が重要であることを示している。また、これまでの結果から、"同じ粒子径ならば、メソポーラスシリカ粒子のほうが安全性に優れている"ことが知られている。

貪食細胞が粒子を異物と認識して活性化すると、免疫系の活動が激しくなり、強い炎症反応が生じる。このように免疫系の作用による細胞毒性を細胞障害性ともいう。そのため、最もよく研究されている貪食細胞に対するナノ粒子の影響(毒性)は知っておかなくてはならない。

シリカ粒子(7〜300 nm、6種類)の貪食細胞(RAW264.7、24時間培養後、24時間粒子を作用)に対する詳細な影響が2009年に報告された[54]。粒子の質量(濃度)や数と比べて、その表面積(大きさ)が貪食細胞の毒性の指標となることが提案された。ここで大切なことは、通常添加されるウシ胎児血清(FBS)を加えていない細胞培養液に粒子を分散させ、細胞に作用させたことである。また、細胞内でのシグナル伝達に対する粒子の効果も、タンパク質マイクロアレイ法と遺伝子マイクロアレイ法[†]で調べられた。7 nmの粒子の半数致死濃度(LC_{50})は20 μg/mL、300 nmの粒子のLC_{50}は592 μg/mLであった。つまり、小さな粒子ほど高い毒性を示す。また粒子の表面積と生存率には相関があり、表面積に対するLC_{50}は85 cm^2/mL(変動係数21%)であった。しかし、同じ細胞を用いて22 nmのシリカ粒子を作用させても、細胞形態に変化が起きないとの報告もあることには注意が必要である。さらにこれを検証するため、10 nmのシリカ粒子を静電相互作用で凝集(動的光散乱の粒子径、〜180 nm)させ、FBSのない細胞培養液に粒子を加え、貪食細胞(J774マウス)に作用させた[55]。この結果、粒子の凝集によらず、外部表面積が細胞毒性に重要であることが示された。しかし50%効果濃度(EC_{50})は約20 cm^2/mLであった。またエンドサイトーシスを阻害すると粒子の毒性も低下した。一方、アミノ基(ゼータ電位:−30 mV)やカルボキシル基(ゼータ電位:−72 mV)

[†] 遺伝子解析については、5章を参照。

を修飾した 70 nm のシリカ粒子を貪食細胞（RAW264.7）に作用させると，修飾しない粒子（ゼータ電位：-42 mV）の ED_{50} は 121 μg/mL（約 52 cm^2/mL）であったが，修飾した粒子では 1 000 μg/mL でも細胞毒性はなかった[56]。

分子鎖の長さが異なる PEG（$[-CH_2CH_2O-]_x$; $x = 4, 6, 10, 20$）を 150 nm の MCM-41 粒子に修飾すると，PEG の密度が 0.75 wt%（分子量：10 K）と 0.075 %（分子量：20 K）のときに，血清タンパク質との相互作用が最低であった[57]。THP-1（ヒトの単球白血病細胞）から分化誘導した貪食細胞に対する粒子の取込みは，タンパク質との相互作用の低い粒子では抑制されることが示されている。

HeLa 細胞（乳癌由来の細胞）に 70 nm 以上のシリカ粒子を作用させても，細胞毒性は少ないが，オプソニン作用で毒性を示すことがある。一方，30 nm のシリカ粒子を 10〜1000 μg/mL の濃度範囲で線維芽細胞に作用させると生存率が 30% だけ，38 nm のシリカ粒子を 50 μg/mL 以上で作用させると 50% に減少する。いずれにしても，100 nm 以下のシリカ粒子を細胞に作用させると，生存率の減少は起きるが，100 μg/mL 以下ではその減少率は低くなる。一方，大きなシリカ粒子の細胞毒性は少ない。このような細胞毒性への影響は，粒子の表面で生成される活性酸素との関係が指摘されている。そのため，表面修飾により活性酸素の生成を阻害すれば，その毒性は低減させられる。

1.6.2 体内動態

In vitro と *in vivo* におけるナノ粒子の生体特性を対応させることは，現状ではとても難しい。しかし，調製したナノ材料が免疫系において自己と認識される必要があることはいうまでもない。自己と認識されるには，免疫刺激や免疫抑制といった反応が起きないことが必要である。また，投与する経路も重要である。なぜなら外界から生体を防御する境界を通過させるからだ。例えば皮膚の上皮・消化管・呼吸器系，などがある。生体内の別な関門には，BBB や生殖系を保護する血液睾丸関門（BTB），胎芽を守る胎盤が存在する。

薬物としてナノ粒子を考えた場合，すでに述べた ADME は重要である。こ

れまでの研究から，ナノ粒子の ADME は，疎水/親水性，大きさ，表面電荷，被覆/修飾層に依存する[58]。疎水性の粒子は肝臓や脾臓の RES に捕獲されて体内での半減期（数秒から数分）を短くする。8 nm 以下の粒子は腎臓で排泄され，200 nm 以上の粒子は肝臓や脾臓の RES に捕獲される。さらに正に帯電した粒子は毒性（溶血や血小板凝集）を示すことがある。

これまでの in vivo での実験から，シリカ粒子の臓器への集積・分布，1箇月以上の排泄時間，全身毒性が低いこと，などが明らかにされている。また粒子の形態や表面状態が分布する臓器と排泄に影響する。

シリカ粒子の生体親和性に関するこれまでの知見はつぎのとおりである。

(1) <u>溶　血　性</u>： 表面にあるシラノール基の密度が影響する。すなわち，シリカ粒子では溶血性が起きやすく，メソポーラスシリカ粒子では生じにくい。

(2) <u>排　泄　性</u>： シリカ粒子と比較してメソポーラスシリカ粒子の排泄は速い。

(3) <u>集　積　性</u>： メソポーラスシリカ粒子は，肺への集積性が高い。

(4) <u>腫瘍への影響</u>： メソポーラスシリカ粒子は，細胞内での活性酸素種の発生を低下させ，悪性黒色腫（メラノーマ）の成長を促進する。一方で，膵臓癌の成長にはなにも影響しない。

ここで，健康なマウスに静脈から全身的に粒子を作用させた際の，臓器集積性，投与量，生体反応について述べる。50 nm，100 nm，200 nm のシリカ粒子をマウスに単回投与すると，脾臓と肝臓の単核食細胞（RES）に捕らわれるが，小さな粒子では炎症反応が生じない。特に 50 nm のシリカ粒子は尿からの排泄が速い。また，76 nm，311 nm，830 nm のシリカ粒子をマウスに単回投与すると，最小の粒子は 30 mg/kg で肝臓障害を引き起こすが，他の大きさのシリカ粒子では 100 mg/kg を投与しても肝臓，脾臓，腎臓，肺にはなんの変化も起こさない。さらに，76 nm のシリカ粒子を 10 mg/kg で1週間に2度（4週間）投与すると，肝線維症を引き起こすことが報告されている。しかし，110 nm のメソポーラスシリカ中空粒子をネズミに単回投与すると，LC_{50} は

1 000 mg/kg 以上の高い値を示し，20 mg/kg，40 mg/kg，80 mg/kg で 14 日間毎日投与してもマウスは死亡しない．メソポーラスシリカ粒子は脾臓と肝臓に，わずかに肺，肝臓，心臓に集積する．

50～100 nm のメソポーラスシリカ粒子の表面電荷は，オプソニン作用による排泄に影響する．アミノ基で修飾したゼータ電位が＋34 mV の粒子は肝臓からの排泄が速く，ゼータ電位が－18 mV の粒子は肝臓内に留まる傾向がある．また，PEG を修飾したメソポーラスシリカ粒子は表面電荷が減少し，オプソニン作用が低下して，血液滞留時間が増加する．これは，肝臓や脾臓にいる貪食細胞への取込みが減少するためだ．*In vivo* では，大きな粒子のほうが臓器に捕らわれやすい．また，ポリエチレンイミン-PEG（PEI-PEG）を粒子に修飾すると，EPR 効果で腫瘍部位への集積性が高くなる．

粒子の形態による臓器への集積性は，高いアスペクト比のメソポーラスシリカ粒子が脾臓に，またアミノ基で修飾すると脾臓・肝臓に集積しやすくなる．一方，低いアスペクト比の粒子は肝臓に集積する．

ナノ粒子の分解性や排泄は，材料の安全性評価に必要不可欠である．表面修飾した官能基によるメソポーラスシリカ粒子の分解性は，フェニル基を修飾した粒子が擬似体液中で最も速く，PEG で修飾した粒子は最も遅い．この場合，2 時間以内に粒子の一部が溶解し，カルシウムまたはマグネシウムのシリケイトが表面に形成し，それから数日かかり分解する．高温処理や表面積の小さなシリカ粒子は，溶液中での分解が遅く，数週間後でも溶解しない．すなわち，骨格の Si-O の網目構造に Si-R や Si-OH が多く存在すると，溶解しやすくなる．溶液への分解物は，株化細胞には毒性を示さない．PEG を修飾したメソポーラスシリカ粒子やシリカ粒子をマウスに注射すると，泌尿系から排泄される．投与 30 分後には，15～45％のナノ粒子が体外に排泄され，尿にはその形態が保持されたままである．大きな粒子は尿から速やかに，5.5 nm 以下のシリカ粒子は腎臓から排泄される．

1.6.3 医療応用

〔1〕光線力学的治療法　光線力学的治療法（photodynamic therapy, **PDT**）は，**光感受性物質**（photosensitizer, **PS**）を"癌"に集積させ，レーザ光照射で化学反応させる局所的治療法である。化学療法や放射線療法に代わる治療法ではあるが，光線過敏症が認められることがある。低エネルギーで選択的に癌病巣の治療が可能で，正常組織に障害を与えにくい低侵襲治療の一つである。早期肺癌，食道癌，子宮頸癌，胃癌に対して用いられている。

腫瘍親和性 PS のポリフィリン関連化合物を静脈から病巣に集積させ，病巣にレーザ光を照射すると，光化学反応でポリフェリンから生じた活性酸素が腫瘍細胞を死滅させる。PS は三重項励起状態から基底状態に遷移するときに，近傍酸素にエネルギーを移動させ，電子配置の異なる一重項酸素（$^1O_2$）とROS を発生する。このような蛍光共鳴エネルギーの移動を示す**ヤブロンスキー**（Jablonski）**図**を**図 1.22**に示す。第1経路では酸素が電子を供与してROS を発生し，第2経路では酸素がエネルギーを受け取り一重項酸素を発生する。一重項酸素は，ミトコンドリアの酵素作用を阻害して，細胞内呼吸に障害を与え，細胞を死滅させる。

日本における光線力学治療法には，レザフィリン®（タラポルフィリンナトリウム，励起波長 664 nm）とフォトフィリン®（ポルフィルマーナトリウム，

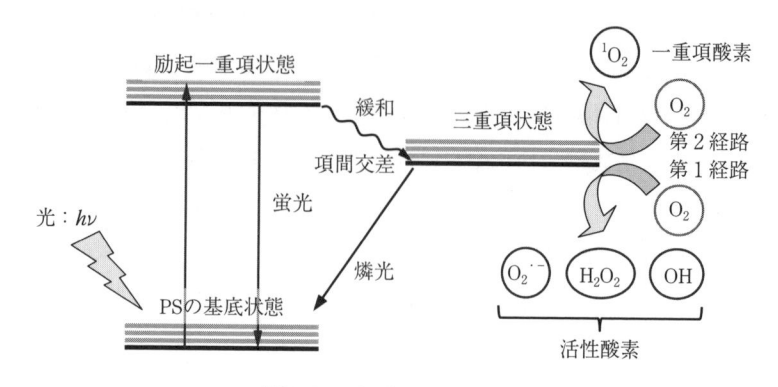

図 1.22　ヤブロンスキー図

励起波長 630 nm) が承認されている。これらの元の化合物は疎水性のため水への溶解度が低い。PDT に用いられる代表的なクロリン関連化合物の構造式を**図 1.23** に示す[59]。タラポルフィリンナトリウムは，クロリン骨格に Asp を

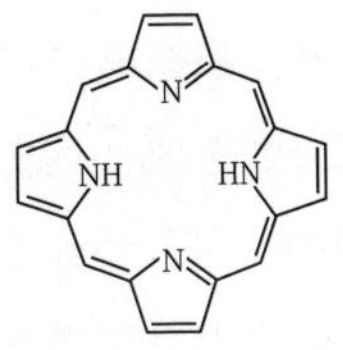

（a） ポリフィリン骨格

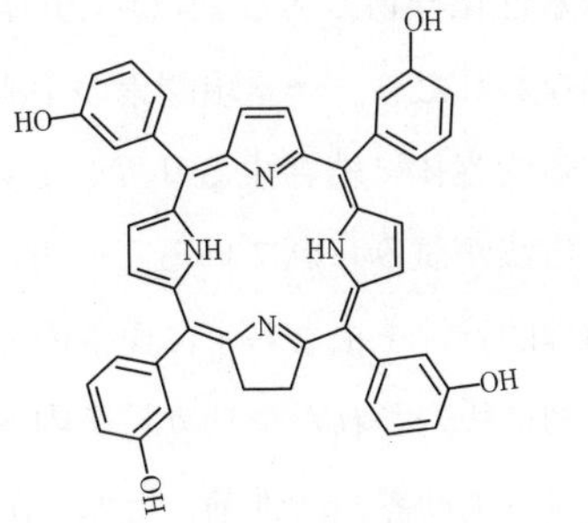

（b） メタ-テトラ（ヒドロキシフェニル）クロリン（mTHPC）

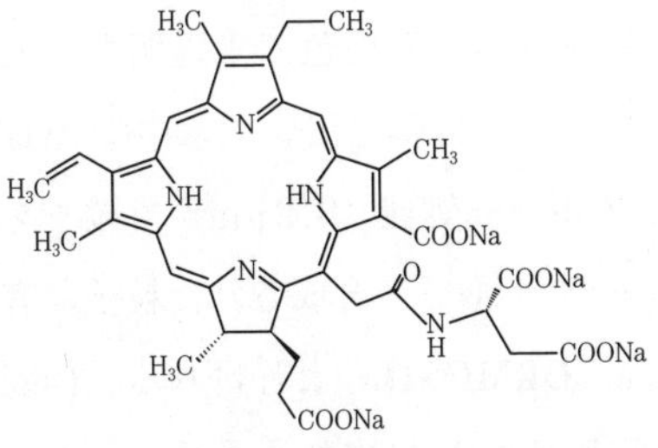

（c） タラポルフィリンナトリウム

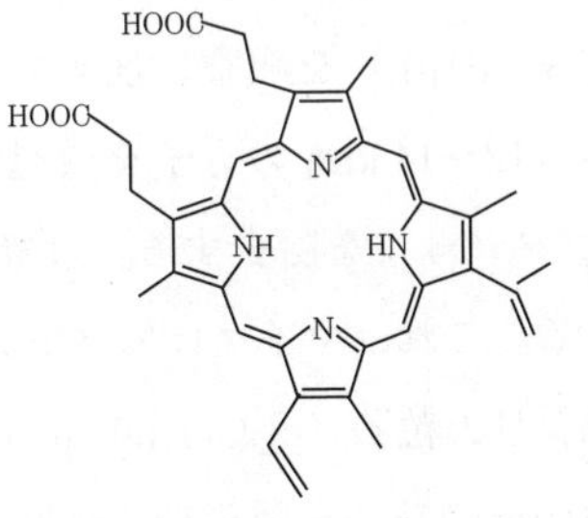

（d） プロトポルフィリン IX（PpIX）

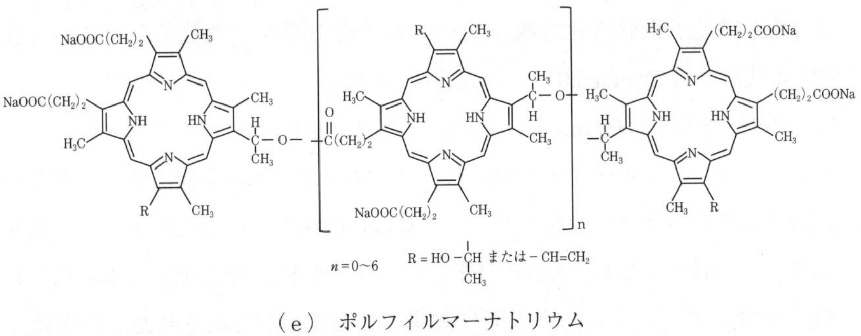

（e） ポルフィルマーナトリウム

図 1.23 PDT に用いられる代表的なクロリン関連化合物の構造式

アミド結合させて親水性にし，組織集積・代謝の時間差を利用する．生体内に分布するプロトポルフィリン IX は，アミノ酸の一種である δ(5)-アミノレブリン酸（$H_2NCH_2CHO(CH_2)_2COOH$）から5段階の酵素反応を経て合成される．

疎水性化合物である PS は，生体内に投与すると凝集して，その光物理特性が損なわれたり，一重項酸素の生成量が減少したりする．癌細胞が特異的に発現する受容体に結合するリガンドを PS に共有結合させ，癌組織にだけ集積させる方法が試みられている．一方，シリカナノ粒子に PS を取り込ませ，その光物理的特性を損なわずに血液内での安定化や組織標的化が行われている．

最初に報告されたシリカ粒子内への内包方法はつぎのとおりである．1-ブタノール（補助界面活性剤）と水（0.56 g と 20 g）に AOT（界面活性剤，0.44 g）を混合し，ピロフェオホルビド（PHPP，30 μL）と N,N-ジメチルホルムアミド（DMF，15 mM）との透明な混合溶液を加える．さらに，TEOS（200 μL）と APTS（10 μL）を順番に加えて室温で撹拌を続け，青白色で半透明な溶液にする．12～14 kDa の分子を透過するセルロース透析膜を用いて水中で AOT と 1-ブタノールを除去する．最終的に，フィルター処理（0.2 μm）で粒子を分離する．これはマイクロエマルジョン法の一つであり，合成された粒子は**有機修飾シリカ粒子**（organically modified silica，**ORMOSIL**）と呼ばれる．作製した 30 nm の粒子を腫瘍株化細胞（UCI-107 と HeLa）に取り込ませ，650 nm のレーザを照射すると癌細胞が死滅することが示された．これまでに，さまざまな PS や二光子吸収性化合物を用いた複合構造型シリカ粒子が，この方法（AOT の代わりに Tween-80）で合成されている．

近赤外光（800～2 500 nm）から可視光（400～800 nm）へのアップコンバージョンは，低エネルギー光子を吸収して高エネルギー光子を放出する．すなわち，長波長光を短波長に変換させる．これは体内深部での治療を実現する試みである．この目的のため，$NaYF_4$（または，Yb^{3+} や Eu^{3+} を添加した $NaYF_4$）や亜鉛フタロシアニンをシリカ表面に被覆させた粒子が合成された．後者は，980 nm の近赤外光の照射で一重項酸素を生成させる．

多機能化を目指し，さらに抗体（エピシアリン MUC1）や糖（マンノース）

を粒子表面に固定化させて，乳癌細胞に特異的に集積させる試みも行われている。一方で，PS の溶出を防ぐため，PpIX のカルボキシル基と APTS のアミノ基とを脱水縮合で共有結合させた粒子も開発されている。

〔2〕 **イメージングと診断**　ナノテクノロジーを駆使した粒子作製技術から，"癌の診断"に向けた技術開発が進められている。光学的画像（蛍光や生物発光）や**核磁気共鳴画像**（magnetic resonance imaging，**MRI**），**放射性核種画像（陽電子放射断層法**，positron emission tomography，**PET**）といった分子画像技術にシリカ粒子を応用する研究がある。さらに，複数の可視化技術に対応可能な多機能化シリカ粒子の開発も進められている。

Blaaderen と Vrij らは[60]，Stöber 法の TEOS を用いて，APTS と FITC を共有結合させた単一分散シリカ粒子を 1992 年に合成した。これを契機に，蛍光色素，量子ドット，希土類元素蛍光ナノ粒子を添加したシリカ粒子が研究されている。ほとんどは逆マクロエマルジョン法（1.5.3 項〔3〕参照）で作製される。そのため，PDT 法で用いられる光感受性物質と同様に，蛍光色素をシリカと共有結合させた粒子内部への色素の固定化やアップコンバージョンが試みられている。

FITC を含有させた 70 nm のシリカ粒子の表面を，細胞透過性ペプチドの一つである HIV-1 ウイルス由来の **TAT**（trans-activator of transcription，Gly-Arg-Lys-Lys-Arg-Arg-Gln-Arg-Arg-Arg）で覆うと，BBB を超えて脳血管壁が染色されるとの報告がなされた[61]。BBB を超えた物質輸送は困難と考えられていたため，新しい診断・治療法の開発が期待される。また，シリカナノ粒子や酸化チタンナノ粒子が，胎盤壁を超えて胎児に送達されることも報告されている[62]。

MRI は，高い空間分解能と組織コントラストといった優れた性能のため，すでに非侵襲診断として広く用いられている。造影剤には，常磁性複合体であるガドリニウムジエチレントリアミン 5 酢酸（Gd-DTPA，静脈投与造影剤：Ga^{3+} の非イオン性キレート剤）や塩化マンガン四水和物製剤（ボースデル®），超常磁性体である酸化鉄（リゾビスト®，SPIO 製剤の一つ）やクエン酸鉄アンモニ

ウム（経口消化管造影剤：フェリセルツ®）などが用いられている。これらには稀に副作用があるため，その軽減を目的として，有効成分や色素などを混合した多機能化シリカ粒子なども検討されている。

　PETは，検査薬（フルオロデオキシグルコース，^{18}F-FDG，半減期109.8分）を点滴で静脈から投与し，腫瘍組織における糖（ブドウ糖）代謝が正常組織より高いことを利用して画像化する技術である。すなわち，FDGを腫瘍細胞に集積させ，^{18}Fのβ+崩壊による正の電荷をもつ電子の放出，511 eVの2個のγ線の放出で可視化される。陽電子放出核種には軽元素（^{11}C，^{13}C，^{15}O，^{18}F）が用いられる。炎症組織への集積，腎臓や膀胱にある癌の診断の限界，^{18}Fの半減期が109.8分と短い，などの問題が課題である。そのため，陽電子放出核種として^{124}I（半減期4.15日）などの放射性核種が検討されている。ヨウ素は，ヨウ化ナトリウム（NaI）などの酸化剤でTyr残基を処理すると，共有結合的に有機物に導入することができる。このような分子画像化では，身体の深部をいかに可視化するかが重要である。可視光領域での可視化とPETでの画像化とを組み合わせたシリカ粒子は，メラノーマ（悪性黒色腫）の診断薬として，2011年に米国FDAの承認を経て第一相臨床試験に至っている[63]。この**コーネルドット**（Cornel dot, **C-dot**）と呼ばれる7 nmの粒子は，改良Stöber法を用い，シアニン色素（Cy5）を内包させ，その表面をAPTSで修飾した。'マレイミドとNHS-エステルからなる二官能性PEG'のマレイミドに，インテグリンの$\alpha_v\beta_3$を認識・結合する環状RGDYのTyr末端を結合させてRGDY-PEGをつくり，さらにこの分子のNHS-エステルを粒子のAPTSの-NH$_2$と結合させた。トリメトキシシリカPEGを加えて粒子表面のPEG量を制御した。1個の粒子には6〜7個の環状RGDYが導入され，陽電子放出放射性核種である^{124}Iを結合させた。第一相臨床試験の結果から，腫瘍組織への集積性などの検討，安全性に関する知見が明らかにされた。

　〔3〕**薬物の担持と放出**　メソポーラスシリカ粒子は薬物を多く担持できるため，その放出を制御する徐放製剤が研究されている。抗炎症剤イブプロフェン（IBU）がMCM-41から徐放されることが2001年に報告された[64]。

CdS や S-S 結合の還元性分子をメソ細孔の入口に修飾し，バンコマイシンの放出を外部からの刺激応答で制御することが報告された[65]。また，メソポーラスシリカナノ中空粒子は，有機物だけからなる粒子と比べて，疎水性抗癌剤カンプトテシンを多く担持（35.1wt%）できることも示された。これらの結果から，薬物担持量を増加させるには，以下の四つの点が重要である。

(1) 分子の大きさと細孔径の関係： 孔径が 3.6 nm のメソポーラスシリカ粒子は 19wt% のイブプロフェンを担持し，孔径 2.5 nm の粒子では 11wt% に減少する。

(2) 表面積と細孔容積の関係： 薬物が単層吸着であれば細孔容積は関係しないが，薬物どうしに強い相互作用がある場合や濃度が高い場合には，薬物が多層吸着するため細孔容積が担持量を決定する。

(3) 粒子表面の化学的性質： 難水溶性の薬物は，水素結合でシリカ表面の OH 基と物理吸着する。表面修飾は，静電的または疎水的な相互作用で薬物を吸着させる。イブプロフェンは，CH_3 基を修飾した粒子で 20wt% の担持量になるが，NH_3 基で修飾すると 45wt% の担持量に増加する。

(4) 溶媒効果： 溶媒の極性が薬物担持量に影響する。ジメチルスルホキシド（DMSO）の極性溶媒に薬物を溶解させると，表面での競争的な吸着が起き，担持量が減少する。

メソポーラスシリカ粒子が生理条件下で溶解しないと仮定すると，薬物の放出は **Higuchi の式** で解析される。この式は，薬物の拡散（フィックの第一法則）から考えられたため，薬物が拡散過程だけに依存する場合に適応される。ある時刻の積算薬物量 Q は，Higuchi 定数 K_H と時刻 t により次式で示される。

$$Q = K_H t^{1/2} \tag{1.37}$$

$$K_H = A\sqrt{2C_{ini}DC_s} \tag{1.38}$$

ここで，A は表面積，C_{ini} は粒子内の薬物濃度，D は薬物の拡散定数，C_s は薬物の溶解度である。すなわち，薬物が放出されると，その量は表面で少なくな

り,時間の平方根に比例する。さらに,これらを拡張した式も提案されている[66]。

ある時刻 t における薬物の放出量 M_t と粒子内に存在する薬物量 M の関係は,放出定数 n と反応定数 K_m でつぎのように示される。

$$F = \frac{M_t}{M} = K_m t^n \tag{1.39}$$

これは **Korsmeyer-Peppas の式**と呼ばれる。Higuchi の式と同様に $n=1/2$ であれば拡散過程の放出となる。ここで,n は放出機構の指標である[67]。しかし,これらのモデルだけで放出過程が説明できないことには注意が必要である。

タンパク質を用いた吸着や放出も検討されている。アミノ基(APTS)を修飾した細孔径が 5.6 nm の SBA-15(50 mg)を,コンアルブミン†(pI6.0, MW77 kDa, 5 mg)を溶解させた 5 mM のリン酸緩衝液(pH7.0, 3 mL)に混合した[68]。その結果,コンアルブミンは上澄み液には残存しなかった。さらに 500 mM のリン酸緩衝溶液にこの粒子を浸漬すると,完全にコンアルブミンが溶出した。つまり,負に帯電しているコンアルブミンは粒子表面のアミノ基と静電相互作用する。一方,pH7.0 で正に帯電しているリゾチーム(pI10, MW14 kDa)は,この粒子には吸着しなかった。大きさの異なる pI が同等な卵アルブミン(トリの卵,pI4.9, MW44 kDa)・コンアルブミン・トリプシン阻害タンパク質(大豆;pI5.2, MW14 kDa)をリン酸緩衝液に混合して粒子に吸着させると,最も小さなタンパク質は上澄みに若干残るが,それ以外はすべて粒子に吸着した。つまり,細孔径にはタンパク質の選別効果があることがわかる。

アミノ基と酸性タンパク質との相互作用は吸着に重要ではあるが,異なる方法でアミノ基を修飾すると吸着挙動が異なる。具体的には,APTS を加えて合成した SBA-15(細孔径 8.6 nm)と APTS を後から修飾した SBA-15(細孔径 7.8 nm)を用いて,ウシ血清アルブミン(BSA, pI5.4, MW66 kDa)の吸着が検討された[69]。前者の粒子は BSA を多く吸着し,pH による吸着量の依存性が確認された。つまり,pH4.7 の溶媒での吸着量は 34.2wt% となり,pH6.6 の

---

† 卵白タンパク質の一種で,オボトランスフェリンともいう。

溶媒では 20.5wt% であった。一方,後者の方法でアミノ基を修飾した粒子では,pH6.6 の溶媒で 6.3wt% しか吸着しなかった。つまりアミノ基の導入量で BSA の担持量は異なるのだが,粒子の表面状態の詳細な制御が必要である。

シトクロム c (pI10, MW12.5 kDa) を細孔径が 5.4 nm の MCM-41 に担持 (41.5wt%) させ,HeLa 細胞への取込みが報告された[70]。細胞膜透過性のないシトクロム c が HeLa 細胞に内在化していた。また pH7.4 の溶媒中では 4 時間後でも放出されないが,pH5.2 では迅速に放出される。

表面を異なる官能基で修飾したメソポーラスシリカ粒子に対する IgG,インスリン,ミオグロビンなどのタンパク質,ドキソルビシン,ドセタキセルといった抗がん剤,DNA,siRNA などの遺伝子の吸着が試されている。またメソポーラスシリカ粒子はワクチンに用いられるアジュバンド[71]としての応用も期待される。

1.7 お わ り に

細胞生物学の進歩とともに,ナノメディシンは治療と診断を同時に可能とする新しい技術へと進展している。この新しい分野は**セラノスティック**(theranostic) と呼ばれ,英語でいう therapy (治療) と diagnostic (診断) を組み合わせた造語である。ナノ粒子の多機能化は,今後も細胞機能の解析とともに新しい治療技術につながることが期待される。

引用・参考文献

1) T. Imamura: Biol. Pharm. Bull., **37**, pp.1081-1089 (2014)
2) N. Zamani and C.W. Brown: Endocrine Rev., **32**, pp.387-403 (2011)
3) S.J. Singer and G.L. Nicolson: Science, **175**, p.720 (1972)
4) K. Simons and E. Ikonen: Nature, **387**, p.569 (1997)
5) M.A. Arnaout, S.L. Goodman and J.P. Xiong: Curr. Op. Cell. Biol., **19**, pp.495-507 (2007)
6) I. Caton and G. Battaglia: Chem. Soc. Rev., **41**, pp.2718-2739 (2012); M. Barczyk, A.I. Bolstad and D. Gullberg: Periodontology 2000, **63**, pp.29-47 (2013)

7) T.R. Roth and K.R. Porter：J. Cell Biol., **20**, pp.313-332 (1964)；L.M. Traub：Nature Rev., 10, pp.583-596 (2009)
8) M. Volmer and A. Weber：Z. Phys. Chem. (Leipzig), **119**, p.227 (1926)；M. Volmer：Kinetik der Phasenbildung, Steinfopff, Leipzig (1939)；R. Becker and W. Döring：Ann. Phys., **24**, p.71 (1935)
9) V.K. LaMer and R.H. Dinegar：J. Am. Chem. Soc., **72**, p.4847 (1950)；V.K LaMer：Ind. Eng. Chem., **44**, p.1270 (1952)
10) Y. Huang and J.E. Pemberton：Colloids Surf. A Phy. Eng. Asp., **360**, pp.175-183 (2010)
11) M.A. Watzky and R.G. Finke.：J. Am. Chem. Soc., **118**, p.10382 (1997)
12) M. Avrami：J. Chem. Phys., **7**, p.1103 (1939)；M. Avrami：J. Chem. Phys., **8**, p.212 (1940)
13) E.G. Prout and F.C. Tompkins：Trans. Faraday Soc., **40**, p.488 (1944)；E.G. Prout and F.C. Tompkins：Trans. Faraday Soc., **44**, p.468 (1946)
14) B.V. Erofe'ev：Dokl. Akad. Nauk SSSR, **52**, p.511 (1946)
15) P.W.M. Jacobs：J. Phys. Chem., **B101**, p.10086 (1997)
16) W. Stöber, A. Fink and E. Bohn：J. Colloid Inter. Sci., **26**, pp.62-69 (1968)
17) T. Yokoi, et al.：J. Am. Chem. Soc., **128**, pp.13664-13665 (2006)
18) W.G. Klemperer and S.D. Ramamurthi：J. Non-Cryst. Solids, **121**, pp.16-20 (1990)
19) T. Matsoukas and E. Gulari：J. Colloid Inter. Sci., **124**, pp.252-261 (1988)；**132**, pp.13-21 (1989)
20) G.H. Bogush and C.F. Zokoski IV：J. Colloid Inter. Sci., **142**, pp.1-17, pp.19-34 (1991)
21) A. van Blaaderen, et al.：J. Colloid Inter. Sci., **154**, pp.481-501 (1992)；A. van Glaaderen, et al.：J. Non-Cryst. Solids, **149**, pp.161-178 (1992)
22) IUPAC Manual of symbols and terminology for physicochemical quantities and units Appendix II Definitions, terminology and symbols in colloid and surface chemistry Part I "Adsorbent/fluid interface"：http://old.iupac.org/reports/2001/colloid_2001/[†]
23) T. Yanagisawa, T. Shimizu K. Kuroda and C. Kato：Bull. Chem. Soc. Jpn., **63**, pp.988-992 (1990)
24) C.T. Kresge, J.S. Beck, et al.：Nature, **359**, pp.7210-712 (1992)；J.S. Beck, et al.：J. Am. Chem. Soc., **114**, pp.10834-10843 (1992)
25) Q. Huo, D.I. Margolese, G.D. Stucky, et al.：Nature, **369**, pp.317-321 (1994)
26) A. Monnier, G.D. Stucky, et al.：Science, **261**, pp.1299-1303 (1993)
27) H.B.S. Chan, Timothy deV. Nalor, et al.：J. Mater. Chem., **11**, pp.951-957 (2001)
28) J.N. Israelachvili, et al.：J. Chem. Soc. Faraday Trans. II, **72**, pp.1525-1568 (1976)
29) A. Firouzi, D. Kumar, L.M. Bull, et al.：Science, **267**, pp.1138-1143 (1995)
30) B. Busson and J. Doucet：Acta Cryst., **A56**, p.68 (2000)；J. Cambedouzou and O. Diat：J. Appl. Crystallogr., **45**, p.662 (2012)；B. Gouze, J. Cambedouzou, et al.：Microporous and Mesoporous Mater., **183**, p.168 (2014)
31) I.I. Slowing, J.L. Vivero-Escoto, et al.：J. Mater. Chem., **20**, pp.7924-7937 (2010)
32) A.E. Nel, L, Madler, D. Velegol, et al.：Nature Mater., **8**, p.543 (2009)
33) D. Lison, L.C.J. Thomassen, V. Rabolli, et al.：Toxicolog. Sci., **104**, pp.155-162 (2008)
34) T. Yoshida, Y. Yoshioka, K. Matsuyama, et al.：Biochem. Biophy. Res. Comm., **427**, p.748 (2012)
35) M. Tagaya, T. Ikoma, Z. Xu, et al.：Inorg. Chem., **53**, p.6817 (2014)

[†] 本書に記載されている URL は編集当時のものであり，変更される場合がある．

36) J.A. Kim, C. Aberg, A. Salvati and K.A. Dawson : Nat. Nanotechnol., **7**, p.62 (2012)
37) A.S. Robertson, E. Smythe and K.R. Ayscough : Cell. Mol. Life Sci., **66**, pp.2049-2065 (2009)
38) M.H. Blanchet, J.A. le Good, D. Mesnard, V. Oorschot, et al. : EMBO J., **27**, pp.2580-2591 (2008)
39) Y.S. Kang, X. Ahao, J. Lovaas, E. Eisenberg and L.E. Greene : J. Cell Sci., **122**, pp.4062-4069 (2009)
40) G.J. Doherty and R. Lundmark : Biochem. Soc. Trans., **37**, pp.1061-1065 (2009)
41) Z. Wang, C. Tiruppathi, R.D. Minshal and, A.B. Malik:ACS Nano, **3**, pp.4110-4116 (2009)
42) D. Vercauteren, R.E. Vandenbroucke, A.T. Jones, et al. : Biomaterials, **32**, pp.3072-3084 (2011)
43) M. Geiser, B.R. Rutishauser, et al. : Env. Health Persp., **113**, p.1555 (2005)
44) A.E. Porter, M. Gass, K. Kuller, J.N. Skepper, et al. : Nat. Nanotechnol., **2**, pp.713-717 (2007)
45) W. Helfrich : Z. Naturf., **C28**, p.693 (1973)
46) R. Vácha, F.J. Martinez-Veracoechea and D. Frenkel:Nano Letters, **11**, p.5391 (2011) ; R. Vácha,, F.J. Martinez-Veracoechea and D. Frenkel:Nano Letters, **12**, p.10598 (2012)
47) A. Chaudhuri, G. Battaglia and R. Golestanian : Phys. Biol., **8**, p.046002 (2011)
48) B.D. Chithrani and W.C.W. Chan : Nano Letters, **7**, pp.1542-1550 (2007)
49) K. Shapero, F. Fenaroli, I. Lynch, D.C. Cottell, et al.:Mol. BioSys., **7**, pp.371-378 (2011)
50) J. Kasper, M.I. Hermanns, C. Bantz, O. Koshikina, et al. : Arch. Toxicol., **87**, pp.1053-1065 (2013)
51) J. Kasper, M.I. Hermanns, C. Bantz, et al. : Eu. J. Pharm. Biopharm., **84**, pp.275-287 (2013)
52) Y. Zhao, X. Sun, G. Zhang, B.G. Treqyn, et al. : ACS Nano, **5**, pp.1366-1375 (2011)
53) A. Nel, T. Xia, L. Mädler and N. Li : Science, **311**, p.622 (2006)
54) K.M. Waters, L.M. Masiello, R.C. Zangar, et al. : Toxicological Sci., **107**, p.553 (2009)
55) V. Rabolli, L.C.J. Thomassen, F. Uwambayinema, et al. : Toxicology Letters, **206**, p.197 (2011)
56) H. Nabeshi, T. Yoshikawa, A. Arimori, T. Yoshida, et al. : Nano Res. Letters, **6**, p.93 (2011)
57) Q. He, J. Zhang, J. Shi, et al. : Biomaterials, **31**, p.1085 (2010)
58) R. landsiedel, E. Fabian, L.M. Hock, et al. ; Arcch. Toxicol., **86**, p.1021 (2012)
59) A. Gupta, P. Avci, M. Sadasivam, R. Chandran, N. Parizotto, D. Vecchio, W.C.M.A. de Melo, T. Dai, L.Y. Chiang and M.R. Hamblin : Biotech. Ad., **31**, pp.607-631 (2013)
60) A. Blaaderen and A. Vrij : Langmuir, **8**, pp.2921-2931 (1992)
61) A. Santra, H. Yang, D. Dutta, J.T. Stanley, P.H. Holloway, W. Tan, B.M. Moudgil and R.A. Mericle : Chem. Comm., pp.2810-2811 (2004)
62) K. Yamashita, Y. Yoshioka, K. Higashisaka, K. Miura, et al. : Nature Nanotech., **6**, p.321 (2011)
63) M.S. Bradbury, E. Philips, P.H. Montero, S.M. Cheal, H. Stambuk, J.C. Durack, C.T. Sofocleous, R.J.C. Meester, U. Wiesner and S. Patel : Integr. Biol., **5**, p.74 (2013) ; M. Benezra, O. Penate-Medina, P.B. Zanzonico, D.S. Hooisweng Ow, A. Burns, E. DeStanchina, V. Longo, E. Herz, S. Iyer, J. Wolchok, S.M. Larson, U. Wiesner and M.S. Bradbury : J. Clin. Inves., **121**, pp.2768-2780 (2011) ; A.A. Burns, J. Vider, H. Ow, E Herz, O. Penate-Medina, M. Baumgart, S.M. Larson, U. Wiesner and M. Bradbury : Nano

Letter., **9**, pp.442-448 (2009)
64) M. Vallet-Regi, A. Ramila, R.P. del Real and J. Perez-Pariente : Chem. Mater., **13**, p.308 (2001)
65) C.Y. Lai, B.G. Trewyn, D.M. Jeftinija, K. Jeftinija, S. Xu, S. Keftomoka and V.S.Y. Lin : J. Am. Chem. Soc., **125**, p.4451 (2003)
66) J. Siepmann and N.A. Peppas : Inter. J. Pharm., **418**, pp.6-12 (2011) ; S. Dash, P.N. Murthy, L. Nath and P. Chowdhury : Acta. Polon. Pharm., **67**, pp.217-223 (2010)
67) T. Heikkilä, J. Salonen, J. Tuuran, M. Hamdy, G. Mul, N. Kumar, T. Salmi, D. Murzin, L. laitinen and A. Kaukonen : Inter. J. Pharm., **331**, pp.133-138 (2007)
68) Y.J. Han, G.D. Stucky and A. Butler : J. Am. Chem. Sco., **121**, pp.9897-9898 (1999)
69) S.W. Song, K. Hidajat and S. Kawi : Langmuir, **21**, pp.9568-9575 (2005)
70) I.I. Slowing, B.G. Trewyn and V.S.-Y. Lin : J. Am. Chem. Soc., **129**, pp.8845-8849 (2007)
71) K.T. Mody, A. Popat, D, Mahony, A.S. Cavallaro and C. Yu : Neena Mitter, Nanoscale, **5**, pp.5167-5179 (2013)
72) B. Lewin, L. Cassimeris, V.R. Lingappa and G. Plopper(永田和宏・中野明彦・米田悦啓・須藤和夫・室伏 擴・榎森康文・伊藤維昭 共訳):ルーイン細胞生物学(Cell)第1版,東京化学同人(2008)
73) W.H. Elliott and E.C. Elliott(清水孝雄・工藤一郎 共訳):エリオット生化学・分子生物学(Biochemistry and Molecular Biology)第3版,東京化学同人(2007)
74) D. Sadava, D.M. HIllis, H.C. Heller and M.R. Berenbaum : Life-The Science of Biology 9th Ed., W.H. Freeman & Co (Sd) (2009)
75) 板倉照好:細胞外マトリックス,羊土社(1997)
76) 田中順三,植村寿公,大森健一,生駒俊之:バイオセラミックス,コロナ社(2009)
77) 作花済夫:ゾル-ゲル法の科学 ―機能性ガラス及びセラミックスの低温合成,アグネ承風社(2010)
78) 四ツ柳智久,檀上和美,山本 昌:製剤学 改定第6版,南江堂(2012)

2 ペプチドのナノバイオニクス

2.1 はじめに

　ペプチド，タンパク質，核酸といった数多くの生体分子は，**分子認識**（molecular recognition）やそれに基づくナノメートルスケールでの**自己組織化**（self-assembly）を巧みに利用することで，必要な機能を発現している。生体分子は進化の過程において，分子認識をベースとした機能を獲得してきた。例えば抗原−抗体反応，DNA−タンパク質，RNA−リボソーム，糖−レクチンに代表されるように，分子認識は生体系の維持のために重要な役割を担っている。それらの分子は，静電的相互作用，水素結合，πスタッキング，ファンデルワールス相互作用，あるいは疎水性効果のような複数の弱い相互作用（**非共有結合**，noncovalent interaction）を適切に利用できるよう進化し，認識相手に適合するよう構造を変化させている。それゆえ，生体分子が認識する標的は生体内に存在するリガンドに限られて考えられてきた。しかしながら近年の研究により，生物学的に構築されたライブラリーからの結合力依存のスクリーニング（選抜）により，人工のマテリアルに特異的に結合する新規なペプチドの存在が報告されている[1]。金属，金属酸化物，半導体，磁性体，ナノカーボン，合成高分子，合理的に設計されたペプチドの集合体などが，ペプチドの標的として適用されている。それらのペプチドは適切な構造をもっており，それゆえ，マテリアル表面上の原子あるいは官能基の2次元あるいは3次元的な配置を認識していると考えられており，結果として精緻な認識が達成されている。

生体分子，特にペプチドは，生体系における進化を模倣した試験管内分子進化技術を用いて適切に進化させることにより，マテリアル特異的に結合する能力を獲得できる。試験管内での**分子進化**（molecular evolution）技術（スクリーニング，選抜）は，一般的には細胞あるいは大腸菌の一種であるファージ表層に提示された，生物学的に構築されたペプチドライブラリーを用いて行われている。細胞表層に提示する手法（**細胞表層ディスプレイ法**，cell-surface display，**CSD法**）はマテリアルに結合するペプチドをスクリーニングする際には取扱いが難しいため，ファージに提示する手法（**ファージディスプレイ法**，phage display，**PD法**）が広く用いられるようになっている。得られたペプチドはただ単純にマテリアルへの結合能を示すのみならず，表面修飾剤やパターニングのための吸着剤，無機ナノ粒子の安定剤や成長のための足場，ファージやタンパク質表面の修飾などに適用されており，ペプチドの分子認識を利用することで，新たな機能性ナノマテリアルを構築できると期待されている。

一方で，生体分子からなる集合体も，同様に"自己認識"をベースとした複数の弱い相互作用を利用しながら生体内において構築される。この生体分子の集合体形成能も同様に，従来型の有機低分子や高分子では達成できないような生体模倣材料構築のために利用されてきた[2]。多様な分子の集合に用いられる相互作用は弱く，かつそれぞれが独立しており，単純な構成成分（分子）が緻密に配列した構造へと自己組織化する。それら生体分子の自己組織化の決定因子を物理化学的に理解することは，バイオテクノロジーの応用や医薬のためのナノ構成成分を合理的に設計するために重要なステップとなる。それゆえ，自己組織化を制御したり設計したりすることは困難であるにもかかわらず，生体分子の自己組織化は新たなマテリアルを構築するための新しい方法論として注目を集めている。特にペプチドは，設計や合成の容易さ，小さな分子サイズ，比較的高い安定性，化学的あるいは生物学的な改変が容易である点でナノマテリアル構築のための優れた構成成分として有用であり，ペプチドをベースとした分子設計により，ファイバ，チューブ，カプセルやハイドロゲルといったさ

まざまな形状のナノマテリアルが構築されてきた。さらに，ペプチドはマテリアルの掌性(しょうせい)を支配するキラリティをもつ点でも魅力的である。加えて，ペプチドの相互作用はpHやイオン強度，温度，光や小分子の存在といったいわゆる外部刺激によっても制御することができるため，刺激応答性ナノマテリアル構築までもが期待できる。それゆえ，自己組織化プロセスにより構造制御されたナノ構造体を生体分子から構築することは，近年のナノテクノロジーにおいて注目される研究課題の一つとなっており，バイオセンサ，組織工学，抗菌剤やナノ電子デバイスとしての応用が報告されている。

本章では，人工のマテリアル（特に合成高分子とペプチドナノマテリアル）を認識して特異的に相互作用するペプチドに関する近年の発展，およびペプチドの自己組織化を利用した新しいナノバイオニクスについて解説する。合成高分子のわずかな構造の違いを識別するペプチドをスクリーニングし，特性を評価し，さらに応用がなされている[3),4)]。高分子特有の構造である一次配列，立体規則性，両親媒性，結晶性，多孔性，直鎖/分岐構造，集合構造（**図2.1**）に対して，獲得したペプチドが3次元的に適合することで適切に相互作用するものと考えられる。また，均一な幅をもつナノファイバを形成する合理的に設計されたβシート構造ペプチドをスキャフォールド（足場）として用い，タ

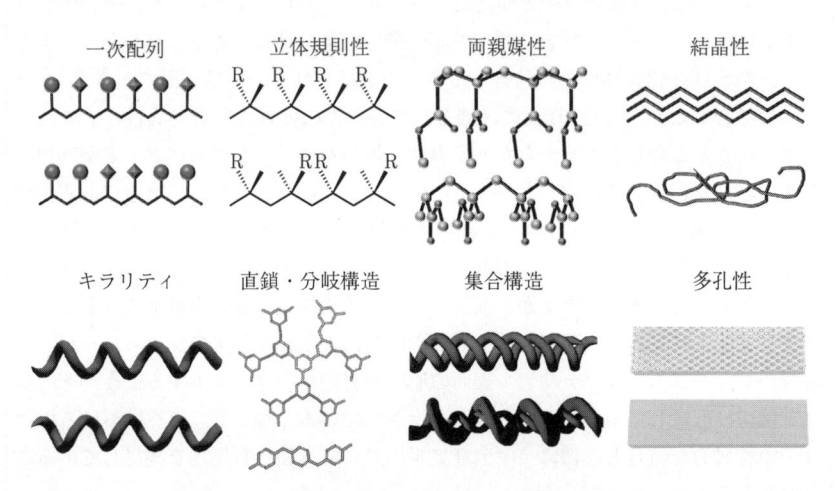

図2.1 ペプチドが認識し得る高分子特有の構造[4)]

ンパク質の固定化や生体分子-金属融合マテリアルとして利用することも見出されており[5]，さらにペプチドナノファイバを認識して特異的に結合するペプチドも取得されている[4]。優れた機能をもつペプチドからなるナノマテリアルは，次世代のバイオナノマテリアルのための科学および工学の発展において，非常に有用であるものと期待される。

2.2　高分子結合性ペプチド

2.2.1　ペプチドの標的としての合成高分子

タンパク質の吸着や細胞の接着といった，合成高分子表面上での分子レベルのイベントのような生物学的な現象を理解することは，生物医学分野における新しい高分子マテリアルを創製するために重要なステップである。疎水性，あるいは電荷をもつ高分子表面に対してタンパク質は容易に吸着し，細胞の接

コラム

マテリアル結合性ペプチドの結合特異性

1992年に酸化鉄に結合するペプチドが初めて見出されてから，実にさまざまなマテリアルに結合するペプチドが獲得されてきた。それらマテリアルに結合するペプチドはきわめて厳密にマテリアル表面の構造を見分けていることがわかってきており，例えばヒ化ガリウムに結合するペプチドはガリウムが最表面である(111)A面には結合するが，(111)B面には結合しない。この優れた結合特異性により，ヒ化ガリウムと二酸化ケイ素からなる半導体基板のパターニングにペプチドが利用できることが報告されている。さらに近年では，合成高分子に特有の構造である立体規則性（側鎖の向きの規則性），分岐・直鎖構造，多孔性などをペプチドが認識できることが見出されており，いずれも標的とした高分子に特異的な結合を示す。つまり生体分子であるペプチドが，人工マテリアルの構造の違いを識別できることがさまざま示されてきた。詳細な結合解析や計算による相互作用のシミュレーション解析から，ペプチドはマテリアル表面の原子や官能基にフィットするよう，その側鎖を適切に配置して結合していることが示されている。つまり，天然における生体分子の特異的な結合と同様に，マテリアルに対しても結合特異性を獲得していることがわかる。

着，伸展，分化といったさまざまな生物的なプロセスを仲介している。しかしながら，それら界面は複雑な相互作用の組合せによって構成されるため，一般に界面での相互作用を理解することは困難である。それゆえ，研究者達は高分子表面へのタンパク質の吸着に対して，あいまいな"非特異的"という言葉をしばしば使用してきた。一方で，高分子表面へのタンパク質の"非特異的"な吸着は，非共有結合であるため生理学的条件下において安定性に欠けるため，種々の医学分野で求められる長期間での応用には適していないのが現状といえる。そこで，高分子表面-生体分子間における，より信頼性の高い強固な相互作用に焦点が当てられ，新たに研究が行われている。またペプチドが，立体規則性や結晶性といった合成高分子に特異的な構造を認識し得るか，といった観点からも興味深い。無機マテリアルの世界では，Belcher らによってシリコン基板上のゲルマニウムウエハーのわずかな結晶欠陥をペプチドが識別することが報告されており[6]，結晶基板上において局在した欠陥を非破壊的に探索できるプローブとしてペプチドが利用できる可能性が示されている。それらの結果は，マテリアルに結合するペプチドの分子認識能がマテリアルの世界において科学的側面からも，技術的側面からも有用であることを示唆している。それゆえ，高分子のナノ構造のわずかな違いを識別できるペプチドは，高分子の世界においても科学・工学双方において新たな価値を創造できるものと期待できる。

　1985 年に，Smith らは繊維状ファージのゲノムに短鎖 DNA を挿入することにより，繊維状ウイルスの外殻タンパク質上に短鎖 DNA に対応するペプチドを提示できることを報告した[7]。結果として得られる遺伝子工学処理されたファージは，宿主である大腸菌に対する感染能を維持するため，野生型ファージ同様に増幅できることも見出された。最も幅広く用いられているファージが M13 ファージであり，5 種類の外殻タンパク質（pIII, pVI, pII, pVIII, pIX）を表面にもつ（図 2.2）。異なるファージそれぞれに異なるアミノ酸配列のペプチドが提示された場合，ファージ上にペプチドの分子ライブラリーを構築できたことを意味している。近年では，ファージ上にペプチドやタンパク質を提示する PD 法は，目的の分子に結合するリガンドをスクリーニン

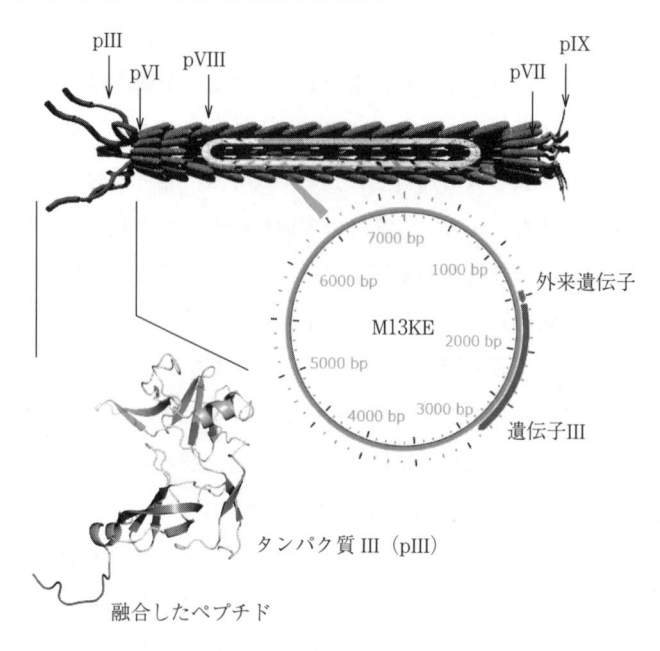

図 2.2 pIII 外殻タンパク質に外来のペプチドを融合した繊維状 M13 ファージの模式図 [4]

グするための重要なツールとして広く用いられている。ナノテクノロジー分野において大いに期待されるため，PD 法によるマテリアルに結合するペプチドのスクリーニングや特性評価は高い注目を集めている。ファージ上にペプチドライブラリーを構築する手法はすでに確立されており [8]，遺伝子工学により，ファージの外殻タンパク質の望みの位置に，ランダムな配列のペプチドを容易に提示させることができる。実際，M13 ファージの pIII 外殻タンパク質上に直鎖 7 残基あるいは 12 残基，環状の 7 残基のランダムなペプチドを提示したペプチドライブラリー（ファージライブラリー）は New England Biolabs 社から購入可能である。

　ペプチドライブラリーから目的の分子に結合するペプチドを得るためのスクリーニングプロセスは**バイオパニング**（biopanning）と呼ばれている（**図 2.3**）。バイオパニングは以下に示すような基本的な四つのステップからなる。すなわち，ファージライブラリー溶液と標的マテリアル（フィルム，粒子

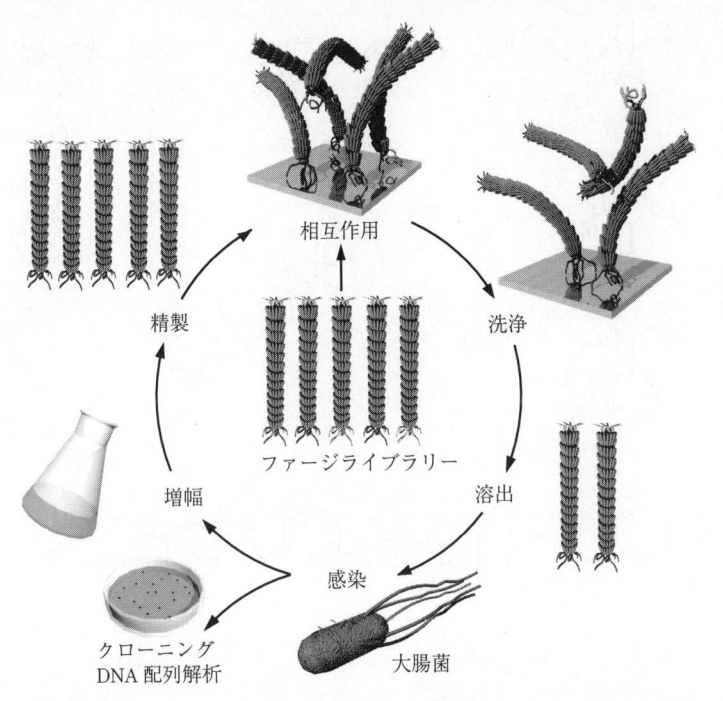

図2.3 ファージディスプレイペプチドライブラリーを用いたスクリーニングの模式図[4]

などの固相）を適切な時間相互作用させるステップ1，緩衝液で洗浄することにより結合しなかったファージあるいは弱く結合したファージを除去するステップ2，強く結合したファージを溶出液により溶出するステップ3，大腸菌に感染させることで溶出したファージを増幅するステップ4，である。適切な回数のバイオパニングの後，ファージ上に提示されたペプチドの配列をDNA配列解析により明らかにすることができる。

2.2.2 ペプチドによる高分子の立体規則性認識

〔1〕 **立体規則性高分子に結合するペプチドのスクリーニングと特性評価**

ペプチドの最初の結合標的として，立体規則性高分子であるイソタクチックポリメタクリル酸メチル（it-PMMA，側鎖が主鎖に対して同一方向に配列している，**図2.4**(a)）が適用された。直鎖7残基のランダムなペプチドが提示さ

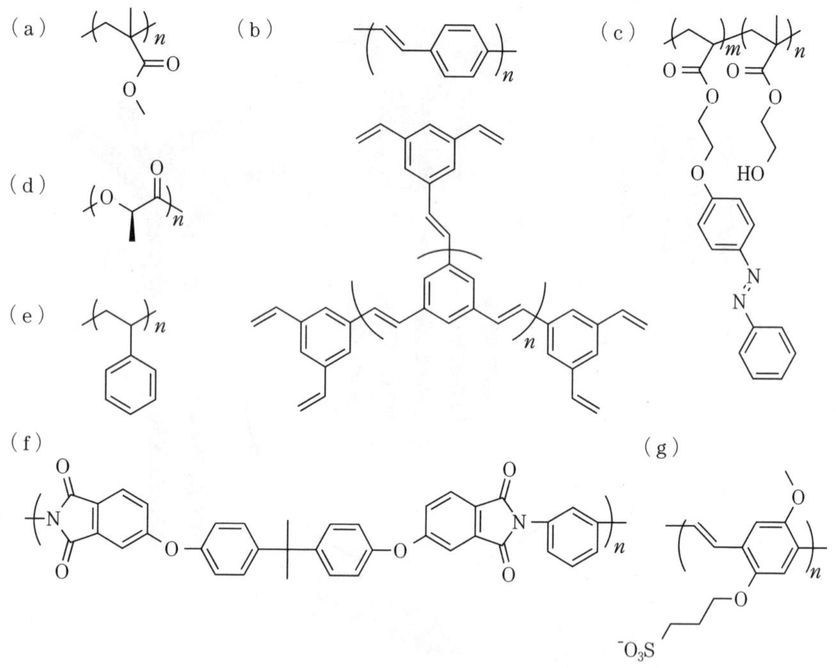

(a) ポリ（メタクリル酸メチル）
(b) 直鎖（上）および分岐型（下）のポリ（フェニレンビニレン）
(c) アゾベンゼン含有高分子
(d) ポリ（L-乳酸）
(e) ポリスチレン
(f) ポリエーテルイミド
(g) ポリ（2-メトキシ-5-プロピルオキシスルホン酸-1,4-フェニレンビニレン）

図2.4 ペプチドのスクリーニングの標的として用いられた合成高分子の化学構造式[4]

れたファージライブラリーを用いた立体規則性を認識するペプチドをスクリーニングした結果を以下に示す[9]。この際，立体規則性の異なるシンジオタクチック（st）PMMA（側鎖が主鎖に対してたがい違いに配列している）が参照高分子として用いられた。it-PMMAのスピンコートフィルムを標的とした5ラウンドのバイオパニングの後，9種のファージクローンが獲得された。**酵素結合免疫測定**（<u>e</u>nzyme-<u>l</u>inked <u>i</u>mmuno<u>s</u>orbent <u>a</u>ssay, **ELISA**）**法**により定量したそれらクローンのit-PMMAフィルムに対する結合量は，st-PMMAに対す

るそれより有意に多かった。ELISA 法による詳細な解析の結果，c02 と名づけたペプチドが含む，Pro 残基近傍に存在するプロトンドナー性の水酸基，およびグアニジウム基がある 4 残基の Arg-Pro-Thr-Arg というモチーフが，it-PMMA に対する結合の強さおよび特異性において重要であることが見出された。M13 ファージの分子量は約 1 630 万と非常に巨大であることから[10]，ファージ末端に存在するわずか 7 残基のペプチドがファージそのものの結合にまで影響を及ぼすという，驚くべきペプチドの結合能が明らかとなった。

標的である it-PMMA および参照である st-PMMA に対する化学合成した 7 残基ペプチドの結合プロセスをそれぞれ**表面プラズモン共鳴**（surface plasmon resonance，**SPR**）**法**により動力学的に解析された[11]。c02 ペプチド（配列：Glu-Leu-Trp-Arg-Pro-Thr-Arg）の標的に対する結合定数は $2.8\times10^5\,\mathrm{M}^{-1}$ であり，参照である st-PMMA に対する値（$6.9\times10^3\,\mathrm{M}^{-1}$）の 40 倍以上の値を示した。この値は 12 残基の酸化チタンに結合するペプチドと同程度であり，高分子の立体規則性をペプチドが認識できることが明らかとなった。各アミノ酸を不活性な Ala 残基にそれぞれ置換した Ala 置換ペプチドを用いた詳細な結合解析から，c02 ペプチドの it-PMMA に対する特異的な結合には Pro > Thr > Arg7 > Glu > Arg4 の順にこれらアミノ酸が重要であることがわかった。これらの結果は，Pro 残基による剛直な立体構造および折れ曲がり構造が結合には重要であり，それにより水酸基（Thr）やグアニジウム基（Arg）が 3 次元的に適切に配置されることにより，it-PMMA のエステルの配置を認識し，水素結合しているものと推察される。

it-PMMA 結合モチーフの重要性を確認するため，c02 ペプチドの N 末端（Glu-Leu-Trp-Arg）および C 末端（Arg-Pro-Thr-Arg）ペプチドの it- および st-PMMA に対する結合定数の値が求められた。その結果，C 末端ペプチドの it-PMMA に対する結合定数（$46\times10^3\,\mathrm{M}^{-1}$）は N 末端ペプチドの値（$0.94\times10^3\,\mathrm{M}^{-1}$）よりも有意に大きな値であった。さらに st-PMMA に対する結合解析から，C 末端ペプチドのみが特異性を維持していた。本結果から，Pro 近傍に水酸基およびグアニジウム基が位置する配列である c02 ペプチドの C 末端側 4

残基モチーフがit-PMMA認識において重要な役割を担っていることが明確となった。4残基ペプチドモチーフの分子力場計算による構造最適化から推定されたエネルギー的に安定な構造は，MMA6ユニットとほぼ同程度のサイズであった。さらに結合メカニズムを詳細に解析するため，c02ペプチドのit-およびst-PMMAフィルム表面に対する結合の熱力学的パラメータが実験的に求められた[11]。結合定数の値は温度の減少に伴って大きくなったことから，PMMAフィルムに対する結合において水素結合が重要な役割を担っているものと推察される。エンタルピーおよびエントロピー変化をファントホッフの式から算出した結果，it-PMMAに対する特異的な結合はペプチドの立体構造変化を伴いながら結合する，いわゆる誘導適合型の結合であることが示唆された。以上のすべての実験結果は，ペプチドが合成高分子に特異なナノ構造を認識できる潜在性があることを明示している（図2.5）。

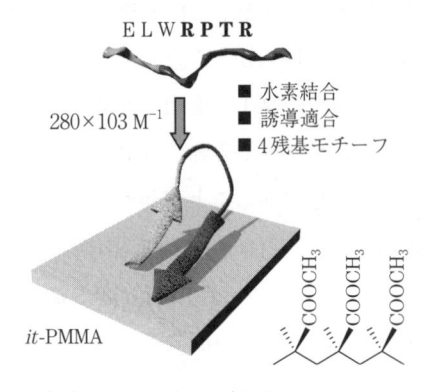

（a） c02ペプチド（配列 Glu-Leu-Trp-Arg-Pro-Thr-Arg）による it-PMMAフィルムの認識の模式図

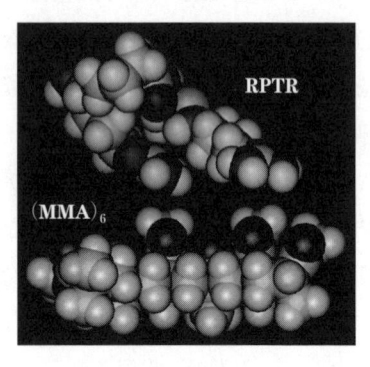

（b） c02ペプチドのC末端側 4 残基の結合モチーフとMMA6ユニットの比較

図2.5　c02ペプチドの特性[4]

〔2〕 **ペプチドによる高分子の立体規則性認識の一般性**　it-PMMAに結合するペプチドの特性評価の際に参照高分子として用いていたst-PMMAを新たに標的としたスクリーニングがさらに行われた[12]。st-PMMAからなるフィルムは，外部環境により表面の疎水性を変化させる両親媒的な性質を示すこと

から，新たな標的として興味深いといえる。スライドガラス上に st-PMMA を空気中で調製すると，親水的なエステル基がガラス側に，疎水的なアルキル基が空気側にそれぞれ露出するのに対し，水中ではそれらが反転する[13]。そのため，マテリアルに対するペプチドの特異性を明らかにする上でも，またペプチド－高分子間相互作用を外部刺激によって制御する上でも st-PMMA フィルムは適した標的である。標的とする st-PMMA フィルムはスライドガラス上に調製され，緩衝液中に 15 時間浸漬させることでコンディショニング前処理され，エステル基をフィルム表面に露出させて用いられた。3 ラウンドのバイオパニングの後，いくつかのファージクローンが獲得された。DNA 配列解析の結果から，それらファージクローンは Pro 残基近傍にアミノ基をもつアミノ酸が複数配置された配列から構成されることがわかった。それゆえ，水素結合を駆動力としてペプチドと st-PMMA とが相互作用するものと推察される。ELISA 法による解析の結果，His-Lys-Pro-Asp-Ala-Asn-Arg を提示したファージクローンが，参照である it-PMMA と比較して標的である st-PMMA 特異的に結合することがわかった。本結果は，高分子の立体規則性に由来するナノ構造の違いをペプチドが一般的に識別できることを示している。実際，化学合成したペプチドの st-PMMA に対する結合定数は 91×10^3 M^{-1} であり，it-PMMA に対する値（3.0×10^3 M^{-1}）より有意に大きかった。この高い結合特異性は，短鎖ペプチドが合成高分子の立体規則性を識別できることを示している。

さらに興味深いことに，緩衝液でコンディショニングした st-PMMA に対するファージクローンの結合量は，コンディショニングしなかった st-PMMA フィルムに対する結合量よりも明らかに多かった。実際，空気中での静的接触角測定から，st-PMMA フィルムの接触角はコンディショニング時間の増加に伴って減少したため，疎水的なアルキル基やメチル基よりも，むしろエステル基が徐々に表面に露出したものと推察される。それゆえ，ペプチドは st-PMMA のエステル基のナノスケールでの配置を認識しているものと考えられる。以上の結果から，ペプチドが高分子フィルムの両親媒性に代表される変動性を認識できることがわかった。

一方で，it- および st-PMMA は適切な条件下において混合すると，it-PMMA の二重らせんを取り囲むよう st-PMMA がらせん形成し，三重らせん構造のステレオコンプレックス（SC，立体複合体）を形成することが知られており，逐次的な交互積層法により基板上に調製することができる[14]。この構造が明確な PMMA SC フィルムも標的とされ，直鎖7残基のファージライブラリーを用いたスクリーニングが行われた[15]。5ラウンドのバイオパニングにより得られた Ser-Thr-Pro-Pro-Arg-Leu-Trp の配列をもつペプチドは，単一の it- あるいは st-PMMA フィルムと比較して，PMMA SC フィルム特異的に結合した。それゆえ，立体規則性 PMMA から構築されるナノ構造が一般的にペプチドによる分子認識の標的となることが明らかとなった。

2.2.3 ペプチドによるさまざまな高分子認識

ポリ（L-乳酸）（PLLA，図2.4（b））はその優れた熱的および機械的特性や生体適合性，生分解性から，生物医学分野において，最も広く使われる高分子の一つである。しかしながら，PLLA は機能性基をもたないため PLLA からなるフィルムに機能を導入することは困難であり，応用が制限されてきた。そこで PLLA 表面の修飾を指向し，直鎖7残基のペプチドを提示したファージライブラリーを用いた，結晶性 PLLA（α 晶）を標的としたスクリーニングが行われた。4ラウンドのバイオパニングの後，得られた7残基ペプチド（配列：Glu-Leu-Met-His-Asp-Tyr-Arg）の α 晶 PLLA フィルムに対する結合定数の値（61×10^3 M^{-1}）は，アモルファス PLLA フィルムに対する値より10倍大きな値であり，高分子の結晶性を増大させるシンプルな熱処理によりペプチドの分子認識が制御できることが見出された。さらに，10_3 ヘリックスを形成する α 晶に対する結合定数の値は 3_1 ヘリックスを形成する β 晶に対する値よりも4倍大きく，PLLA の結晶多形に由来するらせんのピッチというわずかな違いをペプチドが識別できることもわかった。

ポリスチレン（PS，図2.4（c））は生物学的なアッセイにおけるプラスチック容器として最も幅広く用いられるビニルポリマーである。シンジオタクチッ

ク PS (sPS) が形成する特異的なナノ構造に着目し，直鎖 7 残基のペプチドを提示したファージライブラリーを用いてスクリーニングが行われた[16]。sPS は適切な溶媒からフィルムを調製した場合，$TTGG$ のらせんコンホメーション (T：トランス，G：ゴーシュ) を形成することが知られている。フリーな溶媒のみをエバポレーション (蒸発処理) することにより，溶媒と複合体形成した δ 型結晶のフィルムを調製できる。さらに熱処理を加えてエバポレーションすることにより，溶媒を完全に除去した δ_e 型の多孔性フィルムが調製される。ここでは，δ_e 型の sPS フィルムがペプチドの認識標的として用いられた。4 ラウンドのバイオパニングにより得られたファージクローンは芳香族アミノ酸および脂肪族アミノ酸から形成される配列 (Phe-Ser-Trp-Glu-Ala-Phe-Ala) を提示しており，π-π スタッキングや疎水性効果が sPS に対する結合における主たる相互作用であることが示唆された。ELISA 法による結合解析の結果，参照として用いた立体規則性をもたないアタクチック PS や異なる立体規則性をもつイソタクチック PS，また sPS とトルエンのコンプレックスフィルム (δ 型) と比較して，標的とした δ_e 型 sPS フィルムに対して特異的な結合を示した。本結果は，ペプチドが合成高分子からなる多孔性のナノ構造を認識できることを示している。

　共役系高分子は，その光学的および電子的特性から，発光ダイオードや太陽電池，バイオセンサなどに代表される数多くの応用が期待でき，有用な高分子である。代表的な共役系高分子であるポリ (フェニレンビニレン) (PPV，図 2.4 (d)) はフェニル基とビニル基から構成されるシンプルな化学構造をもち，最も幅広く研究が展開されている。ペプチドにより直鎖型および分岐型 PPV の識別に焦点が当てられ，直鎖 12 残基のペプチドを提示したファージライブラリーを用い，それぞれに対してスクリーニングが行われた[17]。5 ラウンドのバイオパニングにより得られたペプチドは，それぞれの標的に対して特異的な結合を示し，PPV 異性体の構造的な違いをペプチドが認識できることが明らかとなった。アミノ酸配列に着目すると，分岐型 PPV に特異的に結合する配列である His-Thr-Asp-Trp-Arg-Leu-Gly-Thr-Trp-His-His-Ser に代表さ

れるように，芳香族アミノ酸を多く含んでおり，PPVとの相互作用において π-πスタッキングが重要な役割を担っていることが示唆された。実際に，各アミノ酸をAlaに置換して結合解析を行った結果，芳香族アミノ酸を置換した場合に結合定数は顕著に小さくなった。また，分子力場計算から求めた安定構造から，ペプチド中の二つのTrp残基が分岐型PPVのフェニル基と適切に相互作用するよう配置されていることも見出された。以上の結果から，ペプチドが高分子の直鎖/分岐構造それぞれを認識できること明らかとなった。

ポリエーテルイミド（PEI，図2.4（e））は優れた物理化学的特性をもつエンジニアリングプラスチックであり，工業的にも幅広く用いられている。PEIは金属材料の代替としても期待されており，特にインプラントや医療といった生体材料への利用が広がっている。しかしながら，PEI表面を簡便に機能化する手法は確立していないのが現状であり，その優れた特性を維持しながら修飾することが重要となる。そのため，ペプチドによる機能化が目的とされ，直鎖7残基のペプチドを提示したファージライブラリーを用い，PEIに結合するペプチドのスクリーニングが行われた[18]。4ラウンドのバイオパニングの後に得られたThr-Gly-Ala-Asp-Leu-Asn-Thr配列をもつペプチドのPEIフィルムに対する結合定数を求めた結果，$56\,000 \times 10^4\,\mathrm{M}^{-1}$という大きな値を示し，きわめて強く結合することが見出された。一方で参照として用いた熱処理したPEIフィルムに対する結合定数は$4.4 \times 10^4\,\mathrm{M}^{-1}$であった。結合定数の値の大きな違いは熱処理前後におけるPEIフィルムの構造的な変化に基づいていると考えられる。PEIフィルムの熱処理は，高分子鎖の凝集の程度もしくはセグメントのスタッキングに強く影響することが知られており，獲得したペプチドはPEIフィルムの構造的な違いを識別しているものと推察される。

上述したペプチドの標的として用いられた高分子は，いずれも水不溶性の高分子が標的として用いられたため，それらに結合するペプチドの応用も固-液界面での利用のみに制限されていた。そこで，水溶性高分子であるポリ（2-メトキシ-5-プロピルオキシスルホン酸-1,4-フェニレンビニレン）（mpsPPV，図2.4（f））およびポリ（ジアリルジメチルアンモニウムクロライド）（PDDA）

から構成される交互積層フィルムからなるフィルムを標的として，12残基ペプチドが提示されたファージライブラリーを用いたスクリーニングが行われた[19]。この際，フィルムの最表面は mpsPPV とした。5ラウンドのバイオパニングにより得られたペプチドの配列は His-Asn-Ala-Tyr-Trp-His-Trp-Pro-Pro-Ser-Met-Thr であり，mpsPPV が最表面の交互積層フィルムには強く結合したが，PDDA が最表面のフィルムには弱い結合しか示さなかった。さらに，フィルムのみならず水溶液中に溶解した mpsPPV に対しても結合し，水溶性高分子であっても，適切な手法によりペプチドの認識の標的となることが明らかとなった。

一方で，外部刺激に応答するマテリアルシステムの構築は重要である。これまでに，光，温度，pH，電場や分子といった刺激によってマテリアルの応答を制御する研究が報告されている。中でも，光照射はその強度や時間といった制御が容易であり，また対象分子に対する損傷も比較的少ないことから，光に応答して構造や機能を変化させる生体分子は有用である。そのため，光に応答して異性化するアゾベンゼンを含む合成高分子が標的とされ，7残基の直鎖ペプチドを提示したファージライブラリーを用いたスクリーニングが行われた[20]（図2.4（g））。4ラウンドのバイオパニングの後に得られたファージクローンの結合を評価した結果，典型的な配列（Trp-His-Thr-Leu-Pro-Asn-Ala）を提示したファージクローンは cis 体のアゾベンゼンを含むフィルム特異的に結合することがわかった。さらに，化学合成したペプチドの結合量は光照射によって制御できることも明らかとなった。この結果は，高分子結合性ペプチドが外部刺激に応答することを示している。

2.2.4 高分子結合性ペプチドの応用

マテリアル表面に機能を付与するための修飾は近年のマテリアル関連の科学および工学において重要な役割を担っている。種々の表面修飾の方法が存在するが，金属あるいは無機基板上に**自己組織化単分子膜**（self-assembled monolayer，**SAM**）を調製する手法は広く一般的に用いられる手法であり，基

板上に定量的に種々の機能性基を導入することができる。このコンセプトを高分子のような他のマテリアルに適用することができれば，応用範囲をより広げることが期待できる。高分子結合性ペプチドを応用することを目的とし，表面修飾に利用された[15), 18)]（図 2.6（a））。対象の基板として PEI および PMMA SC フィルムが用いられ，それぞれに特異的に結合するペプチドを利用した表面修飾が検討された。タンパク質であるストレプトアビジンときわめて強く結合する低分子化合物であるビオチンを機能性基として，高分子結合性ペプチドにそれぞれ導入してビオチン化ペプチドが調製された。ストレプトアビジンを

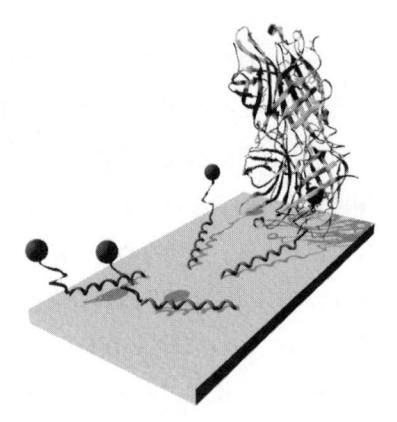

(a) 高分子表面上でのペプチドを 化逸したタンパク質の固定化

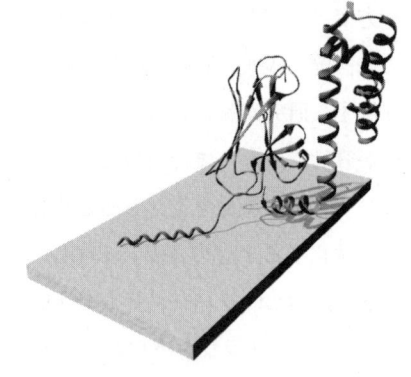

(b) 高分子結合性ペプチドを融合 したタンパク質の固定化

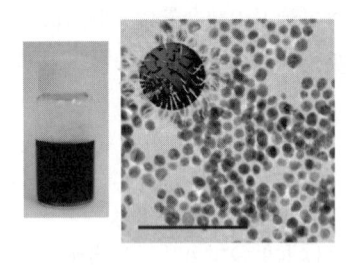

(c) ペプチドで被覆した金ナノ粒子

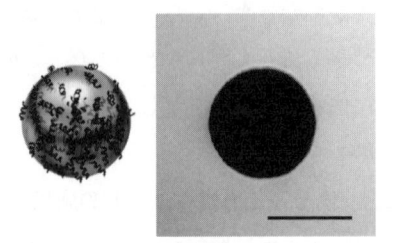

(d) 高分子結合性ペプチドとハイブ リッドした共役系高分子ナノ粒子

図 2.6 高分子結合性ペプチドの典型的な応用例[4)]

基板に固定化するため，高分子基板表面にまずビオチン化ペプチドを固定化した。ペプチド固定化基板に対してストレプトアビジンを相互作用させた結果，ストレプトアビジンの固定化量は固定化したペプチドの量に依存することがわかり，高分子結合性ペプチドと融合させたビオチンを介してストレプトアビジンが固定化できることが見出された。さらに，ペプチドを介して固定化したストレプトアビジンに対してビオチン化したプローブDNAを固定化し，さらに標的DNAをハイブリダイゼーション（5.2.1項 参照）させた場合は高効率にハイブリダイゼーションが起きたが，物理吸着によりストレプトアビジンを固定化した場合はストレプトアビジンの剥離(はくり)が起き，またハイブリダイゼーション効率も低かった。つまり，ペプチドを利用することにより，構造的な変性を伴わずに，活性を維持したままタンパク質をPEIフィルム表面上に固定化できることが示された。これらの結果は，高分子結合性ペプチドが高分子表面の修飾に利用できることを明らかにしている。

前段落においては，機能性タンパク質であるストレプトアビジンを，ビオチン化ペプチドを介して固定化した。タンパク質固定化の他の方法論として，遺伝子工学的にタンパク質にペプチドを融合する手法が考えられる。実際，フェリチン，サイトカイン，緑色蛍光タンパク質に，無機マテリアルに結合するペプチドをそれぞれ融合することで，非共有結合でありながら安定に無機基板上にタンパク質を固定化できることが見出されている。合成高分子においても，上述したit-PMMAに結合するc02ペプチドをモデルタンパク質に融合することで，it-PMMAフィルムに対するタンパク質の結合が劇的に向上することが見出されている[21]（図2.6（b））。大腸菌から得られるシャペロンタンパク質であるDnaKの基質結合ドメインの一部であるDnaK419-607がモデルとして用いられた。DnaK419-607は疎水性ドメインを介してプラスチック基板に強く結合することで，ブロッキング試薬として利用され，ブロッキングペプチドフラグメント（BPF）と呼ばれるタンパク質である。BPFのN末端にc02ペプチドを融合し，it-PMMAに対する結合が評価された。その結果，c02ペプチドを融合した場合は$4.9 \times 10^8 \text{ M}^{-1}$の結合定数を示し，この値は融合しないオ

リジナルの BPF の 75 倍の値であった。同様の手法でアゾベンゼン含有高分子に結合するペプチドを GFP に融合して結合評価を行った結果，ペプチドの特異性は融合後も維持されることも見出された[22]。一方で，it-PMMA 特異的に結合する c02 ペプチドを提示したファージクローン溶液に it-PMMA フィルムをディッピングして掃引することにより，基板上でファージを高効率に配向固定できることもわかった[23]。本結果は，高分子結合性ペプチドをタンパク質に融合することでペプチドがタグ分子として働き，標的とする高分子表面に望みのタンパク質やウイルスを安定に固定化できることが示唆された。

さらに他の機能性分子の高分子表面への固定化も検討されている。金ナノ粒子はその特異なプラズモン特性から，バイオテクノロジーやナノテクノロジーにおいて応用が期待されるナノマテリアルの一つである。そのため，望みの機能性分子を金ナノ粒子の表面に固定化して修飾する一般的な手法が求められている。it-PMMA に結合する 4 残基モチーフ配列（Arg-Pro-Thr-Arg）で被覆した金ナノ粒子が調製された[24]。チオール基をもつ Cys 残基をモチーフ配列に追加した 5 残基のペプチドを用い（Cys-Arg-Pro-Thr-Arg），チオールと金の結合がアンカーとして利用された。塩化金酸を 5 残基のペプチドを溶解させた 2-[4-(2-ヒドロキシエチル)-1-ピペラジニル] エタンスルホン酸（HEPES）緩衝液を温和な条件（pH 7.2，室温）で還元させた。その結果，HEPES 緩衝液中で安定に分散できるペプチド修飾された金ナノ粒子が得られた。この金ナノ粒子は，st-PMMA と比較して it-PMMA 特異的な吸着を示した。それゆえ，無機化合物と合成高分子間の異種界面においても，高分子結合性ペプチドが利用できることが明らかとなった。

金，銀，白金，シリカ，あるいはタンパク質-多糖ナノゲルをコアとしてペプチドで表面を修飾したナノ粒子が，バイオ分析や生物医学的な分野において幅広く利用できることが報告されている。**共役系高分子からなるナノ粒子**（conjugated polymer nanoparticle，**CPN**）もまた同様に優れた光学的，電子的特性から広く着目されている。ペプチドをリガンドとして CPN を修飾する場合，共有結合を介した修飾のみが報告されてきた。それゆえ，高分子結合性ペ

プチドの特異的な結合を利用した非共有結合によるペプチド修飾した CPN 構築が検討された。水不溶性高分子である分岐型 PPV およびそれに特異的に結合するペプチドからなるナノ粒子の構築を目的とし，有機溶媒に溶解した PPV がペプチド水溶液に対してインジェクションされ，速やかに超音波照射された[25]（図 2.6（d））。その結果，70 nm 程度の直径をもつナノ粒子が構築できた。さまざまな解析から，ペプチドは CPN 表面のみならず，多量に内在化しながら粒子形成することがわかった。この結果から，高分子結合性ペプチドの特異的な結合が高分子ナノ粒子の調製に利用できることが初めて明らかになった。

2.3　自己組織化ペプチドナノマテリアル

2.3.1　βシートペプチドを用いたナノファイバの設計

生体システムにおいて，多くのペプチド鎖は分子間の自己組織化を駆動力として，より大きな分子構造体を構築している。非常に多くの興味を集めている自己組織体の一つが，アルツハイマー病に関連することが知られている**アミロイドファイバ**（amyloid fiber）である[26]。アミロイドファイバはタンパク質がミスフォールドした，望まれない状態であり，アルツハイマー病やプリオン病に代表される致命的なアミロイド病の広い原因物質であると広く提唱されている。それらペプチドのファイバ形成は医学およびマテリアル双方の分野において，高い注目を集めている。アミロイドファイバは複数のストランド構造を形成したペプチド鎖が配列した高度に制御された四次構造をもち，そのためペプチドからなるマテリアルとして，構築されたアミロイドファイバが利用でき，応用できるものと期待されている。アミロイドファイバのモルフォロジーは電子顕微鏡により観察することができ，数ナノメートルの幅と数マイクロメートルの長さをもつ。近年のアミロイドファイバの物理化学的な解析の結果から，鉄の強度や絹の剛性と比較しうる機械的特性を示すことが明らかになりつつある。アミロイド状態にある多くのペプチド（およびタンパク質）はきわめて高

い安定性,機械的強度,さらに分解に対する高い耐性を示す。アミロイドそのものは毒性を示す可能性があるため,ワイヤ,ゲル,液晶といった種々のバイオナノマテリアルをボトムアップ的に構築するための優れた素材としてアミロイド様のペプチドからなるナノファイバが期待される。そのため,新しいバイオナノマテリアル創製を目的としてアミロイドファイバを模倣したファイバ性ペプチドを構築し応用する手法の確立は意義深い。

一方で,アミロイド様の特徴をもつ合理的に設計されたβシートペプチドの利用は,バイオマテリアルやナノテクノロジーにおいて高い潜在性が期待されている。また,アミロイドファイバそのものと比較し,安全である点でも有用である。βシート構造は自己組織的にファイバ構築するための基礎的な構造であり,いくつかはハイドロゲルシステムとして利用できる。この優れた自己組織化システムは,正確にバイオナノマテリアルを構築することを可能にする。それゆえ,それらペプチドをベースとしたファイバやチューブの特性の理解は,生物学的および非生物学的な応用それぞれにおいて,ナノ繊維構造体を研究する上で重要である。それらの構造のすべてを詳細かつ高分解能に解析できる一般的な手法は確立されていないため,コアとなる分子の単一(あるいはいくつか)の構造を示すのが一般的となっており,広く受け入れられている。超分子的な自己組織化は近年研究が急速に進んでおり,数多くの設計された分子の非共有結合を利用した自己組織化(あるいは凝集)が報告されており,集合化構造の制御は重要な研究課題の一つとなっている。合理的に設計されたペプチドは,その優れた自己組織化能により一定の形状や機能性部位をもつよう効率的に集合化することができるため,超分子的な自己組織化のモデルシステムとして研究されている。設計ペプチドの構造を理解するための他のモチベーションとして,神経変性関連のアミロイドファイバ形成メカニズムの解明も挙げられる。

設計ペプチドをマテリアル構築のためのナノメートルオーダーの構成成分として利用した分子の自己組織化により,高い再現性,調製容易性,単分散性,また簡便な調製に由来する強固かつ利用しやすいナノマテリアルを得ることが

できる。さらに，ペプチドの望みの位置にさらなる機能性基を導入する手法は，すでに確立されたペプチド化学により容易に達成できる。本節次項以降では，合理的に設計されたβシートペプチドが自己組織的に構築する均一で構造が明確なペプチドナノファイバの構築とその利用について解説する。

2.3.2 ナノファイバの構築および機能化のためのペプチドの設計

　構造が転移することでナノファイバを形成するような，いわゆるアミロイド様の特性をもつペプチドを合理的に設計することができる[27)〜29)]。よく設計された2種，3種，あるいは四種のペプチドを混合して自己組織的にファイバ化できることが見出されており，それらペプチドは，βストランド構造内の電荷アミノ酸や疎水性アミノ酸それぞれが相補的に相互作用することでファイバ化している[28),29)]。この自己組織化のメカニズムを利用することで，ファイバ形成が阻害できることも見出されている[30)]。さらにこの異種ペプチドを同時に混合してファイバ化させる手法は，ナノ構造が明確で制御されたファイバ性ペプチドマテリアル構築に利用できることも明らかにしている[31)]。

　さらに近年では，10アミノ酸からなるユニークな両親媒性βシートペプチドが設計されている（配列：Pro-Lys-X_1-Lys-X_2-X_2-Glu-X_1-Glu-Pro，X_1およびX_2 は Phe，Ile，Val，Tyr）。ここでは，Lys および Glu が親水性アミノ酸として用いられている。多くの *de novo* 設計した両親媒性βシートペプチドは親水性および疎水性アミノ酸一つずつからなり，そのため凝集しやすく，バンドル化したりゲル化したりすることが多く，さまざまなモルフォロジーとなりやすく，均一な構造を形成するのは困難である。この設計は，疎水面および親水面を中央で反転させる分子設計により，予期せぬ凝集を防ぐことができる。また，荷電アミノ酸である Lys および Glu 残基は逆平行βシート構造を形成した際にのみ静電的に相互作用でき，並行βシート構造は静電反発により形成しない設計である。また，Pro 残基は主鎖に二級アミノ基をもつため，ペプチド末端で水素結合することがないため，βシート構造ブレイカーとして働き，βシート構造のペプチド鎖方向への伸張を阻害できる。これらの特徴をもつ分子

設計を施したペプチドを用いることで,疎水性効果および静電的相互作用,水素結合を制御できるため適切な相互作用により自己組織化が進行することが期待できる。ペプチドは 50～200 μM の濃度で 100 mM リン酸ナトリウム緩衝液 (pH 7.4) に溶解され,数日間,室温でインキュベーション (静置) することで自己組織化ナノファイバを構築した。

ナノファイバのモルフォロジーは透過型電子顕微鏡 (TEM) および原子間力顕微鏡 (AFM) により観察された[32]。X_1 に Phe,X_2 に Ile をそれぞれもつ FI ペプチドは均一な直線上のナノファイバを形成し,幅 80～130 nm,長さ 10 μm 程度のクリアなエッジをもつことがわかった (図 2.7 (b))。また構築した直線上のナノファイバは絡み合いやバンドルのない"単一"のファイバとして存在した。さらにナノファイバ表面には,約 10 nm の幅でたがいに交差する微細構造をもつことがわかった。また,ヘリカルリボン様 (らせんリボン状) の構造体も観察された。AFM 観察から,直線上のナノファイバの高さは 2～8 nm であり,ヘリカルリボン構造の高さは高い部位で 5～8 nm,低い部位

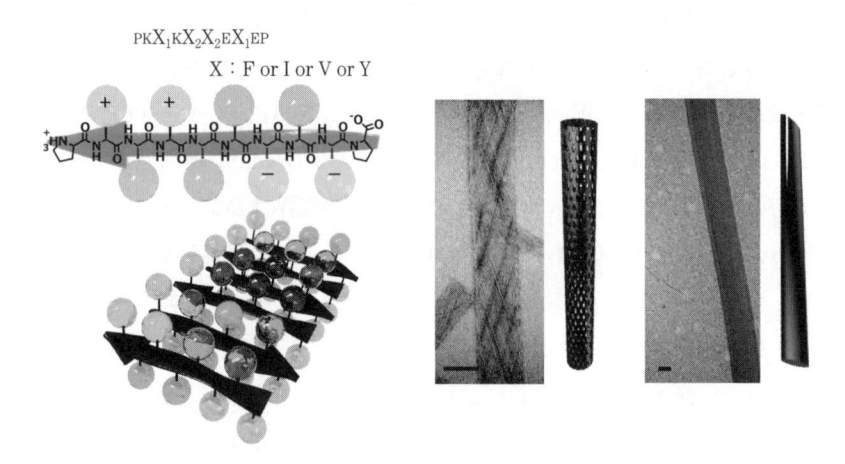

(a) 末端に Pro 残基をもつ両親媒性 β ストランドからなる制御された組織化

(b) 微細構造をもつ FI ナノファイバ (左) およびもたないテープ状 VI ナノファイバ (右)

図 2.7 設計した β シートペプチドおよびそれらの自己組織化構造の模式図および TEM 像 (スケールバーは 100 nm を示す)

で2～4nmであった。ヘリカルリボンの高さは部位により約2倍の違いがあった。これらの結果は，直線上のナノファイバはヘリカルリボン構造がタイトにパッキングすることで構築されたものと推察される。同様の構造をもつナノファイバは，Phe残基を疎水性アミノ酸としてもつ場合に形成される傾向があった。一方で，脂肪族側鎖をもつ疎水性アミノ酸のみが用いられた場合，異なるモルフォロジーを示した。VIペプチド（X_1=Val, X_2=Ile），IVペプチド（X_1=Ile, X_2=Val），IIペプチド（X_1=Ile, X_2=Ile）を用いた場合は直線上のファイバ構造を形成したが，微細構造はもたずテープ状のモルフォロジーであった（図2.7(a)）。以上の結果から，疎水性アミノ酸としてPhe残基をもつ場合にはヘリカルコイル様（らせんコイル状）の構造体を経て表面に微細構造をもつ直線上のナノファイバへと自己組織化するものと考えられる。さらに両末端のPro残基をAlaへと置換した場合，小さいナノファイバからなる凝集体が観察され，両末端のPro残基がナノファイバ形成の制御に寄与することがわかった。

　FIペプチドナノファイバ表面を修飾するため，ペプチド配列がさらに再設計されている[33]。FIペプチドのN末端に疎水性の異なる3種のリンカーを介してビオチン分子が導入された。ビオチンを導入した3種のペプチドはそれぞれ外径50～70nm程度，内径20～35nm程度のチューブ構造を形成した。金ナノ粒子でラベル化した抗ビオチン抗体による修飾の結果，ナノチューブ上に金ナノ粒子が固定化された。抗体のナノチューブへの結合は，抗体濃度以外にもビオチンとペプチドとの間のリンカー分子の疎水性によっても制御することができた。この手法により，ペプチドナノファイバ表面をタンパク質（金ナノ粒子）で修飾することができたが，オリジナルのFIナノファイバのモルフォロジーは完全に消失した。他の研究報告同様に，この場合も再設計によりオリジナルのナノファイバの特徴は維持されなかった。

2.3.3　特異的に結合するペプチドを利用した機能化

　マテリアル結合ペプチドは，上述したとおりマテリアル表面のわずかな構造

の違いを厳密に識別できることから,自己組織化ナノマテリアル表面の修飾にも利用できる可能性が考えられる。それゆえ,微細構造をもつFIペプチドナノファイバを標的とし,直鎖7残基のペプチドが提示されたファージライブラリーを用いてスクリーニングが行われた[34]。5ラウンドのバイオパニングにより,いくつかのファージクローンが獲得された。ファージクローンの標的であるFIナノファイバおよび参照として用いたIF,FF,VIナノファイバに対する結合量をELISA法により定量した結果,FIナノファイバに特異的に結合した。このことから,特定の構造へと自己組織化することで構築されるナノマテリアル(ナノファイバ)であっても,ペプチドの認識の対象となることがわかった。ファージレベルでの結合評価の結果,最も強い結合および高い特異性を示したペプチド(p01,配列:Thr-Gly-Val-Lys-Gly-Pro-Gly)が化学合成され,結合がより詳細に評価された。ビオチン化したp01および蛍光基(Cy5.5)修飾した抗ビオチン抗体を用いたドットブロット法により,FIナノファイバに対する結合定数を決定した結果,$2.8 \times 10^5 \text{ M}^{-1}$の値を示し,高分子結合性ペプチドと同程度の値であった。より重要なことに,参照ナノファイのみならずモノマーやオリゴマー状態のFIペプチドや短いFIナノファイバに対してはほとんど結合を示さず(図2.8(a)),7残基の短鎖ペプチドがターゲットペプチドの集合化状態を認識して結合することがわかった。この標的特異的な結合のメカニズムを明らかにするため,ATR法を利用した赤外(IR)スペクトル測定により構造が解析された。その結果,p01は単独ではランダムコイル構造であるのに対し,標的であるFIナノファイバに結合する際には平行βシート構造へと構造転移して結合することが明らかとなった。言い換えると,誘導適合型のメカニズムでFIナノファイバに結合していることを示している。さらに,p01を介したFIナノファイバ表面の修飾を検討した。金ナノ粒子でラベル化した抗ビオチン化抗体とビオチン化p01を用いて修飾して,TEMにより観察された結果,金ナノ粒子が,FIナノファイバ上で一定の間隔で交差しながら配列化する様子が観察された(図2.8(b))。この結果から,p01がヘリカルリボン様構造体のエッジ部分を認識して結合することが明らかとなった。

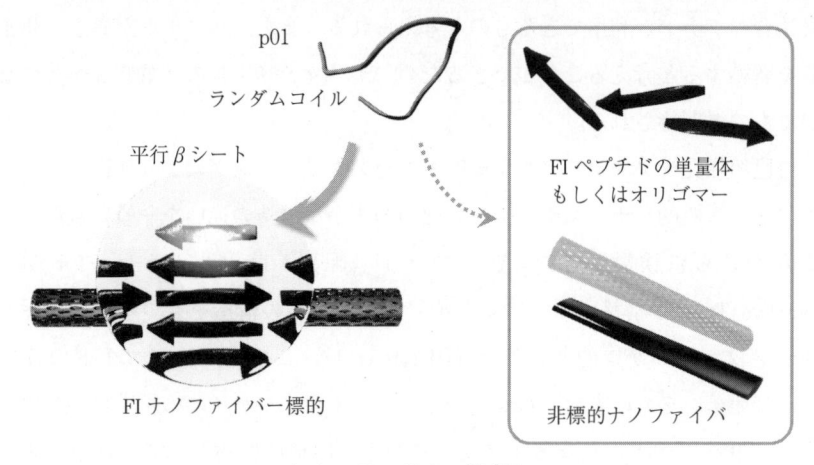

(a) p01 の結合の模式図

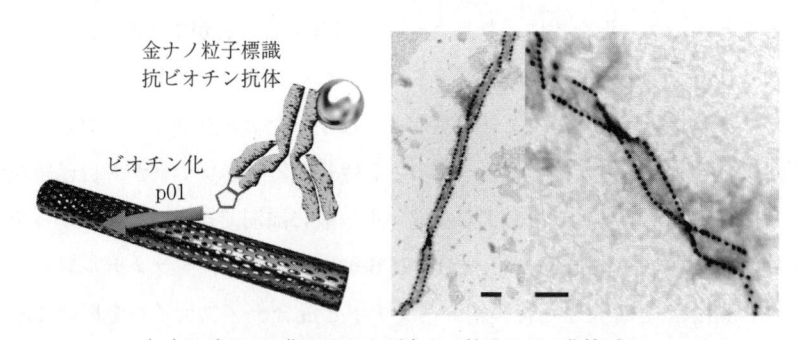

(b) ビオチン化 p01 および金ナノ粒子ラベル化抗ビオチン化抗体を用いた FI ナノファイバ表面の修飾の模式図および TEM 像（スケールバーは 100 nm）

図 2.8 スクリーニングにより獲得した p01 ペプチドによる FI ナノファイバの認識および修飾 [4),34)]

一方で他のペプチドを用いた場合は明確な結合サイトの同定は困難であった。以上の結果は，スクリーニングにより獲得したペプチド，特に p01 は自己組織化ナノマテリアル表面のアミノ酸の配置を識別しており，それゆえ，分子ナノアレイ構築のためのツールとして利用できることがわかった。ここでは，ビオチン分子を p01 に導入したが，多様な分子を合成化学的に導入できる。そのため，種々の分子でナノマテリアル表面を機能化するための戦略として，特

異結合ペプチドが利用できるものと考えられる。また，ペプチドが異なるサイトを認識すると考えることができるため，ナノマテリアルの多重修飾へとつながるものと期待される。

　自己組織化ナノマテリアルを標的としたスクリーニングにより獲得したペプチドが，一般的にナノマテリアル表面のわずかな構造の違いを一般に識別しうるかがさらに検討された。Y9ペプチド（配列：Tyr-Glu-Tyr-Lys-Tyr-Glu-Tyr-Lys-Tyr）が構築する，アミロイドファイバ様の構造をもつネットワーク性ナノファイバが標的とされた（図2.9(a)）。この際，Y9ペプチドのN末端にビオチンを，C末端にCys残基を導入してナノファイバの組織化を変化させたbY9ペプチドからなるナノファイバも，同様に標的としてそれぞれスクリーニングされた[35]。Y9ペプチドとbY9ペプチドは混合してファイバ形成させることができ，混合比により長さや幅を制御することができる。5ラウンドのスクリーニングの結果得たペプチドは，それぞれターゲットナノファイバに対しては多く結合したが，ターゲットとしなかったナノファイバに対してはわずかな結合しか示さなかった。つまり，7残基の短鎖ペプチドが，自己組織化ペプチドナノマテリアルのわずかな違いを一般に識別できることがわかった。興味深いことに，蛍光分子（5-(および6-)カルボキシテトラメチルローダミン，TAMRA）を導入した特異結合ペプチドと混合ナノファイバを用いて結合をドットブロット法により評価した結果，ターゲットナノファイバの混合比の減少とともにペプチドの結合量は減少し，きわめて厳密な分子認識が起きていることがわかった。金ナノ粒子でラベル化した抗TAMRA抗体を用いてナノファイバ表面を修飾した結果，ナノファイバの組織化の違いを視覚化できた（図2.9(b)）。特異結合ペプチドに細胞接着ペプチド（Arg-Gly-Asp-Ser,RGDS）を導入したペプチドで修飾したナノファイバ上でHeLa細胞の接着を評価した結果，RGDSペプチドの固定化量に依存して細胞接着数が制御された（図2.9(c)）。興味深いことに，異なる組織化状態を認識すると推察された2種の特異結合ペプチドを同時に使用することで，細胞接着数は劇的に増大し，異なる結合サイトをもつペプチドを複数使用することで，高密度な表面修飾が

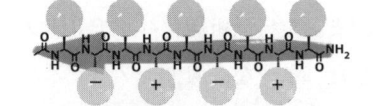

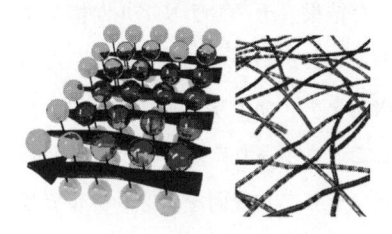

(a) 両親媒性のβストランドから構築されるネットワーク性ナノファイバの設計と構築の模式図

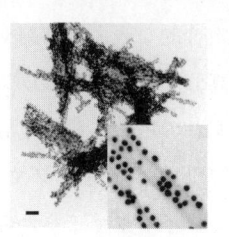

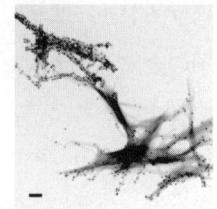

(b) 特異結合ペプチドおよび金ナノ粒子修飾抗体により表面修飾したY9ペプチドナノファイバ（左）および混合ナノファイバ（右）のTEM像（スケールバーは100 nm）

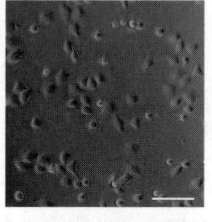

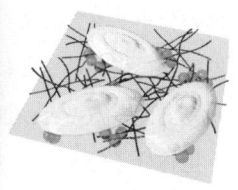

(c) Y9ナノファイバ上でペプチドを介して接着した細胞の光学顕微鏡像（左）および模式（右）

図2.9 Y9およびbY9が構築するネットワーク性ペプチドナノファイバの設計および機能化（スケールバーは100 μm）[4),35)]

達成できる可能性が示された。これらの結果は，スクリーニングにより獲得したペプチドが，自己組織化ナノマテリアル表面のわずかな構造の違いを識別できることを示しており，適切にペプチドを組み合わせて利用することにより，高効率な表面修飾が達成できる可能性を示している。

2.4 おわりに

本章では，合成高分子特有の構造である立体規則性，両親媒性，結晶性，多孔性，直鎖/分岐構造や，また側鎖に導入した低分子化合物の異性化といった構造が短鎖ペプチドの認識標的となり得ることを示した。さらに高分子結合性

ペプチドが，非共有結合的な表面修飾剤や融合タンパク質のタグ，またナノ粒子の合成システムや高分子ナノ粒子のワンポット合成などに利用できることが明らかにされた。いずれの場合においても，ペプチドの優れた分子認識能が利用されており，ペプチドがバイオナノマテリアルとして利用できることがわかった。つぎに，アミロイドファイバから始まった自己組織化ペプチドナノマテリアルの構築とその機能化について解説した。単一な直線上ナノファイバおよびネットワーク性ナノファイバを標的とした結果，ナノマテリアルが構築するわずかな構造の違いをペプチドが認識できることがわかった。機能化した結合性ペプチドを用いることで，さまざまな機能をナノマテリアルに導入するための分子タグとして，ペプチドが利用できることも示された。さらに分子認識を適切に用いることにより，自己組織化ナノマテリアル表面をナノレベルで多重修飾できることが期待される。

　生体分子であるペプチドはマテリアルの分野において高い潜在能力をもっており，天然の機能をも越える可能性をもつ。分子進化を模倣した，ファージディスプレイ法を利用したスクリーニング技術により新しい機能をもつ次世代のバイオナノマテリアルを創製できるものと期待できる。最近では，マテリアルに特異的に結合するペプチドの発見と利用により，新たな可能性も見え始めている。望みの機能をもつ新規な設計ペプチドの利用により，自己組織化もマテリアルの世界で利用することができる。これらペプチドの優れた機能とペプチドナノマテリアルを構築するための方法論を巧みに活用することで，ペプチドが次世代のバイオナノマテリアルのための科学，工学いずれにおいても重要な役割を果たすことが期待される。

引用・参考文献

1) M. Sarikaya, C. Tamerler, A. Jen, K. Schulten and F. Baneyx : Molecular biomimetics: nanotechnology through biology, Nat. Mater., **2**, pp.577-585 (2003)
2) S. Zhang : Fabrication of novel biomaterials through molecular self-assembly, Nat. Biotechnol., **21**, pp.1171-1178 (2003)
3) T. Serizawa, H. Matsuno and T. Sawada : Specific interfaces between synthetic polymers and biologically identified peptides, J. Mater. Chem., **21**, pp.10252-10260 (2011)
4) T. Sawada, H. Mihara and T. Serizawa : Peptides as new smart bionanomaterials: molecular recognition and self-assembly capabilities, Chem. Rec., **13**, pp.172-186 (2013)
5) H. Mihara, S. Matsumura and T. Takahashi : Construction and Control of Self-Assembly of Amyloid and Fibrous Peptides, Bull. Chem. Soc. Jpn., **78**, pp.572-590 (2005)
6) A.K. Sinensky and A.M. Belcher : Biomolecular Recognition of Crystal Defects: A Diffuse-Selection Approach, Adv. Mater., **18**, pp.991-996 (2006)
7) G. Smith : Filamentous fusion phage: novel expression vectors that display cloned antigens on the virion surface, Science, **228**, pp.1315-1322 (1985)
8) G.P. Smith and V.A. Petrenko : Phage Display, Chem. Rev., **97**, pp.391-410 (1997)
9) T. Serizawa, T. Sawada, H. Matsuno, T. Matsubara and T. Sato : A peptide motif recognizing a polymer stereoregularity, J. Am. Chem. Soc., **127**, pp.13780-13781 (2005)
10) C.F. Barbas, D.R. Burton, J.K. Scott and G.J. Silverman : Phage Display: A Laboratory Manual, Cold Spring Harbor Press, New York (2001)
11) T. Serizawa, T. Sawada and H. Matsuno : Highly specific affinities of short peptides against synthetic polymers, Langmuir, **23**, pp.11127-11133 (2007)
12) T. Serizawa, T. Sawada and T. Kitayama : Peptide motifs that recognize differences in polymer-film surfaces, Angew. Chem. Int. Ed., **46**, pp.723-726 (2007)
13) O. Tretinnikov : Wettability and microstructure of polymer surfaces: stereochemical and conformational aspects, J. Adhes. Sci. Technol., **13**, pp.1085-1102 (1999)
14) T. Serizawa, K. Hamada, T. Kitayama, N. Fujimoto, K. Hatada and M. Akashi : Stepwise stereocomplex assembly of stereoregular poly (methyl methacrylate) s on a substrate, J. Am. Chem. Soc., **122**, pp.1891-1899 (2000)
15) T. Date, S. Yoshino, H. Matsuno and T. Serizawa : Surface modification of stereoregular and stereocomplex poly(methyl methacrylate) films with biologically identified peptides, Polym. J., **44**, pp.366-369 (2012)
16) T. Serizawa, P. Techawanitchai and H. Matsuno : Isolation of peptides that can recognize syndiotactic polystyrene, ChemBioChem, **8**, pp.989-993 (2007)
17) H. Ejima, H. Matsuno and T. Serizawa : Biological identification of peptides that specifically bind to poly(phenylene vinylene) surfaces: recognition of the branched or linear structure of the conjugated polymer, Langmuir, **26**, pp.17278-17285 (2010)
18) T. Date, J. Sekine, H. Matsuno and T. Serizawa : Polymer-binding peptides for the noncovalent modification of polymer surfaces: effects of peptide density on the subsequent immobilization of functional proteins, ACS Appl. Mater. Interfaces, **3**, pp.351-360 (2011)

19) H. Ejima, H. Kikuchi, H. Matsuno, H. Yajima and T. Serizawa : Peptide-Based Switching of Polymer Fluorescence in Aqueous phase, Chem. Mater., **22**, pp.6032-6034 (2010)
20) J. Chen, T. Serizawa and M. Komiyama : Peptides recognize photoresponsive targets, Angew. Chem. Int. Ed., **8**, pp.2917-2920 (2009)
21) H. Matsuno, T. Date, Y. Kubo, Y. Yoshino, N. Tanaka, A. Sogabe, T. Kuroita and T. Serizawa : Enhanced Adsorption of Protein Fused with Polymeric Material-binding Peptide, Chem. Lett., **38**, pp.834-835 (2009)
22) J. Chen, T. Serizawa and M. Komiyama : Recognition of Photoresponsive Polymer Targets by Protein Fused with cis-Form Azobenzene-binding Peptide, Chem. Lett., **40**, pp.482-483 (2011)
23) T. Sawada and T. Serizawa : Immobilization of Highly-Oriented Filamentous Viruses onto Polymer Substrates, J. Mater. Chem., **B1**, pp.149-152 (2013)
24) T. Serizawa, Y. Hirai and M. Aizawa : Novel synthetic route to peptide-capped gold nanoparticles, Langmuir, **25**, pp.12229-12234 (2009)
25) H. Ejima, K. Matsumiya, T. Sawada and T. Serizawa : Conjugated polymer nanoparticles hybridized with the peptide aptamer, Chem. Commun., **47**, pp.7707-7709 (2011)
26) R. Tycko : Progress towards a molecular-level structural understanding of amyloid fibrils, Curr. Opin. Struct. Biol., **14**, pp.96-103 (2004)
27) Y. Takahashi, A. Ueno and H. Mihara : Design of a Peptide Undergoing Structural Transition and Amyloid Fibrillogenesis by the Introduction of a Hydrophobic Defect, Chem. Eur. J., **4**, pp.2475-2484 (1998)
28) Y. Takahashi, A. Ueno and H. Mihara : Heterogeneous assembly of complementary peptide pairs into amyloid fibrils with alpha-beta structural transition, ChemBioChem, **2**, pp.75-79 (2001)
29) Y. Takahashi, A. Ueno and H. Mihara : Amyloid architecture: complementary assembly of heterogeneous combinations of three or four peptides into amyloid fibrils, ChemBioChem, **3**, pp.637-642 (2002)
30) T. Yamashita, Y. Takahashi, T. Takahashi and H. Mihara : Inhibition of peptide amyloid formation by cationic peptides with homologous sequences, Bioorg. Med. Chem. Lett., **13**, pp.4051-4054 (2003)
31) H. Kodama, S. Matsumura, T. Yamashita and H. Mihara : Construction of a protein array on amyloid-like fibrils using co-assembly of designed peptides, Chem. Commun, **24**, pp.2876-2877 (2004)
32) S. Matsumura, S. Uemura and H. Mihara : Fabrication of nanofibers with uniform morphology by self-assembly of designed peptides, Chem. Eur. J., **10**, pp.2789-2794 (2004)
33) S. Matsumura, S. Uemura and H. Mihara : Construction of biotinylated peptide nanotubes for arranging proteins, Mol. BioSyst., **1**, pp.146-148 (2005)
34) T. Sawada, T. Takahashi and H. Mihara : Affinity-based screening of peptides recognizing assembly states of self-assembling peptide nanomaterials, J. Am. Chem. Soc., **131**, pp.14434-14441 (2009)
35) T. Sawada and H. Mihara : Dense surface functionalization using peptides that recognize differences in organized structures of self-assembling nanomaterials, Mol. BioSyst., **8**, pp.1264-1274 (2012)

3 細胞を支えるコラーゲン化学

3.1 はじめに

　コラーゲンは細胞外マトリックスの主要構成成分であり，さらにコラーゲンスーパーファミリーとして，最近は新型のコラーゲン鎖の発見が相次ぎ，20種類以上が同定，確認されている。またヒトゲノム解析ではコラーゲン様三重らせん構造をコードする遺伝子は106個とされており，今後もコラーゲン分子やコラーゲン様分子が多数見出されてくると思われる。
　これらコラーゲンファミリーのうち，最も豊富に存在するⅠ型は現在その特性を利用した応用が広くなされており，実際に市場で多くの製品が利用可能である。コラーゲンを応用するにあたり，コラーゲンの基礎知識は不可欠であり，その応用を前提とした化学的，物理的特性を述べることとする。

3.2　コラーゲンの構造・特性

　コラーゲンは構造タンパク質あるいは細胞外マトリックスとして，動物体内に多量に存在するタンパク質である。特に真皮(しんぴ)，腱(けん)，血管などの結合組織，骨，歯などの硬組織中に高い割合で存在している以外にも，体の各部に存在しており，哺乳動物では全タンパク質の1/3はコラーゲンであるといわれている。先にも述べたように，コラーゲンにはファミリーがあり，発見順にⅠ型から番号が付けられている。

本章では，今後は全コラーゲンの 90% を占め，全身性に広く分布し，多くの応用研究がなされているⅠ型コラーゲンを中心に述べることとする。

3.2.1 一次構造，二次構造，三次構造

図 3.1 にⅠ型コラーゲン分子を示す。コラーゲン分子は分子量約 100 kDa の 3 本のペプチド鎖からなり，各ペプチド鎖は **α 鎖**と呼ばれ，哺乳動物のⅠ型コラーゲンでは 2 種類の α 鎖から構成されている。すなわち 2 本の α1(Ⅰ) 鎖と 1 本の α2(Ⅰ) 鎖が，各左巻きらせんであり，この α 鎖が 3 本集まり全体で右巻きらせん（コラーゲンヘリックス）となった棒状の分子である。らせん部にはヒトではアミノ酸が 1 014 個含まれているが，そのらせん構造の両端にはアミノ酸残基数が 20 個前後の**テロペプチド**と呼ばれる非ヘリックス性ペプチドが存在している。分子は全長が約 300 nm，直径が約 1.5 nm で，全長と直径の比（軸比）が 200 という，非常に細長い棒状の分子である。

分子量：300 000　　$[α]_0 : -400°$
長　さ：300 nm　　$T_m : ≒ 40℃$
直　径：1.5 nm

図 3.1 Ⅰ型コラーゲン

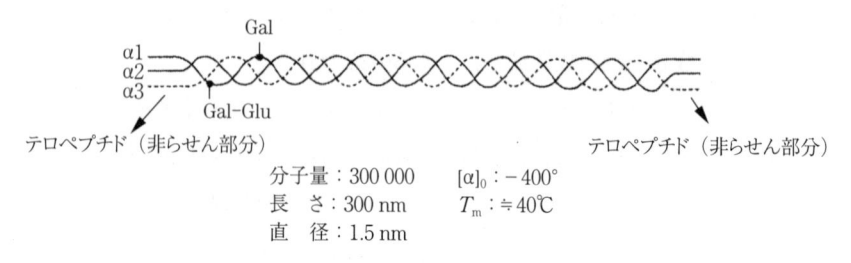

表 3.1 に分子を構成するアミノ酸組成を示す。コラーゲンは Gly-X-Y（X, Y はグリシン以外の任意のアミノ酸）の繰り返し構造を主成分としているため，構成アミノ酸の特徴として，グリシン（Gly）が約 1/3 が含まれる。他にコラーゲンには，翻訳後の修飾を受けたアミノ酸である**ヒドロキシプロリン**（4-ヒドロキシと 3-ヒドロキシの 2 種類）と**ヒドロキシリシン**を含むという特徴をもつ。そのためコラーゲンの定量として，このヒドロキシプロリン量を測定することがよく行われている。またイミノ酸であるヒドロキシプロリンとプロリンは，哺乳動物の場合には併せて約 2/9 含まれる。全体として塩基性ア

表3.1 アミノ酸組成

	ヒト				ウシ			
	α1(Ⅰ)	α2(Ⅰ)	α1(Ⅱ)	α1(Ⅲ)	α1(Ⅰ)	α2(Ⅰ)	α1(Ⅱ)	α1(Ⅲ)
3-ヒドロキシプリン	1	1	2	0	1	tr	2	0
4-ヒドロキシプリン	108	93	97	125	101	80	109	129
アスパラギン酸	42	44	43	42	43	50	47	48
トレオニン	16	19	23	13	18	20	21	15
セリン	34	30	25	39	34	45	24	29
グルタミン酸	73	68	89	71	73	76	96	73
プロリン	124	113	120	107	131	111	115	111
グリシン	333	338	333	350	328	316	321	349
アラニン	115	102	103	96	118	103	95	84
ハーフシステイン	0	0	0	2	0	0	0	2
バリン	21	35	18	14	17	34	19	14
メチオニン	7	5	10	8	7	5	10	7
イソロイシン	6	14	9	13	9	18	10	13
ロイシン	19	30	26	22	18	33	26	16
チロシン	1	4	2	3	2	tr	2	2
フェニルアラニン	12	12	13	8	12	12	13	9
ヒドロキシリシン	9	12	20	5	3	11	3	8
リシン	26	18	15	30	7	12	19	6
ヒスチジン	3	12	2	6	29	21	16	27
アルギニン	50	50	50	46	49	53	52	48

ミノ酸の数が酸性アミノ酸の総数より上回るため，コラーゲンは塩基性タンパク質である。

　Gly-X-Yの繰り返し構造で，α1(Ⅰ)鎖とα2(Ⅰ)鎖のXとYの位置に分布するアミノ酸残基を表3.2に示す。Yの位置にヒドロキシプロリンとヒドロキシリシンが多く存在し，またアルギニンの大部分がYの位置に存在する。一方Xの位置にはフェニルアラニン，ヒスチジンが存在する。なお，N末端とC末端部に存在する非らせん部のテロペプチドはGly-X-Yの繰り返し構造をもたない。

　分子状のコラーゲン酸性溶液をpH3.0のATP（アデノシン三リン酸）溶液

表3.2 G-X-Y構造中のXおよびYのアミノ酸

アミノ酸	X/Y(α1鎖)	X/Y(α2鎖)
ヒドロキシプロリン	1/112	0/67
プロリン	116/4	68/3
アスパラギン酸	17/15	2/6
アスパラギン	6/5	9/5
トレオニン	3/12	4/7
セリン	18/17	13/8
グルタミン酸	42/6	20/3
グルタミン	7/19	8/11
グリシン	1/0	0/0
アラニン	59/63	33/32
バリン	9/8	8/17
メチオニン	2/5	0/4
イソロイシン	3/4	6/6
ロイシン	18/1	19/3
フェニルアラニン	12/0	8/0
ヒスチジン	2/0	2/0
ヒドロキシリシン	0/4	0/7
リシン	12/20	5/3
アルギニン	9/42	7/29

に透析することで **SLS**（segment long spacing）**線維**というコラーゲン分子の集合体が得られる。この集合体はコラーゲン分子のN末端とC末端をそろえて，横方向にのみ配列した集合体である。この集合体をリンタングステン酸と酢酸ウラニルで染色した場合に，染色された黒いバンドと染色されていない白いバンドが交互に観察されるが，これはXの位置に疎水性アミノ酸と極性アミノ酸がそれぞれ集団をなして交互に繰り返し分布するためである。

コラーゲンヘリックスと呼ばれるコラーゲン分子の独特ならせん構造について，その構造の詳細についてはいくつかのモデルが知られている。らせんの中心部にはグリシンが存在するが，らせんの周囲に存在する一部のヒドロキシリシンのOH基にはグリコシレーションに関与し，ガラクトースあるいはガラクトース-グルコースが結合している。

このらせん構造は水を含んだ状態で加温するとらせん構造が解けるが，これがコラーゲンの熱変性である．変性後のコラーゲンは一般的にはゼラチンと呼ばれている．

3.2.2 生合成と分解代謝

コラーゲンは主には線維芽細胞などの組織細胞より産生され，その生合成は他の分泌性タンパク質と基本的には類似するが，一方コラーゲンに特有の過程が含まれている．全合成は大きく三つの過程〔Ⅰ〕〜〔Ⅲ〕に分けることができる．

〔Ⅰ〕 まず初めに，① コラーゲンの各ペプチド鎖に対応する遺伝子情報がmRNAに転写され，そのmRNAの情報よりリボソームでのペプチド合成の過程，つぎに，② 合成されたペプチド鎖の側鎖への水酸基の導入（ヒドロキシプロリン，ヒドロキシリシンの生成），それにつづいてのグリコシレーションの後に，3本のペプチド鎖がらせんを形成し，コラーゲンの前駆体である**プロコラーゲン**となる．最後に，③ 細胞外に分泌されたプロコラーゲンの両端が酵素によって切断され，先に述べたコラーゲン分子となり，それが集合して線維を形成し，さらに分子間架橋の導入が起こる．

〔Ⅱ〕 細胞外に分泌されたプロコラーゲンは，N末端とC末端の両端にプロペプチドが付いており，N末端のプロペプチド内にはS-S結合をもち3本のペプチド鎖が正しい位相で巻き上がるようにコントロールされている．このプロペプチドは細胞外に分泌された後に，**プロペプチダーゼ**により切断される．

〔Ⅲ〕 コラーゲン分子がつくられた後，集合体を形成してコラーゲン線維を生成する．体内の組織において，コラーゲンは分子状態では存在せず集合体を形成している．その集合体の基本的構造である **4D Stagger** と呼ばれる構造が，生理的条件で自然に配列し，コラーゲン線維が生成される．

一方，正常組織中のコラーゲンでは分解・合成が繰り返されるホメオスタシス（生体恒常性）が維持されている．コラーゲン分子の分解は**コラゲナーゼ**を

中心とした組織細胞由来の酵素により三本鎖ヘリックス構造がN末端より3：1の部位で切断され，二つの3本らせん切断物となる．その結果，長さの短くなった切断物は熱変性温度が下がり体温によってらせんが解け，通常のプロテアーゼにより断片化される．このコラゲナーゼは，金属イオンがその活性中心に結合する特徴をもつマトリックスメタロプロテアーゼ（MMP）という一連のタンパク質分解酵素群に分類され，現在ヒトのMMPは20種類以上を数えるに至っている．MMPは中性のpHで働き，細胞外基質全般に対応するプロテアーゼであることから，生体内における組織構築の維持・再構築にきわめて重要な役割をもっている．

治療などを目的として埋植されたコラーゲンでは，コラゲナーゼによる分解の他にファゴサイトーシスにより分解吸収されることが知られている．なお正常時の代謝とは違い，炎症時においては好中球など，炎症性細胞由来酵素による分解も行われる．

3.2.3　コラーゲンの線維形成

Ⅰ型，Ⅱ型，Ⅲ型，Ⅴ型などのコラーゲンは生体内で線維を形成し，65～67 nmの規則的周期性を有する．このコラーゲン線維は，正の電荷をもつウラニル基を吸着させた場合と，負の電荷をもつリンタングステン酸を吸着させたときで，縞模様に違いは見られない．図3.2にウラニル酢酸を吸着させたヒト肺コラーゲン線維の電子顕微鏡写真を示す．

抽出されたコラーゲンであっても，天然物と同じコラーゲン線維を再生でき

コラム

コラーゲンの生合成過程において，アスコルビン酸が翻訳後修飾であるプロリン，リシンの水酸化に必須な因子である．以前，海水養殖魚において脊椎の湾曲が報告され，奇形魚の発生かと騒がれたことがあった．しかし調査の結果，アスコルビン酸の生合成機能をもたない多くの魚類において，アスコルビン酸の不足によってコラーゲンの生合成が不完全であることが原因であるとわかり，改めてコラーゲン合成におけるアスコルビン酸の重要さが認識された．

図 3.2 ウラニル酢酸を吸着させたヒト肺コラーゲン線維（Wikipedia より）

ることが知られている。その構造は先に述べた SLS の電子顕微鏡写真を 1/4 ずつずらすことで，同じ像となることが見出され，先に述べた 4D Stagger と同じ構造をもっている。**図 3.3** にその構造を示す。

図 3.3 の 4D Stagger は平面で示されている。この構造は立体的にはどのようになっているのか。現在受け入れられているものが，**図 3.4** に示す Smith の microfibril モデルである。**microfibril** の断面は正五角形で，その各頂点に

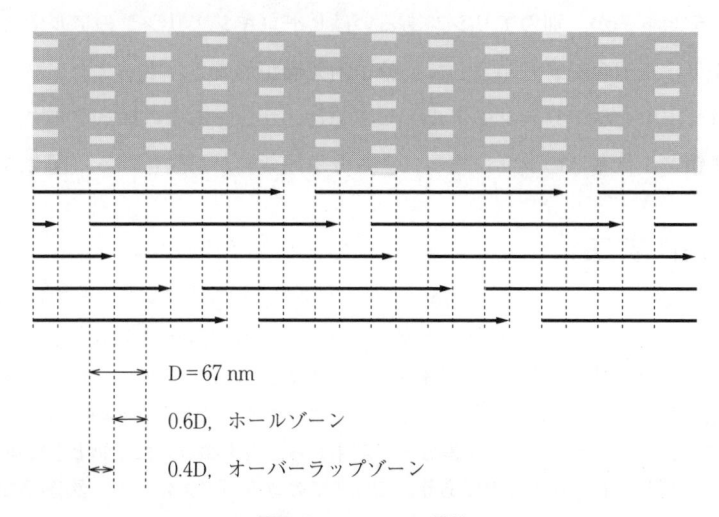

D = 67 nm
0.6D, ホールゾーン
0.4D, オーバーラップゾーン

図 3.3 4D Stagger 構造

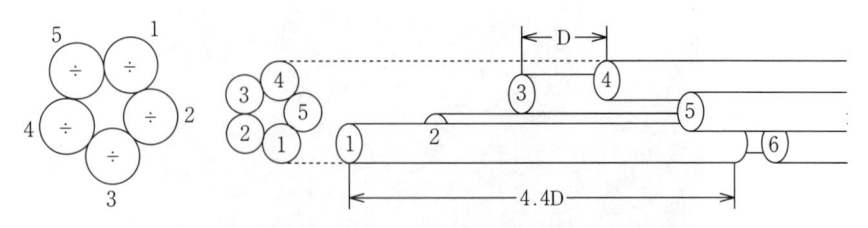

図3.4 Smith の microfibril 構造

コラーゲン分子があり，この五つの分子がそれぞれの隣の分子に対して 67 nm (D) だけずれて並んだ構造となっている。この microfibril の太さは 4.0 nm で，この構造を基本として多数束で集合することで **fibril** を形成する。さらに fibril が集合し **fiber** を形成する。アキレス腱はこの fiber からなっており，一定の方向に強い剛性をもつ。皮膚は fiber が絡み合った fiber bundle からなっており，あらゆる方向に同じ強度を有している。

　コラーゲンは細胞内で合成され細胞外に分泌後，細胞外で線維が形成されるが，この形成された線維の中のコラーゲンには分子内あるいは分子間架橋が導入され，強度を向上させている。具体的にはリシンあるいはヒドロキシリシンが酸化的脱アミノを受けて生成されるアリシン，あるいはヒドロキシアリシンのアルデヒド基が，別のアリシンあるいはヒドロキシアリシンのアルデヒド基とアルドール縮合により結合して，**分子内架橋**が形成される。またアリシンあるいはヒドロキシアリシンのアルデヒド基と，リシンあるいはヒドロキシリシンの側鎖アミノ基とのシッフ塩基による分子間架橋が形成される（**図3.5**）。

コラム

　1977年春，ニュージーランド沖でトロール漁船に引き上げられた大型海生動物が，撮られた写真から，中世代の大型爬虫類，首長竜などの生き残りではないかと話題になった。引き揚げられた死体は船から破棄されたが，持ち帰られた組織の一部を使い各方面の専門家が分析した結果，大型のサメ類であろうということになった。これはコラーゲンのアミノ酸分析の結果から，最も類似した動物として軟骨魚類のサメ類と推測されたものであり，これまでのコラーゲンのアミノ酸分析結果が生かされた成果の例である。

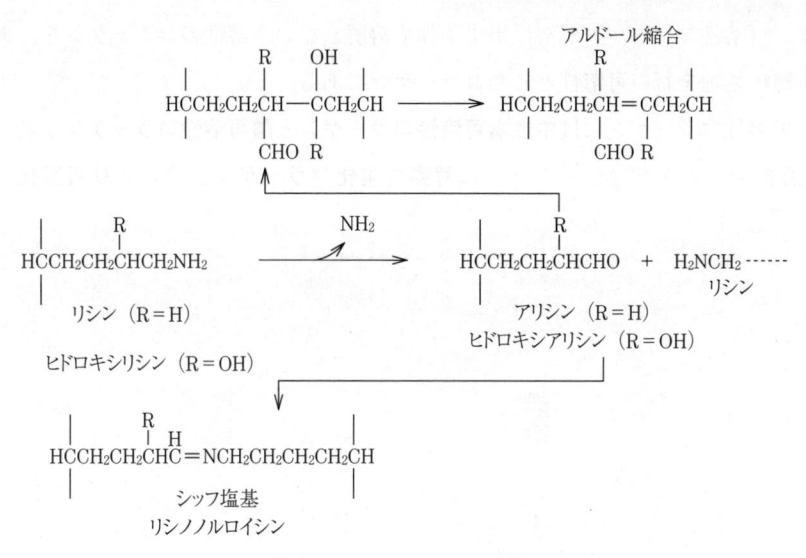

$$
\begin{array}{c}
\text{R} \quad \text{OH} \\
| \quad | \\
\text{HCCH}_2\text{CH}_2\text{CH}-\text{CCH}_2\text{CH} \\
| \quad | \\
\text{CHO} \quad \text{R}
\end{array}
\xrightarrow{}
\begin{array}{c}
\text{アルドール縮合} \\
\text{R} \\
| \\
\text{HCCH}_2\text{CH}_2\text{CH}=\text{CCH}_2\text{CH} \\
| \quad | \\
\text{CHO} \quad \text{R}
\end{array}
$$

$$
\begin{array}{c}
\text{R} \\
| \\
\text{HCCH}_2\text{CH}_2\text{CHCH}_2\text{NH}_2 \\
\text{リシン(R=H)} \\
\text{ヒドロキシリシン(R=OH)}
\end{array}
\xrightarrow{\text{NH}_2}
\begin{array}{c}
\text{R} \\
| \\
\text{HCCH}_2\text{CH}_2\text{CHCHO} + \text{H}_2\text{NCH}_2 \cdots\cdots \\
\quad\quad\quad\quad\quad\quad\quad\quad\quad\quad\quad \text{リシン} \\
\text{アリシン(R=H)} \\
\text{ヒドロキシアリシン(R=OH)}
\end{array}
$$

$$
\begin{array}{c}
\text{R} \quad \text{H} \\
| \quad | \\
\text{HCCH}_2\text{CH}_2\text{CHC}=\text{NCH}_2\text{CH}_2\text{CH}_2\text{CH} \\
| \quad\quad\quad\quad\quad\quad\quad\quad\quad | \\
\text{シッフ塩基} \\
\text{リシノノルロイシン}
\end{array}
$$

図3.5 アリシンによる架橋

リシンあるいはヒドロキシリシンが酸化的脱アミノ化される酵素として，**リシルオキシダーゼ**が知られている．この酵素の阻害剤であるβ-アミノプロピオニトリルを動物に食べさせることで，その動物の組織内のコラーゲンは架橋形成が阻害（**ラチローゲン**）され，コラーゲンは柔らかく溶けやすくなり，可溶性のコラーゲンを容易に抽出できるようになる．

皮膚では年を経ることにより溶け出すコラーゲンの量が減ってくる．これについて詳細は不明であるが，上記の架橋がさらに進展する質的な変化によるものと考えられており，上記架橋の量の増加ではないと考えられている．

3.3 コラーゲンの抽出

コラーゲンを利用あるいは研究する際には，動物組織より取り出す必要がある．取り出したコラーゲンは，大きくは**可溶性コラーゲン**と**可溶化コラーゲン**に分類することができる．可溶性コラーゲンは特定の条件，例えば酸性条件下あるいは塩濃度条件下で溶け出すコラーゲンである．一方の可溶化コラーゲン

124　3. 細胞を支えるコラーゲン化学

は，可溶性コラーゲンが溶け出す条件で溶解しない不溶性のコラーゲンを，ある種の処理を行い可溶性としたコラーゲンである。

可溶性コラーゲンには**中性塩可溶性コラーゲン**と**酸可溶性コラーゲン**があり（図3.6），可溶化コラーゲンには**酵素可溶化コラーゲン**とアルカリ可溶化コ

酸可溶性コラーゲン　　　　　　　　塩可溶性コラーゲン
可溶性コラーゲン

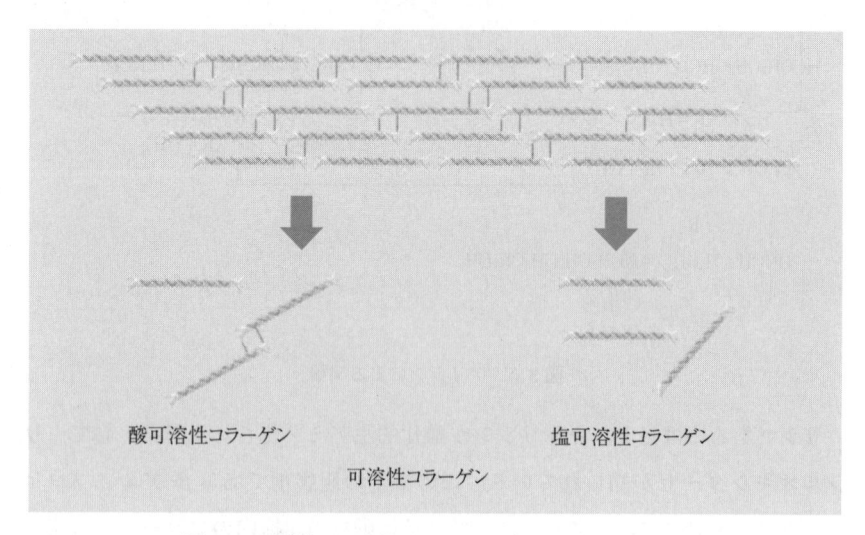

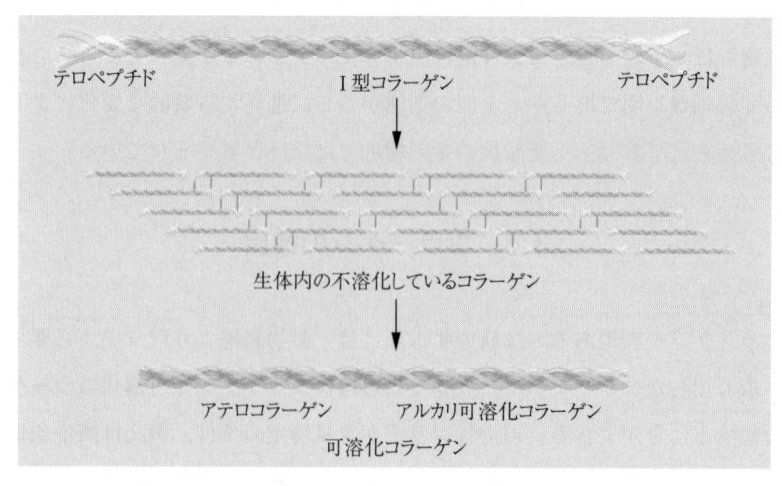

図3.6　可溶性，可溶化コラーゲン（可溶性コラーゲン）

テロペプチド　　　I型コラーゲン　　　テロペプチド

生体内の不溶化しているコラーゲン

アテロコラーゲン　　アルカリ可溶化コラーゲン
可溶化コラーゲン

図3.7　可溶性，可溶化コラーゲン（可溶化コラーゲン）

ラーゲンがある（図3.7）。

3.3.1 可溶性コラーゲン

若い動物の結合組織からは中性塩溶液（1 M 以下の NaCl 溶液，Na_2HPO_4 溶液など）により溶け出すコラーゲンを得ることができ，これを中性塩可溶性コラーゲンという。このコラーゲンは分子間架橋を含まないコラーゲンであると考えられている。

一方これも若い動物の結合組織より，酸性溶液によって溶け出すコラーゲンがあり，これを酸可溶性コラーゲンという。酸可溶性コラーゲンは先に述べたシッフ塩基による分子間架橋が酸により遊離し，その結果コラーゲンが溶け出すものが主であり，中性塩可溶性コラーゲンとは異なり，分子が数個つながったオリゴマーも含まれる。

3.3.2 可溶化コラーゲン

皮膚などの結合組織より得られる可溶性コラーゲンは，もともと抽出量が少ない上に，動物の年齢が進むほど得られる量が減少する。しかし組織内の不溶性コラーゲンを可溶化させて取り出すことが可能である。下記のように一つはペプシンなどのタンパク質分解酵素を用いる酵素可溶化コラーゲン（アテロコラーゲンという）であり，もう一つはアルカリ可溶化コラーゲンである。

〔1〕 **酵素可溶化コラーゲン**　組織内のコラーゲンは線維を形成し，その分子間に架橋が導入されているが，酵素による可溶化法は非らせん部をコラゲナーゼ以外のタンパク質分解酵素により分解させ，らせん部だけのコラーゲンとして可溶化する方法である。これは不溶化の原因となっている分子間架橋がテロペプチドとらせん部の間で形成されており，一方酵素はコラーゲン分子の非らせん部にのみ作用することを利用した可溶化方法である（図3.8）。通常，溶け出した可溶化コラーゲンが溶解する酸性領域で活性をもつペプシンが酵素として用いられる。

α1
α1
α2

トロポコラーゲン

タンパク質分解酵素

アテロコラーゲン

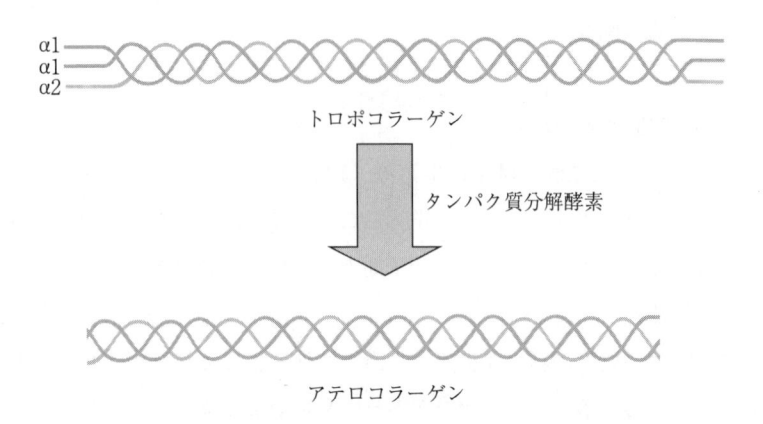

図3.8 アテロコラーゲンの生成

　本可溶化によって得られるコラーゲンはテロペプチドをもたないことから否定語のaを付けて**アテロコラーゲン**と呼ばれている。アテロコラーゲンは基本的にはテロペプチドをもつコラーゲン（**トロポコラーゲン**と呼ばれる）とほぼ同じ物性をもつ上に，可溶化過程でコラーゲン以外のタンパク質が酵素によって分解されているために，純度の高い可溶化コラーゲンを多量に得ることができる。

〔2〕 **アルカリ可溶化コラーゲン**　　先の酵素可溶化は，年齢の高い動物組織を原料とする場合には可溶化が困難となる。このような不溶化の進んだコラーゲンを可溶化する方法としてアルカリによる可溶化方法が知られている。0.05～0.3 Mのアミンを含む0.1～0.3 MのNaOH溶液に不溶性のコラーゲンを1～2週間，20℃付近で浸漬することによって可溶化させることができる。この浸漬の際，液に10～20％のNa_2SO_4などの塩を加えることで膨潤を抑えて可溶化を進める必要がある。本可溶化法ではテロペプチの分解の他に，構成されるアミノ酸組成に変化が見られる。具体的にはアスパラギン，グルタミンの一部が加水分解を受けアスパラギン酸，グルタミン酸となり，またアルギニンの一部が減少することで，可溶化されたコラーゲンの等イオン点が酸性側にシフトする。そのために可溶化されたコラーゲンを得るには，可溶化処理の後に

アルカリ可溶化コラーゲンの等イオン点であるpH5.0付近で塩の除去を行った後に、さらにpHを下げて可溶化コラーゲンの溶液を得ることができる。

3.4 コラーゲンの物性

可溶性コラーゲンあるいは可溶化コラーゲンであるアテロコラーゲンは、若干アルカリ性に等イオン点をもつため、容易に酸性溶液とすることができる。なお酸性溶液では0.7M程度のNaClを加えることで、コラーゲンが沈殿を始める。また低温であれば中性塩溶液の調製が可能である。これは5℃付近の0.5～1M程度の塩を含む中性塩溶液にコラーゲンが溶解するものであるが、この溶液は加温することでコラーゲンの再線維化が起こり、溶液全体が白濁してゲル化するため、通常は酸性溶液で種々の物性測定、さらには後述する種々の成形を行う際の原料溶液として用いられることが多い。

3.4.1 粘　　　度

コラーゲン分子は軸比が約200の棒状分子であるため、同程度の分子量をもつ球状タンパク質であるランダムコイルタンパク質と比べて、粘性が非常に高い。

0.15Mのクエン酸バッファ（pH3.6）を溶媒としたときの酸可溶性コラーゲンの極限粘度ηは11.5～14.5dL/gであり、その熱変性物でランダムコイルのゼラチンでは0.54dL/gと1/20以下になる。Simhaの理論によればコラーゲンのような棒状分子のηは軸比の1.7乗に比例するはずである。もし酸可溶性コラーゲンが分子長軸方向にend to endで結合した二量体があり、その軸比を363とするとηは43dL/gと計算される。またside to sideで結合した二量体があり、その軸比を119とするとηは5.7dL/gと計算される。したがって酸可溶性コラーゲン溶液には単分子分散だけではなく、end to endで結合した軸比の大きなアグリゲートが存在した場合には、ηはより大きな値となる。

酸性溶液の場合、2%溶液であれば溶液を傾けても流れ出さないほどの高い

粘性をもつが，この酸性溶液に塩を加えることで粘性を下げることができる。

3.4.2 旋　光　度

コラーゲン分子は三重らせん構造に基づく旋光度をもっており，その $[\alpha]_D$ は−400°付近，一方コラーゲン分子の熱変性物であるゼラチンの $[\alpha]_D$ は−135°付近であるため，比旋光度を測定することでらせんの含有量を測定することができる。すなわち測定した値が−135°と−400°の間の265のうちの何%が保持されているかにより，らせんの含有率を求める方法である。

またコラーゲン溶液をゆっくりと昇温させながら旋光度を測定することで，コラーゲン分子の変性温度 T_D を測定することができる。旋光度を温度の関数としてプロットすると，図 3.9 に示すように，ウシ，ブタでは37℃付近で急激に旋光度が変化し，43℃付近で旋光度が一定となる。変化前後の中点の温度を変性温度（T_D）と呼び，この T_D はコラーゲンの由来動物種によって異なるものである。哺乳動物では種の間で大きな違いはないのに対して，魚類のコラーゲンでは魚種，特にその魚種の生息域温度によって大きく異なる。これについては後述する。

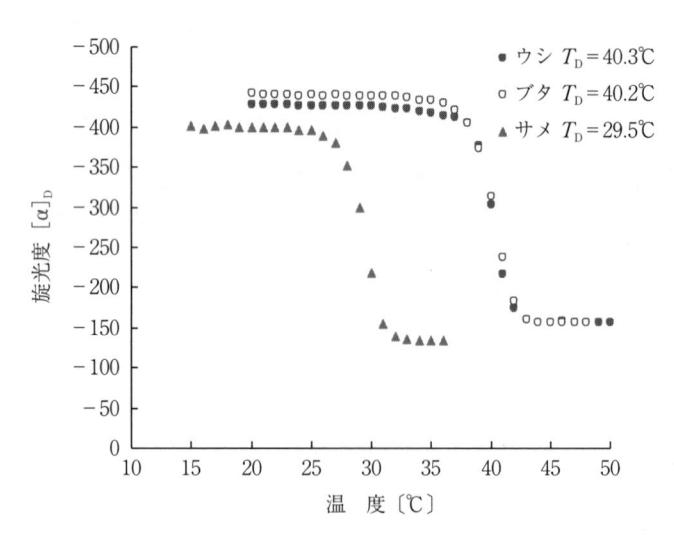

図 3.9　昇温条件での旋光度変化

なお，T_D 測定の際には昇温速度の違いにより T_D に大きな違いは見られないが，厳密に T_D を測定する場合には，昇温速度には注意が必要である．温度上昇が早い場合には，高めの値が出やすくなる．

中性溶液の場合，温度を上昇させることで線維再生が起こるため透過光による測定ができなくなる．この線維再生を防ぐために，グルコースの添加が行われる．これはグルコースによってコラーゲンの溶解度を高めるものであるが，グルコース添加によって熱安定性が下がることはない．

3.4.3 線維再生

かなり古い時期から，腱から抽出したコラーゲンから天然と同様の線維が再生できることは知られていた．コラーゲンの酸性溶液を生理的な条件，すなわち生理的な浸透圧をもつリン酸緩衝液などにより平衡化しコラーゲンの中性溶液を調製する．以上の操作を低温で行い，調製された低温のコラーゲン中性溶液は，体温程度に加温することにより急激に白濁して線維再生が起こる．線維再生は白濁の様子を光の透過率で測定するができる．線維再生はコラーゲンの熱変性物であるゼラチンでは起こらず，またアルカリ可溶化コラーゲンでも線維再生は起こらない．

コラーゲンの中性塩溶液からは天然のコラーゲン線維と同じ線維形成が起こるが，他に **FLS**（fiber long segment），**SLS** という線維が観察されることが知られている．SLS については先に述べたように，ATP 溶液に透析したコラーゲン溶液より得られる．酸性のコラーゲン溶液に血清の酸性糖タンパク質を加え，水に透析すると FLS が生ずる．この周期は 300 nm と天然線維の周期に比べて長く，前後対称であるため頭と尾の区別はできない．FLS は糖タンパク質以外に高分子物質によっても生成されることが知られている（**図 3.10**）．

中性溶液でも酸性溶液のいずれも，塩の添加によりコラーゲンを塩析させることができるが，その塩濃度は異なり，酸性の場合には 0.7 M，中性では 2.5 M 以上の NaCl 濃度で塩析される．ただし，この場合には線維再生は起こらず，ランダムなコラーゲン分子が析出する．

130   3. 細胞を支えるコラーゲン化学

一次構造

二次構造

α1 ←—10.4 nm (0.15 D)—→
α1
α2
三次構造

←——— 300 nm (4.4 D) ———→
コラーゲン分子
（三次構造）

67 nm = D
ホールゾーン 0.6 D ／オーバーラップゾーン 0.4 D
e a
d b
 c
四次構造
（スミスのミクロフィブリル）

D
fibril

fiber

fiberbundle

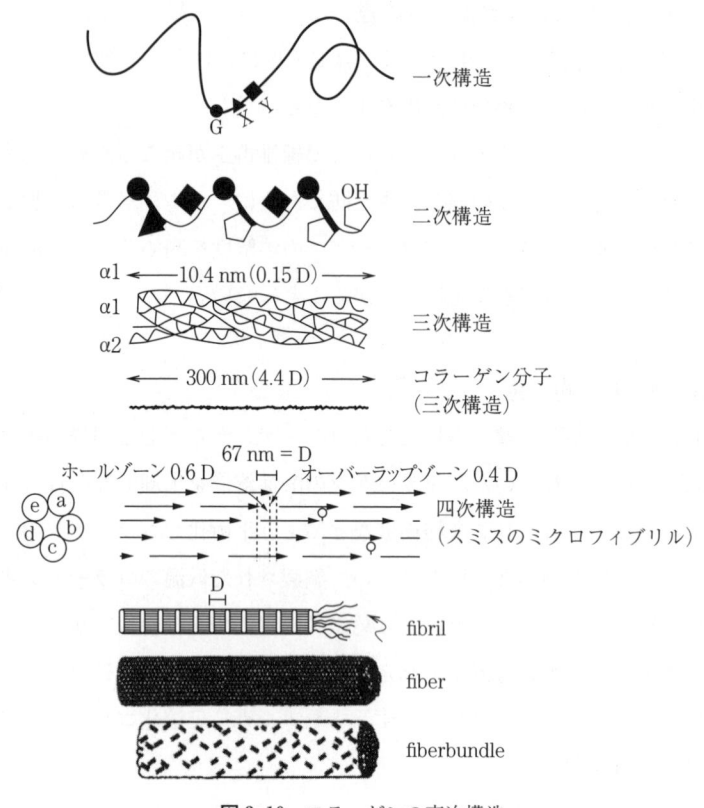

図 3.10 コラーゲンの高次構造

3.4.4 コラーゲン分子鎖の組成

　コラーゲンの酸性溶液を変性温度以上に加熱するか，塩酸グアニジン，尿素，ロダンカリのような水素結合切断剤（タンパク質変性剤）を添加することにより，コラーゲン分子のらせん構造が解け，糸まり状のゼラチンに変化する。この際には比旋光度，あるいは粘度が大きく変化し，比旋光度 $[\alpha]_D$ は $-400°$ から $-135°$ に，極限粘度 η は 14 付近から 0.54 に変化する。

　この変性コラーゲンが大きく三つの成分を含むことが明らかになっており，分子量の小さい順に α, β, γ 成分と名づけられた。これらの成分は **CM-セル**

ロースクロマト法（**図3.11**）やゲルクロマト法（**図3.12**）によって分離され，変性Ⅰ型コラーゲンでは，2種類のα成分，α1(Ⅰ)とα2(Ⅰ)，また2種類のβ成分，β11(Ⅰ)とβ12(Ⅰ)がそれぞれ分離された。

図3.11 CM-セルロースクロマト法

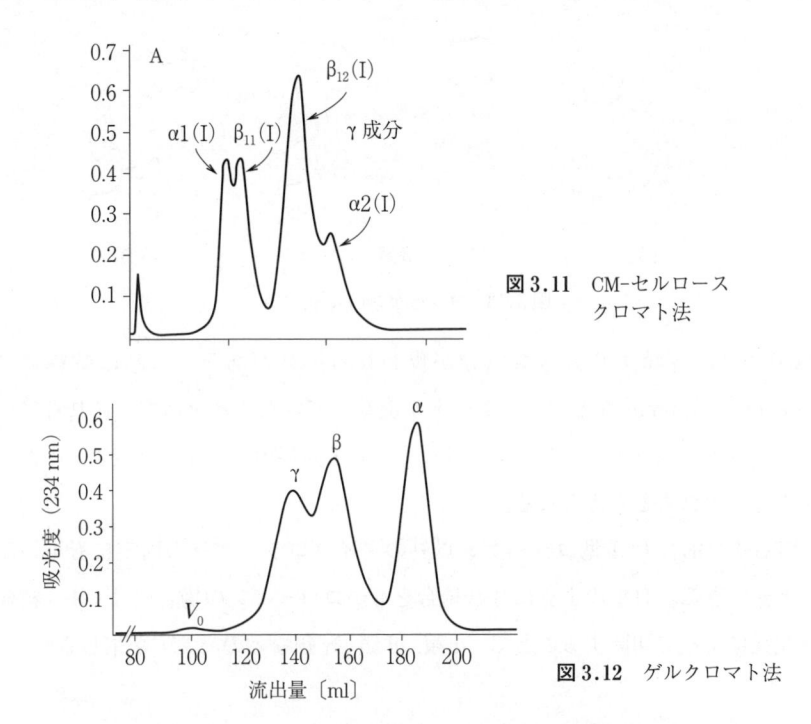

図3.12 ゲルクロマト法

コラーゲン分子の変性でα, β, γ成分の生ずる様子を**図3.13**に示した。分子内架橋で結ばれていない2本のα鎖が分子内架橋で結ばれた場合はβ**鎖**が生ずる。β鎖の生成は"α1鎖とα1鎖"の場合と"α1鎖とα2鎖"の場合があり，前者がβ11(Ⅰ)，後者がβ12(Ⅰ)である。3本のα鎖が共に結ばれたものがγ**鎖**である。

α, β, γ成分の分離同定に最も簡便な方法は**SDSポリアクリルアミドゲル電気泳動**（**SDS-PAGE**）である。この方法でα1, α2, β11, β12, γ鎖はそれぞれ分離され，デンシトメトリーでバンドの濃淡を測定することにより各成分の量比も求められる。酸可溶性コラーゲンやペプシン可溶化コラーゲンのSDS-

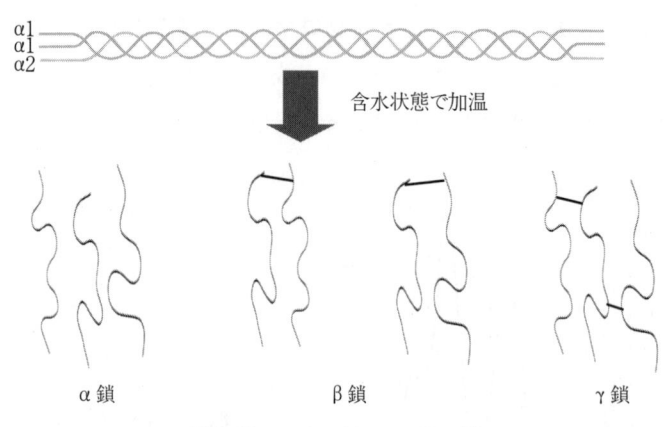

図3.13 コラーゲンのα, β, γ鎖

PAGEでは，γ鎖より大きな成分が現われる場合がある．これは試料中にdimmerやtrimmerなどアグリゲートが混在していたことを示す．これらアグリゲート中には分子内架橋だけではなく，分子間架橋も存在しγ鎖以上の大きな成分も現れると考えられる．

SDS-PAGEではⅠ型コラーゲン以外のタイプコラーゲンの同定にも用いることができる．Ⅲ型のようにS-S結合をもつコラーゲンの場合には，S-S結合を還元によって切断することで，α鎖，β鎖，γ鎖などのバンドが生じる．

3.4.5 コラーゲンの熱変性

コラーゲン溶液を加温することで3本らせんが解け，前節で述べたようにα鎖，β鎖，γ鎖へと**熱変性**を起こす．らせんが解けた熱変性物およびその加水分解物を総称して**ゼラチン**というが，らせんが解けただけの熱変性物は，特に**親ゼラチン**と呼ばれる．ゼラチンは骨，皮などの原料から熱水により抽出されるために，主鎖の加水分解も起こるため，ゼラチン抽出によって親ゼラチンを得ることは難しい．

コラーゲンの熱変性物であるゼラチンは，冷却することで溶液全体がゲル化するが，これはコラーゲンより解けた分子鎖が巻き戻る性質を有することに由来する．すなわちランダムコイルとなったコラーゲン熱変性物各分子鎖が近く

の分子鎖とランダムに部分的にらせんを形成することで，全体で大きな分子鎖のネットワークが形成されゲルがつくられる．つまり解けたらせんは完全に元の状態に戻ることはない．

先に溶液での変性温度の測定方法について述べたが，コラーゲンからなる固形物の場合には，熱収縮温度を測定することで求めることができる．すなわち測定物を水の中につるし，下端にその材料が水中で垂直を保てる程度の重りを付ける．その状態で溶液の場合と同様に，水をゆっくり昇温させながら材料の全長を測定する．コラーゲンが熱変性することで棒状の分子がランダムコイルとなるため，材料は収縮する．なお，この熱収縮温度 T_S と熱変性温度 T_D 差，$T_S - T_D$ は 25～30℃ といわれている．

また T_D は由来動物により異なり，哺乳動物の場合は大きな違いは見られないが，魚類ではその魚の生息域の温度と相関している．当然，その変性温度は生息域の上限温度より高い必要があるが，変性温度については，水素結合に寄与するヒドロキシプロリン量と，ピリジン環による二次構造の固定に寄与するイミノ酸（プロリンとヒドロキシプロリン）量に相関があるといわれている．いくつかの動物の変性温度を**表3.3**に示す．またコラーゲンとゼラチンの違いを，**表3.4**にまとめる．

表3.3　動物種の違いによる変性温度の違い

	変性温度〔℃〕
陸上哺乳動物	40
水生哺乳動物	
イルカ皮	31
暖水魚	
カワマス皮	27
コイ皮	29
サメ皮	28
寒水魚	
タラ皮	16
トラザメ皮	16

表3.4 コラーゲンとゼラチン

	コラーゲン	ゼラチン
分　子	3重ヘリックス構造	ランダムコイル構造
タンパク質分解酵素	テロペプチドにのみ作用	分　解
溶液粘度	高粘度	低粘度
溶液を冷却	ゲル化せず	ゲル化
中性溶液の加温	線維再生	線維再生せず
成形性	良好な成形性	成形性に劣る

3.5 コラーゲン素材の分類と特徴

ここではコラーゲンを材料として応用する際の特性について述べる。これまでに述べてきたコラーゲン自体の物性に加え，材料としての特性を理解することで，コラーゲンのより目的に合った使用が可能になると考える。

3.5.1 トロポコラーゲンとアテロコラーゲン

酵素によってテロペプチドを分解し，可溶化されたコラーゲンであるアテロコラーゲンは，純度の高いコラーゲンを多量に得る方法として優れた方法である。アテロコラーゲンとテロペプチドをもつトロポコラーゲン，具体的には塩可溶性あるいは酸可溶性コラーゲンとの比較を表3.5に示す。

線維再生については，テロペプチドをもつことで明らかに早くなる。これは

表3.5 トロポコラーゲンとアテロコラーゲンの違い

物　性	比　　較
ゲル化速度	トロポコラーゲン＞アテロコラーゲン
ゲル強度	トロポコラーゲン＞アテロコラーゲン
UV感受性	トロポコラーゲン＞アテロコラーゲン
抗原性	トロポコラーゲン＞アテロコラーゲン
精製度	トロポコラーゲン＜アテロコラーゲン
その他の物性	トロポコラーゲン＝アテロコラーゲン

3.5 コラーゲン素材の分類と特徴　　135

線維再生にテロペプチドが関係しているか，あるいは再生した線維の安定化に関係しているためと思われるが，詳細は不明である。

　紫外部領域の波長に対して，テロペプチドをもつほうが感受性が高い。またコラーゲンは基本的に抗原性の低いタンパク質であるが，らせん部に比べテロペプチドはGly-X-Yの構造をもたないため，動物種による違いが大きくコラーゲンの主要な抗原部位となっている。アテロコラーゲンの場合には，このテロペプチドが酵素により分解されているため，トロポコラーゲンに比べより抗原性は低くなっている。そのため，埋植材料としての用途など多くの実績をもつ

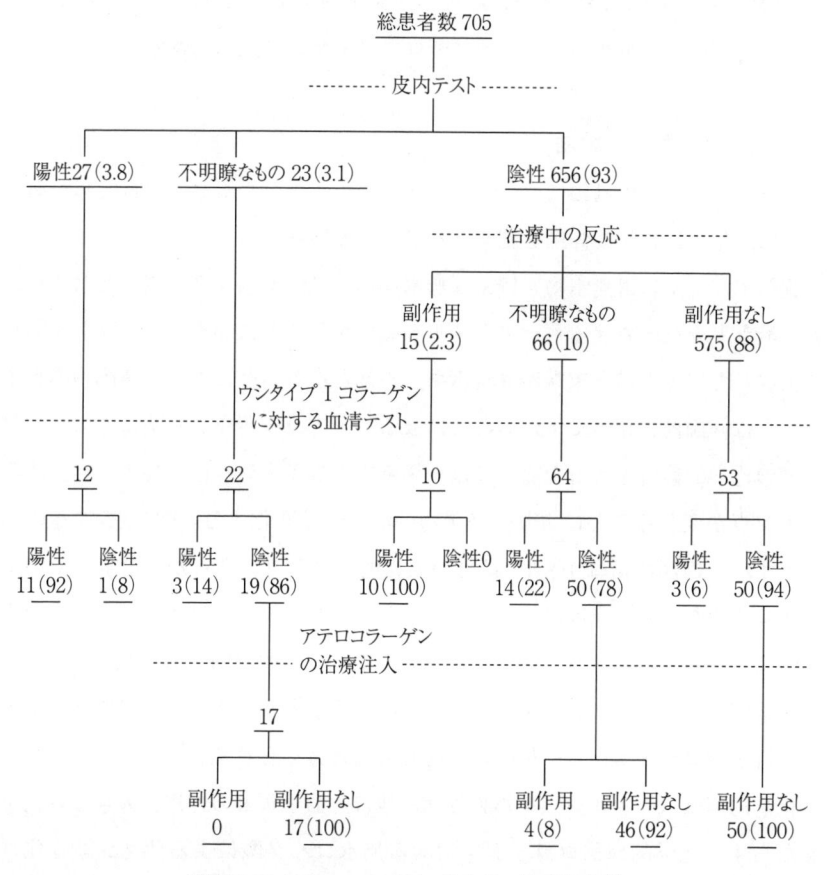

```
                        総患者数 705
                            │
                ---------- 皮内テスト ----------
        ┌───────────────┬───────────────┐
    陽性27(3.8)    不明瞭なもの23(3.1)    陰性656(93)
                                            │
                            ---------- 治療中の反応 ----------
                            ┌───────────┬───────────┐
                        副作用        不明瞭なもの      副作用なし
                        15(2.3)        66(10)        575(88)
        ウシタイプⅠコラーゲン
        ---------- に対する血清テスト ----------
        │              │              │          │              │
        12             22             10         64             53
    ┌───┴───┐     ┌───┴───┐           │      ┌───┴───┐       ┌───┴───┐
  陽性   陰性   陽性   陰性       陽性 陰性0  陽性   陰性     陽性   陰性
 11(92) 1(8)  3(14) 19(86)    10(100)      14(22) 50(78)   3(6)  50(94)
                        アテロコラーゲン
                ---------- の治療注入 ----------
                         │
                        17
                    ┌───┴───┐                ┌───┴───┐
                副作用   副作用なし        副作用   副作用なし   副作用なし
                  0      17(100)           4(8)    46(92)      50(100)
```

図3.14　アテロコラーゲン注入後の抗体産生[14)]

が,重篤(じゅうとく)な問題を起こすことはない。

これまでに多くのアテロコラーゲン注入の臨床実績があるが,アテロコラーゲンの注入による,血中の抗コラーゲン抗体の変化と局所的な反応の関係が調べられている。一例を図3.14に示す。

以上,基本的にはトロポコラーゲンとアテロコラーゲンに大きな違いは見られない。しかしトロポコラーゲンの利用として,可溶性ではないトロポコラーゲン,具体的には不溶性の腱,あるいは真皮層などコラーゲンを主成分とする組織より,コラーゲンを精製し原料とすることも行われている。この場合には,溶液にすることができないために,共雑物を十分に除去することが難しく,十分に精製度を高めることはアテロコラーゲンに比べ困難である。

3.5.2 化学的修飾

コラーゲン分子の側鎖には,アミノ基,カルボキシル基などの官能基があるために,分子に化学的修飾を施すことが可能である。

側鎖アミノ基に酸無水物,例えば無水コハク酸,無水フタル酸,無水ミリスチル酸などを反応させると,アミノ基が減少することに加え,無水物が反応して生成したアミド結合末端がカルボキシル基となることにより,修飾物の等イオン点は修飾前に比べて下がることになる。一方カルボキシル基にエステル化などの化学的修飾を行った場合には,修飾物の等イオン点は上昇する。当然等イオン点が変わることにより,修飾物の溶解性は変化する。図3.15にその例を示す。この図は横軸がpH,縦軸が吸光度のグラフであるが,溶解しているときは透明なため吸光度は低いが,溶解していない場合には光が散乱され吸光度が高くなる。このグラフからわかるように,化学的修飾することで,本来酸性で溶解するコラーゲンを中性領域で溶解することができるようになる。アルカリ可溶化コラーゲンも一種の化学的修飾物と考えられる。

化学的修飾は等イオン点を移動させる他に,血小板との作用に大きな変化をもたらす。化学的修飾コラーゲンである無水コハク酸によるサクシニル化コラーゲンとメチル化コラーゲン表面への血小板粘着の違いが詳しく調べられて

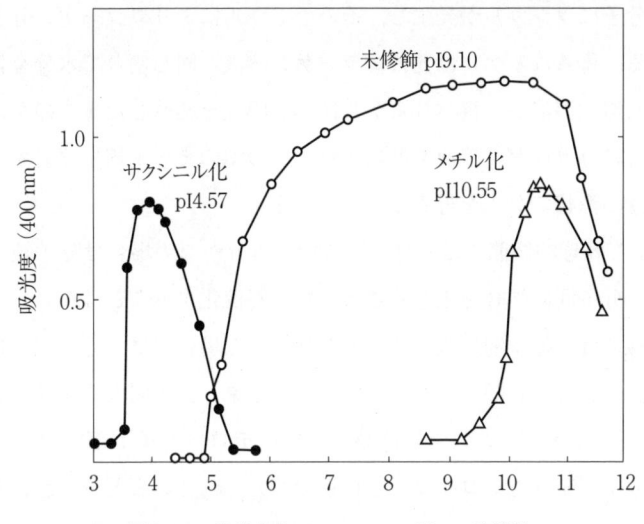

図3.15 化学修飾アテロコラーゲンの溶解性

　おり，サクシニル化コラーゲンでは未修飾コラーゲンに比べ，粘着する血小板数は少なくなり抗血栓性となる．一方メチル化コラーゲンは，未修飾コラーゲンに比べ，粘着する血小板数が多くなり，血栓性になることが知られている．
　コラーゲンの物理強度の向上，あるいは生体内での安定性向上のために化学的架橋が行われている．化学的架橋剤としてはアルデヒド化合物，エポキシ化合物，イソシアナート化合物，タンニン酸，あるいは脱水縮合剤が知られている．化学的架橋は主にアミノ基が反応していると考えられ，側鎖アミノ基の反応率を調べることで，架橋の程度の目安とすることができる．
　なお架橋物を埋植材料として使用する場合には，残留架橋剤の官能基の失活，十分な洗浄が必要となる．

3.5.3 物理的修飾

　コラーゲンの溶液にγ線を照射することで，コラーゲン分子間に結合が生じ，溶液全体を含水のゲルとすることができる．γ線照射により，コラーゲン分子の一部は分解を受けるものの，水から発生する活性ラジカルによってコ

ラーゲン分子にラジカルが発生し，そのラジカルによりコラーゲン分子間に結合が生じる．得られるゲルは元のコラーゲン溶液と同じ割合で水分を含有している．また酸性溶液から得られるゲルは，透明性を維持したままのゲルが得られる．さらにコラーゲン溶液を型に入れ，その型のまま γ 線を照射することにより，任意の形状でゲルを得ることができる．

γ 線による**物理的修飾**では水分が必要で，水分がない場合は分子鎖の切断が起こるが，分子間に結合を生じることはなく不溶化することはない．これに対して紫外線では，乾燥物に直接紫外線を照射した場合には，その照射物は不溶性となる．これも紫外線により活性化された結果，分子間架橋が導入された結果であるが，コラーゲンの紫外部吸収が主にテロペプチド部で起こることから，この分子間架橋もテロペプチド付近で導入されていると予想される．

含水状態のコラーゲンは熱を加えることで熱変性を起こすが，十分に水分を除いた乾燥物であれば，100℃以上の加温で熱変性を起こすことはなく，分子間の脱水による結合が生じ，その乾燥物は不溶性となる．

3.5.4 成 形 性

コラーゲンを応用する際に，溶液以外に種々の形状に成形し利用できることは大きなメリットである．コラーゲン溶液を原料とした種々の成形方法を**図 3.16** に示す．

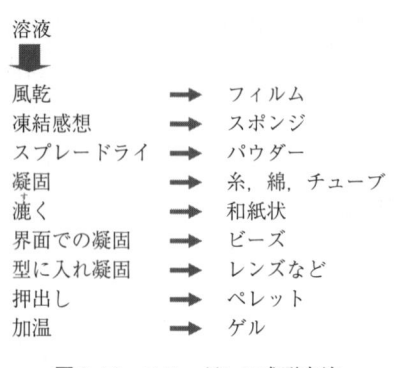

```
溶液
 │
 ▼
風乾         ━━▶  フィルム
凍結感想     ━━▶  スポンジ
スプレードライ ━━▶  パウダー
凝固         ━━▶  糸，綿，チューブ
漉く         ━━▶  和紙状
界面での凝固 ━━▶  ビーズ
型に入れ凝固 ━━▶  レンズなど
押出し       ━━▶  ペレット
加温         ━━▶  ゲル
```

図 3.16 コラーゲンの成形方法

3.5 コラーゲン素材の分類と特徴

　成形方法としては大きく二つに分けることができ，一つは含水状態のまま所望の形状に固定する，もう一つは溶媒である水を除くことにより所望の形状にする方法である。含水状態のまま形状を固定する手段としては，物理的架橋，あるいは化学的架橋の導入がある。この場合には架橋導入後に成形物を乾燥させることもできるが，この乾燥物を含水させることで元の形状に戻すことができる。

　具体的な成形方法の一例として，γ線照射を含めた成形方法がある。アテロコラーゲンの酸性溶液をプラスチックの型，例えばコンタクレンズ状の型に充填後，型のままγ線を照射することでコンタクトレンズ状の透明な成形物を得ることができる。このレンズ状の成形物は，原料となるコラーゲン溶液と同じ水分を含有しており，非常に含水率の高いコラーゲンレンズとなる。

　またコラーゲンの再線維化を利用することで，架橋を導入せずに成形物を得ることもできる。例えば低温のアテロコラーゲン中性溶液をビーズなどの形状とした後に，成形物を加温させることでその形状のままで線維化が起こり，形状を固定化することができる。

　もう一つの所望の形状で水を除く方法のうち，凍結乾燥により所望の形状で乾燥物を得ることができる。凍結乾燥では昇華により水が除かれるが，昇華のための開口部を設けられる形状であれば凍結乾燥により成形物が得られる。

　コラーゲン溶液を成形後，凝固浴に入れることでも成形物を得ることができる。凝固浴として NaCl，Na_2SO_4 などの塩溶液，メタノール，エタノールなどの水と混合する有機溶媒を使うことができる。当然脱水によって成形物を得ることから成形物は元の形状より収縮する。そのために，使用時の形状を前提とした成形物の作成が必要となる。成形後には必要に応じ，形状の固定化を行う。具体的には，コラーゲンの酸性溶液を脱泡後，ノズルより NaCl，Na_2SO_4 などの飽和塩溶液に押し出すことでコラーゲンの糸を得ることができる。得られた糸に化学架橋を導入，不溶化し用いることができる。

　またコラーゲン溶液より水を十分に除去することで，フィルムあるいは材料表面へのコラーゲンによるコーティングを行うことができる。例えばトレーに

所定量入れ，風乾することでフィルムを得ることができる。コラーゲン溶液中のコラーゲン濃度より，トレーに入れる量を調節し，希望の厚さをもったフィルムを得ることができる。できたフィルムは可溶性であるが，例えば紫外線照射により不溶化させることができる。

なお，コラーゲンは棒状の分子であるために，狭い所を通過する際に分子が配向しやすく，例えば棒の成形物を凍結させて折った際に，その断面は竹を折ったような形状となる。分子の方向性は使用目的によっては影響を及ぼす可能性もあり，注意が必要である。

またコラーゲンを気化しやすい溶媒，例えばヘキサフルオロイソプロパノール（HFIP）で溶液とし，それをエレクトロスピニング（電界紡糸）にすることによって，ナノサイズのファイバを得ることができる。

このような成形方法を組み合わせることも含め，フィルム，レンズ，糸，棒，ビーズ，マイクロスフェア，綿，ペレット，スポンジなど，種々形状のコラーゲン成形物を得ることができる。

3.6 原　料　種

コラーゲンを利用する際，いくつかの原料種が異なるコラーゲンの利用が可能であるが，コラーゲンの採取から応用に至るまで，原料種の視点から考慮すべき事項についてまとめる。現在利用可能な原料としては，ウシ，ブタなどの哺乳動物の真皮層，鳥類の腱，魚類の皮などが利用できる。

まず第一に考慮すべき事項として，コラーゲンの熱変性がある。コラーゲンは由来動物によって熱変性温度が異なるが，コラーゲンの熱変性温度は，由来動物の生息域温度と関係が見られ，特に低温水域に生息する魚類由来のコラーゲンの場合には，取り扱う際の温度管理に注意が必要となる。操作の途中で熱変性を起こした場合に，ゼラチンの混入したコラーゲンを用いてしまう可能性がある。

哺乳動物由来のⅠ型コラーゲンはα1鎖とα2鎖の2種類で構成されている

が，魚類のⅠ型コラーゲンはα3鎖を含むことがある。ただα3鎖の有無と物性には特に関係はないと思われる。

哺乳動物，鳥類であれば，例えば真皮層のようにコラーゲンが主成分となった組織に十分な厚みがあるために，他の組織の混入を予防することが容易であるが，魚皮を原料に用いる場合には注意が必要となる。魚皮の真皮層採取の際に，着色した部位の混入が起こりやすく，この混入した着色部位を後から取り除くことは難しく，原料とする魚皮の段階での十分な精製が重要となる。

酵素可溶化コラーゲンの場合，哺乳動物では動物の年齢が進むに従って可溶化される量が減少する。よって使用する動物の年齢に制限が生じる場合がある。つぎの図3.17にウシの年齢と可溶化率を示す。

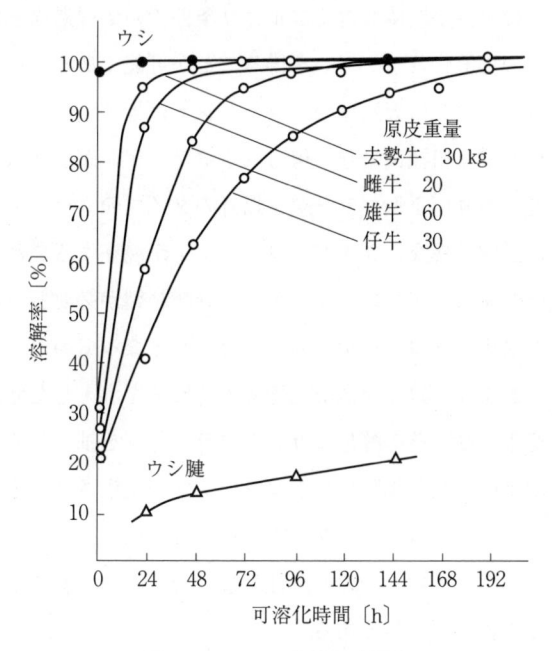

図3.17 ウシの年齢と溶解率

魚類の組織に含まれるコラーゲンは，哺乳動物組織に含まれるコラーゲンと比べ，酸により溶け出すコラーゲンが多いという特徴がある。これは前に述べたアリシン，あるいはヒドロキシアリシンのシッフ塩基による分子間架橋が，

魚類では十分に安定化しないために，酸により結合が遊離するためと考えられる。なお，このシッフ塩基は水素化ホウ素ナトリウムなどで還元することで，酸による溶解を抑えることが可能となる。

　体内埋植での使用を前提としたコラーゲンでは，エンドトキシン汚染に注意が必要である。溶液となったコラーゲンは，濾過滅菌により菌の除去は可能であるが，コラーゲンを汚染しているエンドトキシンの除去ははなはだ困難である。そのために，原料，製造工程でのエンドトキシン汚染に最大限の注意が必要である。特に原料については，採取後に極力汚染を予防した原料組織の精製が必要である。

　エンドトキシンに関し，アルカリ可溶化コラーゲンであれば，製造工程中にエンドトキシンの失活が期待できるアルカリ条件での処理過程を含むため，低エンドトキシンの可溶化コラーゲンを得ることが可能である。ただ得られたアルカリ可溶化コラーゲンは天然型のコラーゲンとは等イオン点が異なる。

　また当然原料とする組織により，得られるコラーゲンがⅠ型以外のコラーゲンである可能性があり，Ⅰ型コラーゲン以外のタイプのコラーゲンの応用が可能である。ただ通常は異なるタイプのコラーゲンが混在することが多いため，塩分別など必要とするタイプのコラーゲンの分離精製が必要となる。

　最近はリコンビナントコラーゲンの利用も可能となっている。これはコラーゲンの遺伝子，およびプロリン水酸化酵素の遺伝子を導入した酵母の中にヒトコラーゲンを産生させ，その酵母よりヒトコラーゲンを抽出している[10]。

　同様にヒト由来の線維芽細胞にヒトコラーゲンを産生させ，そのコラーゲンを利用した製品もある。コラーゲンは本来抗原性の低いタンパク質であるが，これらヒトコラーゲンでは，その抗原性をまったく問題することなくインプラント材料としての使用が可能である。

　可溶化などによってコラーゲンを取り出して利用するのではなく，コラーゲンを主成分とする組織から，細胞を除くことで，天然組織の構造をそのまま利用することも試みられている。これは，生体組織の形状としてコラーゲンをそのまま利用できるだけでなく，組織中のコラーゲンの高次構造の利用も可能に

する方法である。脱細胞の方法としては界面活性剤,凍結融解,浸透圧法,超高圧処理などが試みられている。他にアキレス腱などのコラーゲンを主成分とする結合組織をばらばらにし,不溶性のままコラーゲンとしての精製を行い,使用することも行われている。

以上,用途に合わせて原料種の選択が重要となる。

3.7 応 用 例

コラーゲンは古代より利用されてきた材料である。皮の鞣しは最も古くからのコラーゲン利用法である。生皮中のコラーゲンに天然素材により分子間架橋を導入することで,乾燥しても柔軟さを保持し,腐敗を防ぐことが可能となる。またコラーゲンの熱変性物であるゼラチンは膠として利用されてきた。具体的には接着,墨などへの利用である。

コラーゲンの可溶化方法の開発,生化学的性質の解明などが進むことにより,新たな応用研究が開始され,種々の応用製品を市場で見ることができる。

現在の応用分野としては,大きくつぎの分野がある。

(1) 食品分野への応用
(2) 培養用基材への応用
(3) 化粧品原料としての応用
(4) 医療分野での応用

以下にそれぞれの具体的な応用例を示す。

3.7.1 食品分野への応用

古くからコラーゲンの熱変性物であるゼラチンは,食品分野では広く応用されて来た。しかし変性していないコラーゲンの,食品分野での代表的な応用例は人工のソーセージケーシングである。

これはコラーゲンの線維構造を保持したまま解かし,酸性のコラーゲン分散液を主成分とした粘度の高い原料液を調製後,この液よりチューブ状に凝固,

成形し，燻煙による鞣し（分子間架橋）処理を行い，形状の維持と強度をもたせることによってつくられる。またチューブ状に成形する際に，コラーゲンの線維が直交するように，二重ノズルの内側のノズル，外側のノズルのそれぞれより原料液を凝固浴に押出成形することにより，天然腸に近い食感をもたせている。

人工のソーセージケーシングは，天然腸に比べ，一定のサイズで，ただちに肉詰が可能，さらに連続的にいくらでも長いものをつくることができるというメリットをもつ。ソーセージケーシングの原料となる，粘稠なコラーゲン分散液を肉のすり身と一緒に押し出し，肉の表面にコラーゲンの皮膜を形成させた後に乾燥，薫煙してソーセージをつくる技術も開発され，世界中で応用されている。ソーセージケーシングと同様に，可食性のひもも製造されており，食品分野で利用されている。

3.7.2 培養用基材への応用

組織から単離した細胞を体外で培養することは，生化学的に重要な研究方法であり，またその応用として，培養細胞による有用物質生産も行われている。細胞の培養では，細胞が生体内にあった環境に近い状態で培養することによって，細胞の脱分化を抑え，細胞の形態維持を行うことができる。

コラーゲンは体内において細胞外マトリックスの主成分として存在するため，細胞あるいは組織培養の基材として優れた材料であり，広く応用されている。

コラーゲンの酸性溶液は細胞培養用として応用が可能である。使用方法として，酸性溶液を使い培養基材（プラスチック表面）へコーティング，酸性溶液を中性付近の緩衝液で中性溶液へ調製し，そこに細胞を分散後，加温させて全体をゲル化させることでゲル内三次元培養が可能となる。同様に，加温させてゲル化させたコラーゲン上での培養も利用可能である。

なお酸性溶液でのコーティングでは，コラーゲンの溶解を防ぐために，コーティング表面への紫外線照射を行うことでコーティングされたコラーゲンの固

定ができる。この場合，この固定化されたコラーゲンには天然型のコラーゲン線維は形成されておらず，コラーゲン分子が分散した状態で固定されており，線維芽細胞などの特定の細胞では増殖抑制は解除される。

他にはコラーゲンを事前にコートしたプラスチック製培養用シャーレ，培養用のスポンジ，両面で異なる細胞を背中合せにコカルチャー（共培養）が可能な枠に固定されたコラーゲンフィルム，などが製品化され利用可能となっている。しかしその利用は研究室レベルが多く，工業的規模での利用はまだまだの状態である。

この応用の発展として再生医療，さらには動物実験代替試験への利用が考えられる。再生医療の基本となる三大要素として，細胞，サイトカイン（増殖・分化因子），マトリックス（足場）を挙げることができ，その一つであるマトリックスについては，細胞の脱分化を抑え，細胞を十分に機能維持させることを第一に，設計することが重要である。またこの場合には，培養の後にインプラントされることが多いと考えられ，当然インプラント材料としての条件も満たす必要がある。患者より取り出した膝軟骨細胞をコラーゲンゲル内で培養し，それを患者の軟骨欠損部に充填する，膝軟骨欠損の治療法が臨床に応用されている。

また動物試験の代替試験法では，生体組織とできるだけ類似した培養物をつくり，その培養物を使いサンプルの評価試験を行う方法が考えられる。近年，ヨーロッパにおいて，化粧品分野での動物実験が全面的に禁止となることから，代替法の研究開発が盛んとなっている。動物実験代替法として，再生医療技術の一つの利用方法としての展開が可能である。ある評価に特化した模擬皮膚などの培養物をつくり，それを用いて試験を行うための培養細胞の製品が販売されている。

コラーゲン溶液を使い細胞培養を行う場合，コラーゲンの線維再生，コラーゲンの配向性などに注意が必要である。例えばコラーゲンの酸性溶液を使いコーティングする際に，その塗布方法によってはコラーゲンが強く配向することが考えられる。つねに同じ条件で培養を行うために，このコラーゲンの配向

にも注意が必要である。

3.7.3 化粧品原料としての応用

化粧品分野でのコラーゲンの応用については，本邦では1980年ごろから始まっている。当初はトロポコラーゲン，すなわち弱アルカリ領域に等イオン点をもつコラーゲンが使われたため，中性領域での使用に制限が，具体的には負電荷をもつ高分子，例えばヒアルロン酸，CM-セルロースなどとイオンコンプレックスをつくり沈殿するという制限があるために，これらの原料との配合が難しかった。しかし1990年ごろ，化学的修飾されたコラーゲンの利用が可能となり，その利用は広く普及した。具体的にはリジン，ヒドロキシリジン側鎖アミノ基と無水コハク酸，無水フタル酸など，酸無水物と反応させることにより，等イオン点を酸性側にすることができるため中性領域での利用が可能となり，さらにヒアルロン酸など他原料との配合が可能となった。

化学的修飾によってコラーゲンの中性領域での保湿効果を発現させることが可能となった。化粧品分野でのコラーゲンは，皮膚の保湿性維持および使用感の向上に大きく寄与していると考えられる。コラーゲンのもつ各種細胞との相互作用，創傷治癒効果，組織との高い親和性，低抗原性などのバイオマテリアルとしての特徴に加え，コラーゲンの化粧品における全般的な役割としては，特に保湿性維持の結果として多岐にわたる二次的効果が期待できることが挙げられる。

溶液とは違い，コラーゲンのみからなるゲルも化粧品として製品化されている。コラーゲン溶液に塩を加えることでコラーゲン溶液の粘度は低下するが，この製品は塩を含まない水にコラーゲンを溶解，あるいは膨潤させたもので，粘稠（ねんちゅう）で透明なゲル状の製品である。

溶液以外での利用としては，容器の中のコラーゲンを主成分とした凍結乾燥物をつくり，使用時にそこに溶解液を加えて溶液として使用する方法（用時調製）が知られている。これはコラーゲン溶液に熱変性を起こす加温に対する注意の必要がない，また乾燥物であるため防腐剤の使用が不用あるいは減らすこ

とができる，というメリットがある．凍結乾燥と同様に，乾燥させたコラーゲン綿状物を溶解液によって溶解させる製品も知られている．また化粧水など，有効な成分を保持させ，皮膚に十分な化粧水有効成分を接触させることを目的としたコラーゲンのスポンジ膜など溶液以外にもコラーゲンの特性を生かした利用方法が試みられている．本邦での2001年9月のBSE発生以降，化粧原料としては哺乳動物由来の原料は敬遠される傾向があり，最近では魚類由来コラーゲンの利用が多い．

3.7.4 医療分野での応用

コラーゲンは，細胞外マトリックスの主成分として，細胞の支持・足場としての機能をもち，その細胞が組織，臓器を形成して生体を構築する上で不可欠なタンパク質である．この生体内での機能から考えて，コラーゲンは優れたバイオマテリアルとしてとらえることができ，実際多くのバイオマテリアルとしての応用例がある．以下にコラーゲンのバイオマテリアルとしての特徴を述べていく．

細胞外マトリックスの主成分として，コラーゲンは細胞を支える足場的物質としての機能の他に，組織・臓器の骨組み，枠組みを形成し，生体の物理的保護・支持に大きく関与している．よってコラーゲンは高い物理的強度をもっているが，これは細長い棒状の分子が規則正しく配列集合して形成される線維構造に由来すると考えられる．そのために，例えばコラーゲン溶液から紡糸した糸は，絹に匹敵する強度をもつが，この糸を熱変性させることで，その糸の強度は極端に低下する．

コラーゲンの抗原性については，先に臨床応用されたアテロコラーゲン注入による抗体産生の例を示したが，基本的にはトロポコラーゲンであっても，その抗原性は他のタンパク質と比べて非常に弱いものである．コラーゲンの構造の中で抗原性に関係する部分の一つは分子両末端に存在するテロペプチドで，これは動物種間で差が明確であり，コラーゲンの主要な抗原性はこのテロペプチドに基づくと考えられている．よって，テロペプチドを酵素によって除去し

たアテロコラーゲンは抗原性が大きく低下するので，バイオマテリアルとして望ましい特徴といえる。別の抗原部位としては，らせん構造の中に存在し，コラーゲンが変性し，らせんが解けてランダムコイルとなった際に現れる抗原部位が知られている。さらにもう一つコラーゲン分子のらせん構造に基づく抗原部位があるといわれているが，ニワトリ，ネズミ，マウスでは，この部位に基づく抗体が産生されるものの，ウサギでは抗体は産生されない。

コラーゲンは，生体内においてMMPであるコラゲナーゼによる分解を受け，組織のホメオスタシス維持がなされている。バイオマテリアルとして生体内に埋植されたコラーゲンも，同様にコラゲナーゼによる分解に加え貪食細胞による分解も起こり，コラーゲンは生体内分解・吸収性材料である。

細胞の分化，遊走に，細胞表面のインテグリンなどのタンパク質，糖鎖を介してコラーゲン線維が影響を及ぼすことはよく知られている。また，コラーゲンが血小板粘着，凝集に始まる血栓形成反応に関与することもよく知られている。血液が流れる血管壁の内皮細胞に欠損ができると，血液がそこから流出し，その周囲のコラーゲン線維に血液が接触すると，血液中の血小板がコラーゲンに粘着し，血小板因子を放出して凝集反応を起こし，さらにフィブリンの生成反応を経て血栓が形成される。

トロポコラーゲンあるいはアテロコラーゲンなどの可溶性コラーゲンは，溶液とすることができる。またコラーゲン溶液を等イオン点に調整する，あるいは塩析することによって溶液からコラーゲンを分離することが可能である。さらにコラーゲンに物理的あるいは化学的分子間架橋を導入することにより，可溶性コラーゲンを不溶化することができる。これら溶液化，析出，不溶化を組み合わせることによって，溶液をスタートに，各種形状への成形が可能である。成形性はバイオマテリアルの機能を最大限発揮させるために重要な特性である。

以上，バイオマテリアルとしてコラーゲンの概要を述べたが，これらの特徴をまとめるとつぎのとおりである。

 (1) 高い物理的強度　　　(2) 水との高い親和性

(3) 低抗原性　　　　　　(4) 生体内吸収性
(5) 細胞との高い親和性　　(6) 細胞分化への影響
(7) 血小板凝集の惹起　　　(8) 物理的，化学的修飾が可能
(9) 各種形状への成形可能

　これらの特性を生かした医療分野での応用が広く行われ，多くの製品を利用することが可能である．これらの特性を十分に生かすためには，その製品の形状が重要である点に注意が必要である．同じ目的の製品でもいくつかの形状の製品が見られ，それぞれが特徴をもっている．

(1) 軟組織陥凹部修復材　　事故，手術などにより軟組織，例えば顔面に陥凹部（かんおう）が生じた場合，その陥凹部下にコラーゲンを注入して組織を盛り上げ，さらには注入したコラーゲン中に自己の細胞が入り，自己コラーゲンの産生によって陥凹部を修復することを目的とした注射可能なコラーゲン材料がある．これを目的とした製品としてはいくつかの種類があり，このうちの一つに，注入前はクリアーな溶液状であるが，注入後体温により加温されることで組織と同じ線維が再生し，それによって全体がゲル化するという特徴を有する製品がある．実際，再生した線維を透過型電顕で観察すると，コラーゲン線維特有の横紋構造を見ることができる．別の製品では注入前から線維が形成された白色の注入材料のものもある．この場合，注入を容易にするため，形成された再生線維をあらかじめ物理的に粉砕している．

　この製品の別の用途としては，切迫性，あるいは腹圧性の尿失禁の簡便な治療法として，尿管の括約筋付近にコラーゲンを注入し，管の断面積を小さくすることで症状の改善を図る，といったものもある．手術を行うことなく，症状の改善が期待される製品である．

　これら製品は，ウシ真皮を原料としたアテロコラーゲンから製造されており，人に応用するにあたっては免疫反応に基づく副作用を生じる可能性があるため，治療前に皮内テストが行われる．皮内反応で陽性と判断された患者には，患部への注入による治療は行われない．他のアテロ

コラーゲンを原料とした医療分野製品の治療では皮内(ひない)テストは行われないが、これは軟組織陥凹部修復材が顔に用いられることが多いためである。

(2) **骨補填材** 骨欠損部に充填される骨補填材は種々知られているが、その中で顆粒状の補填材の場合、問題点として充填した材料の保持があった。患部に補填されたハイドロキシアパタイトなどの充填材が補填部に維持された場合には、骨再生が期待されるものの、補填部に維持されない場合には骨再生が不十分な結果となる。特に歯科領域では補填材の維持が困難である。

この問題点を解決するために、線維化可能なアテロコラーゲン溶液に骨補填材を混ぜ、コラーゲンを補填材の保持材料として用いている歯科用製品がある。アテロコラーゲンと混ぜることで、体温により線維再生したコラーゲンが補填材の漏出を抑え、手術操作が容易になるという利点がある。

他にコラーゲンの骨形成因子キャリアとしての有効性が確認されている。

(3) **止血材** コラーゲンには血液凝固を促す作用があり、さらに生体内吸収性であることから、吸収性の局所止血材としても応用されている。手術の際に出血があった場合、出血部位が確認できる場合には電気メスあるいは結紮(けっさつ)などにより止血ができるが、止血部位が特定できないじわじわとした出血（oozing）の場合には、電気メスあるいは結紮などの通常の処理では止血が達成されないことがあり、そのような出血に止血材が使われる。その止血材の原材料として当初セルロース誘導体などが用いられていたが、その後、コラーゲンを原料とした止血材が開発された。

従来は生体組織の不溶性コラーゲン構造を保持したままの原料を用いたスポンジ状、フレーク状の止血材が使用されているが、後からアテロコラーゲンを原料とした綿状の止血材が開発された。可溶化されたアテロコラーゲンを原料とすることで、溶液からの紡糸が可能となり、綿状への成形が可能となった。

綿状止血材は他の形状の止血材と比べ、血液の吸収性に富み、血液と広い面積で接触するため、優れた止血性を有する。また綿状という形態のため、従来の止血材の使い難さ（手袋、器具などへの付着）も解決された。さらに従来の不溶性コラーゲンを原料とした止血材の問題点として、止血材に不純物としてアルブミンが含まれるが、このアルブミンに対する抗体が産生される問題があった。しかしアテロコラーゲンを原料とした場合には、酵素による可溶化工程でコラーゲン以外のタンパク質は分解されて高純度のアテロコラーゲンを得ることができるため、不純物による問題は見られなくなった。

他にコラーゲンスポンジの片面にフィブリノーゲンおよびトロンビンが付着した製品が開発されている。フィブリノーゲン-トロンビンの面が組織に接触することで、フィブリノーゲンとトロンビンが接触してフィブリン形成が起こるという製品で、コラーゲンによる止血に加え、フィブリンによる接着性をもつ製品である。

(4) **涙点閉鎖材**　　**ドライアイ**とは、涙の量、質の変化によって、角膜、結膜に傷害を生じる目の疾患で、近年のパソコン、エアコン、コンタクトレンズの使用増加によりドライアイ患者は増加している。また近視治療のLASIK（laser in situ keratomileusis）術後に一時的なドライアイとなることも知られている。

ドライアイ治療法の一つとして、涙の流出口である涙点にプラグを入れて涙の流出を防ぎ、角膜、結膜上の涙液量を増加させる方法がある。この涙点プラグは安全で確実なドライアイ治療方法として中等度から重症のドライアイに対して広く用いられている。これまでの涙点プラグはシリコーンなどを原材料とした固形のプラグである。固形のプラグは確実な涙点閉鎖を得ることができるのがメリットであるが、肉芽の形成、涙点の位置によってはプラグが角膜および結膜に擦れて上皮障害を起こし、異物感などの使用による不快な自覚症状のデメリットがある。また、サイズ選択が必要で、サイズ不適合により早期に脱落してしまった

り，肉芽形成を起こしたりする可能性がある。

　これらの欠点を解決する方法として，アテロコラーゲンの中性溶液が体温に加温されることでゲル化するという性質を利用した涙点閉鎖材が開発され，ドライアイの治療に用いられている。涙点から涙小管に注入されたコラーゲン溶液は注入後に，この溶液が注入部位で体温によりゲル化することで涙の流出を抑えるというもので，異物感がまったくなく，またサイズ選択が必要なく，これまでの固形プラグの問題点が解決された。

(5) **GTR 膜**　近年，加齢に伴って増加する歯周病が問題となっており，歯の喪失原因の 40% 程度は歯周病であるといわれている。長寿社会の現在では，歯周病の治療を行い，歯を保存することが強く求められている。

　この歯周病治療の一つとして**歯周組織再生誘導**（guided tissue regeneration，**GTR**）**法**が知られている。これは歯槽骨の外側から歯頸部に至るまでのスペースに膜材料でカバーすることにより，歯肉上皮がダウングロース（下方に成長すること）を抑え，できるだけ歯肉上皮を歯頸部の元の位置に接合するようにし，骨欠損部のスペースを確保することで，確実に歯周組織の再生を誘導して歯根の再付着を目的とする治療法である。本治療法では当初，ゴアテックス膜のような非吸収性膜により行われていたが，吸収性であるコラーゲン製の膜が開発された。吸収性 GTR 膜では治療終了後，膜を除くための二次手術が不要となる。

(6) **人工血管クロッテング材**　人工血管は機能不全となった生体血管の取替え，バイパスあるいはシャントのために用いられている。市販されている人工血管を材料から分類すると，布製，PTFE（polytetrafluoroethylene）製，生体材料製などに分類することができるが，このうち布製の人工血管は血液流量の多い大動脈に用いられ，耐圧性，血液の耐漏性に優れた特性をもつ必要がある。

　現在広く用いられるダクロンなどを材料とした布製人工血管は，使用

前に患者の血液により手術前にプレクロッテング（プレシーリング）処理を行い，目詰まりさせて血液の漏出を抑えた後に使用されていた。その後，あらかじめコラーゲン，ゼラチンで人工血管を被覆したシールド人工血管が開発され，臨床で利用されるようになった。

このシールド血管ではプレクロッテングの必要がなくただちに使用でき，また縫合の際の針穴からの出血を減らすことができる。

(7) **真皮欠損用グラフト**　コラーゲンを創部に適用すると創傷治癒が促進され，創部の強度が向上することが報告されている。コラーゲンは線維芽細胞に対して走化性（chemotactic）効果を示すこと，コラーゲンフィブリルが細胞の遊走に効果をもつことが，コラーゲンの創傷治癒促進効果につながると考えられる。

そのためコラーゲンの創傷など，組織欠損部への応用は古くから検討されており，いくつもの製品も販売されており，例えば凍結乾燥豚皮，コラーゲン製不織布などが知られている。これら製品のうち，特に真皮欠損部のグラフト材としての利用が盛んに行われている。いくつかの真皮欠損用グラフト製品があるが，いずれの製品でも周囲より細胞が侵入しやすいよう，設計され，速やかに自己組織に置き換わることを目指した製品である。

また自己，あるいは他人の細胞を用いた培養皮膚の応用研究も多いが，最近はその技術を新規な化学物質などの毒性のアッセイに用いることが試みられている。

(8) **DDS基材**　医薬品を目的とする組織に有効に送り込み，薬効を十分に発現させると同時に，医薬品による副作用を極力抑える投与方法が盛んに研究されている。

肝炎の治療にはインターフェロン（IFN-α）溶液の筋注治療が有効である。しかし，治療のため入院して毎日受ける注射による発熱などの副作用は，患者の大きな負担である。そこで副作用を抑えるためインターフェロンのDDSが考えられ，その基剤としてアテロコラーゲンが有効

であることが明らかとなっている。これは直径約1mmの棒状のコラーゲンペレットにインターフェロンを含有させたもので，これを皮下に注入することにより長期にインターフェロンがリリースされてその効果が持続し，副作用を抑え，投与回数の減少など多くのメリットのある剤型である。この剤型はインターロイキン2（IL-2）など，インターフェロン以外のタンパク質薬剤のスローリリースにも有効であり，コラーゲンの利用分野の一つとして期待される技術であり，多くの結果が報告されており有益な結果が得られている。

(9) その他の応用研究 多くの医用分野で応用研究が行われているが，そのいくつかを紹介する。

アテロコラーゲンのリシン残基の側鎖アミノ基をサクシニル化することによってコラーゲンの等イオン点を酸性側にまで下げることが可能であり，この化学的修飾により中性で溶解するコラーゲンを得ることができる。このサクシニル化コラーゲンを代用硝子体として用いる検討が行われている。代用硝子体としてヒアルロン酸の応用研究が知られているが，このサクシニル化コラーゲンは中性で透明であり，ヒアルロン酸と同様の粘性をもつことから，ヒアルロン酸と同様の応用が可能であった[1]。

同様に眼科への応用として，白内障手術の眼内レンズ挿入時における前眼部に注入される手術補助剤として，サクシニル化コラーゲン，アルカリ可溶化コラーゲンが検討されている。現在この手術補助剤としてヒアルロン酸が用いられているが，コラーゲンを利用した場合には，手術終了時には体温によりコラーゲンの熱変性が進み，粘度が低下するために除去が容易になるという，コラーゲンの特性を生かした試みである[2]。

またコラーゲンの酸性溶液を角膜の曲率半径をもった型に入れた後に，型のままγ線を照射することで，角膜にフィットする透明なコラーゲン製レンズ状物をつくることができる。これを眼の包帯，バンデージレンズとして応用することも試みられている[3]。

Ⅰ型の糖尿病患者は現在毎日インスリン剤の注入が必要であり、さらには合併症の心配がある。これらの問題を解決する方法の一つに、インスリン産生細胞であるランゲルハンス氏島の細胞を体内に導入することが検討されている。この際、カプセル化により免疫細胞からランゲルハンス氏島の細胞を守ることが必要となるが、このカプセル化の材料としてコラーゲンも検討され、動物実験で長期にわたり安定したインスリン産生が確認されている[4]。

半回神経麻痺などにより声帯が萎縮し、発声が困難となった際の治療法として声帯内にコラーゲンを注入し、その体積を増して発声を回復することが試みられている。具体的には章末文献 1) の軟組織陥凹部修復材で述べたコラーゲン溶液が用いられ検討されており、発声の回復に有効であった[5]。

冠状動脈のように直径 4 mm 以下という細い人工血管では、長期間血管を閉塞させず開存することは困難であったが、動物の細い血管組織を処理することにより実用に耐えうる細口径人工血管が検討されている。これは血管組織内面に塩基性タンパクであるプロタミンを共有結合により固定したのち、このプロタミンにヘパリンをイオン結合させることで長期間ヘパリンがスローリリースし、長期の開存が得られるものである[6]。

コラーゲンを用いた人工気管についてはいくつかの研究が見られる。当初はシリコーン製のチューブが代用気管として使われた時期があったが、感染、狭搾、脱落といった問題が多発した。そこで生体親和性に優れたコラーゲンを人工気管として利用することが行われている。検討の一つはテンプレートとしてのコラーゲンシートの利用である。特にテンプレートとしてのコラーゲンシートでは臨床的に気管粘膜の再生が確認されており、手術後の患者の負担を大きく減らすことが可能となる[7]。

また別の検討ではコラーゲンと人工物の組合せが検討されており、さらには細胞を播種したハイブリッド型の人工気管も検討されている[8]。

先ほどインターフェロンの DDS について述べたが、タンパク質薬剤の

DDS以外に，核酸類のDDS基材としての可能性も検討されている。siRNAなど，治療目的の核酸については，生体内の細胞への導入が困難であることが知られている。その導入が困難な生体内細胞への核酸類導入にアテロコラーゲンが有効であることが知られている。特に全身投与により，癌組織にsiRNAを到達させることができる[9]。

先ほど創傷カバー材として凍結乾燥豚皮があると述べたが，同様の生体組織を利用したものにブタなどの心臓弁を処理した生体弁が臨床的に用いられている。しかしこの生体弁では石灰化が問題となっている。この石灰化は心臓弁処理に使用するグルタールアルデヒド（GA）により起こりやすくなることが知られているが，この問題を解決する方法としてポリエポキシ化合物による化学架橋がある。架橋剤としてポリエポキシ化合物を用いることで石灰沈着を抑え，さらに架橋された材料は新たに水酸基が生成するために親水性，および生体組織本来の柔軟性を保つことができる[10]。

3.8 おわりに

他には末梢神経接合用[11]，腱の癒着防止材[12]などの応用研究，さらにはコラーゲンをマトリックスとして用いる再生医療での開発も行われている[13]。

以上，コラーゲンの治療への応用について述べてきたが，今後さらなるコラーゲンの応用を考えた場合，従来のコラーゲンの欠点を補うための合成高分子との強固な結合による組合せ，種々の接着因子の導入などにより，さらに使用目的にあった素材をつくることが可能であろう。

コラーゲンは細胞によりつくられ，その細胞の活動の場，およびその組織の構造物として機能している。例えばI型コラーゲンは体内に広く分布し，その量も豊富であるが，同じ分子構造の材料が腱では一定方向に高い強度をもつ組織となり，真皮ではあらゆる方向に同じ強度をもつ組織となり，さらには透明な角膜にもなる。これらの違いはコラーゲン分子の集合状態の違いが主要な要

因であるが，この違いは細胞に対しても異なる影響をもたらしていると予想される。今後，コラーゲンの集合状態が細胞に与える影響を詳細に調べていくことが重要となるが，そのためにもコラーゲンの集合状態のコントロール技術が大きな意味をもってくると予想される。

引用・参考文献

1) 田中　稔，白土春子，中川正昭，宮田暉夫，中島　章：代用硝子体としてのコラーゲンゲルの応用，日本眼科紀要，**40**(5), pp.1036-1042 (1989)
2) 森本厚子，M.G. Glenn，金井　淳，伊藤　博，宮田暉夫：前眼部手術補助剤としてのコラーゲンの有用性の検討，眼科手術，**11**(2), pp.219-222 (1998)
3) 小暮信行，岩津　稔，中安清夫，金井　淳，阿蘇　雄：新しいコラーゲンシールドのための基礎研究 第1報，日本コンタクトレンズ学会誌，**43**(4), pp.155-162 (2001)
4) K. Jain, H. Yang, B.R.Cai, B. Haque, A.L. Hurvitz, C. Diehl, T. Miyata, B.H. Smith, K. Stenzel, M. Suthanthiran and A.L. Rubin：Retrievable, replaceable, macroencapsulated pancreatic islet xenografts. Long-term engraftment without immunosupression, Transplantation, **59**(3), pp.319-324 (1995)
5) E. Tamura, H. Fukuda and Y. Tabata：Intracordal injection technique, Materials and injection site, Tokai J. Exp. Clin. Med., **33**(3), pp.119-123 (2008)；高野真吾，後藤多嘉緒，田山二朗：声帯溝症の治療方法に関する検討，喉頭，**24**(1), pp.6-12 (2012)
6) Y. Noishiki and T. Miyata：A simple method to heparinize biological materials, J. Biomed. Mat. Res., **20**(3), pp.337-346 (1986)
7) 門倉義幸：コラーゲン人工気管による気道再建に関する基礎的研究，昭和医会誌，**61**(4), pp.458-467 (2001)
8) 大森　孝，中村達雄，多田靖宏，野本幸男，鈴木輝久，金丸眞一，安里　亮，山下　勝，岡野　渉：耳鼻咽喉科臨床の進歩，咽頭・気管の再生医療，日耳鼻，**112**(3), pp.104-109 (2009)
9) T. Ochiya, K. Honma, F. Takeshita and S. Nagahara：Atelocollagen-mediated Drug Discovery Technology, Expert Opin. Drug Discov., **2**(2), pp.159-167 (2007)；A. Sano, M. Maeda, S. Nagahara, T. Ochiya, K. Honma, H. Itoh, T. Miyata and M. Terada：Atelocollagen for protein and gene delivery, Adv. Drug Delivery Rev., **55**(12), pp.1651-1677 (2003)
10) 今村栄三郎，沢谷　修，小柳　仁，野一色康晴，宮田暉夫：生体弁の石灰化防止に関するエポキシ基（デナコール）とアルデヒド基（グルタルデヒド）の比較研究，人工臓器，**17**(3), pp.1101-1103 (1988)；宮田暉夫，古瀬正康，小平和彦，野一色康晴，

山根義久:架橋処理された生物材料を枠組みとした宿主細胞による器管再構築,人工臓器, **16**(3), pp.1478-1482 (1987);宮田暉夫,古瀬正康,小平和彦,野一色康晴,山根義久:エポキシ基をもつ親水性架橋剤によるコラーゲン組織の架橋効果と特徴,人工臓器, **16**(3), pp.1346-1349 (1987)

11) 清水慶彦:神経再生を目指す再生医工学, Biotherapy, **15**(2), pp.127-132 (2001);伊藤聡一郎,川端茂徳,若林良明,四宮謙一,高久田和夫:末梢神経再建用コラーゲンチューブの素材に用いるコラーゲン線維の架橋法に関する検討,日本マイクロサージャリー学会会誌, **18**(2), pp.186-191 (2001)

12) 川井忠智,宮田暉夫,黒柳能光:コラーゲン膜による屈筋腱癒着防止に関する基礎的検討,生体材料, **10**(4), pp.193-200 (1992)

13) M. Brittberg:Cell carriers as the next generation of cell therapy for cartilage repair: a review of the matrix-induced autologous chondrocyte implantation procedure, **38**(6), pp.1259-1271 (2010); T. Moriyama, I. Asahina, M. Ishii, M. Oda, Y. Ishii and S. Enomoto:Development of composite cultured oral mucosa utilizing collagen spomge matrix and contracted collagen gel: a preliminary study for clinical application, Tissue Engineering, **7**(4), pp.415-427 (2001)

14) G. Charriere, M. Bejot, L. Schnitzler, G. Ville and DJ. Hartmann:Reactions to a bovine collagen implant.Clinical and immunologic study in 705 patients, J. Am. Acad. Dermatology, **21**(6), pp.1203-1208 (1989)

4 生体組織を再生するナノバイオニクス

4.1 はじめに

　バイオニクスは生物のさまざまな機能を調べ，それを工学的に実現して活用する研究分野である．欠損した組織を再生するためには三つの因子が大切である．つまり，(1) 間葉系幹細胞やiPSのように増殖できる細胞，(2) それらの細胞の活性度を制御する成長因子・サイトカイン，(3) 細胞が接着・増殖あるいは分化する基質（材料），の三つである．再生医療では，生体内の細胞外基質に対応する生体材料のマクロ構造の制御，およびナノ領域の構造・組成分布の制御を目指すナノバイオニクスの分野が大切である．

　生物の機能は，DNAの中の遺伝子配列によって決まる．分子論レベルの遺伝子配列はタンパク質の合成に直接反映し，さらにそれらが相互作用してナノ構造を形成する．それらの組合せは遺伝子発現の方式とあいまって複雑に変化して，組織の再生に関係する．

　そこで本章では，欠損した骨・神経・軟骨・靭帯を再生するための生体材料・ナノバイオニクスについて述べる．

4.2 ウロココラーゲン——生体組織の階層構造

　本節では，3章とは異なる視点から魚のウロコから抽出したコラーゲンの科学について，一部生物進化との関係を含めて紹介する．さらに他の生物の生体

組織とどのように関連するか考えていく。

魚のコラーゲンには二つの特徴がある。

一つは，魚のコラーゲンが高い安全性をもつ点である。

コラーゲンの原料として，ブタやウシの皮や骨が用いられる。しかし，ウシには牛海綿状脳症（BSE）と呼ばれる，**異常プリオン**（アミノ酸組成は同じで構造が異なる感染性タンパク質）である病原体がヒトに感染して発症する。一方，ブタ・ウシ・ヒツジにも，口蹄疫ウイルスといったヒトへの感染症がある。ウシやブタには，同じ哺乳類であるヒトに感染する**人獣共通ウイルス**がある。そのため，哺乳類由来のコラーゲンを生体材料に用いるためには厳重なリスク管理が求められる。これに対して魚類は私たち人間とは種が離れているため，**人魚共通ウイルス**が存在しない。魚の病気を研究している日本魚病学会でも，このようなウイルスは報告されていない。つまり，魚にもウイルスは存在するが，私たち人間の身体の中では温度や酵素の関係でそのようなウイルスは生存できない。したがって，魚のコラーゲンはブタやウシに比べて安全な素材であるといえる。例えば，ヨーロッパでは，哺乳類由来のコラーゲンは化粧品に使われなくなり，魚のコラーゲンに切り替わっている。

もう一つは，魚のコラーゲンには宗教上の問題が少ない点である。

イスラム教ではブタは禁忌されている。禁止された項目はハラムと呼ばれており，ブタに由来する酵素やタンパク質あるいは医薬品や化粧品などに適用範囲が及ぶこともある。牛肉はハラル（許された）であるが，与える餌から輸送保管に至るまで，厳しい規則に従わなければならない。一方，ヒンズー教ではウシが禁忌である。

イスラム教徒とヒンズー教徒を合わせると，世界人口の40％に達する。化粧品や食品にはコラーゲンが使われるため，世界人口の40％を対象とした大きなビジネスになり得る。ビジネスの視点からも宗教上の禁忌の回避は重要であり，魚のコラーゲンが果たす役割は大きいと期待される。

以上の二点から，魚のコラーゲンは安全・安心な素材であり，今後の消費拡大が見込まれる次世代素材といえる。

4.2 ウロココラーゲン―生体組織の階層構造

魚のコラーゲンは，水産養殖と密接に関係している。水産養殖は一次産業であり，ウロコからコラーゲンを抽出して製造加工する企業は二次産業である。例えば国内からイスラム教圏やヒンズー教圏に流通する商業は三次産業となる。つまり，ウロココラーゲンは，養殖業が加工・流通販売といった多角的な経営形態の六次産業[†1]化が可能な素材である。

日本の水産養殖の状況は，1990年代のバブル崩壊までは養殖生産量が順調に伸びた。しかし，バブル崩壊を境に養殖業の収益が厳しくなり，収益はゼロに近くなっている。日本では，養殖業は成立しにくい状況である。そのため，水産養殖業の活性化に向けた六次産業化が検討されている。

ウロココラーゲンを例にとると，魚種としては熱帯の魚であるテラピア（和名：イズミダイ）が適している。テラピアは全世界で年間350万トン生産されている。主に中国と東南アジアで養殖され，養殖場のすぐ横で白身のフィレに加工される。ウロコは，養殖場から大量に廃棄され，その量は魚全体の0.1wt%として約3500トンである。ウロコ重量の約半分がコラーゲン[†2]であるため，コラーゲン生産量として千数百トンのオーダーと見積もられる。

4.2.1 ウロコと生体組織の類似性

図4.1に魚（上）と電子顕微鏡で観察した**ウロコ**の断面像（下）を示す。この断面像の上側が体内側，下側が体外側である。体内から体外に向かって，層状構造になっていることがわかる。上側1層目は横向きの多数の線から構成され，2層目は多数の点からできている。さらに，3層目が線，4層目が点というように，交互に繰り返し並んでいる。各層の厚さは約2～3μmである。

横向きの一本一本の線が**コラーゲン線維**（直径約90 nm）である。一方，点に見えるのは，コラーゲン線維の束を直交方向に切断した断面である。したがって，図4.1下側に示すように，2層目は1層目が90°回った状態である。

[†1] 一次・二次・三次産業の数字を掛け合わせた有機的・総合的な結合から，利益拡大を目指す事業展開のこと。
[†2] 残りの半分はリン酸カルシウムの水酸アパタイトである。

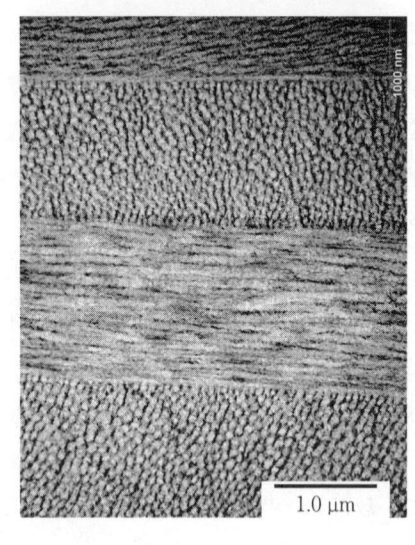

162　　4.　生体組織を再生するナノバイオニクス

図4.1　魚（鯛：上）とそのウロコ断面の透過型電子顕微鏡像（下）

このように，ウロコはコラーゲン線維が一方向に整列した層からなり，ベニヤ板のように一層ごとに交互に 90°ずつ回転している．この構造を**層板構造**と呼ぶ．

　層板構造は生物の随所に見られる普遍的な構造である．この層板構造は，ヒトの角膜実質でも観察される．「目から鱗が落ちる」という諺がある．ある瞬間，いままでわからなかったことが急に理解できたときに使われる．この諺に出てくる「目」と「ウロコ」は，不思議なことに電子顕微鏡で見ると同じ層板構造をとっている．

　図4.2（a）に眼全体の構造を，図（b）に**角膜**の構造を，図（c）に角膜組織の顕微鏡写真を示す．眼の最表面にある角膜は，五つの異なる膜状の組織からできている．一番外側の**角膜上皮**，ボウマン層，中ほどの厚い部分の**角膜実質**，デスメ膜，内側の薄い**角膜内皮**である．眼の各組織の屈折率は，角膜実質

4.2 ウロココラーゲン—生体組織の階層構造

（a）眼全体の構造

（b）角膜の構造

（c）角膜組織の顕微鏡写真

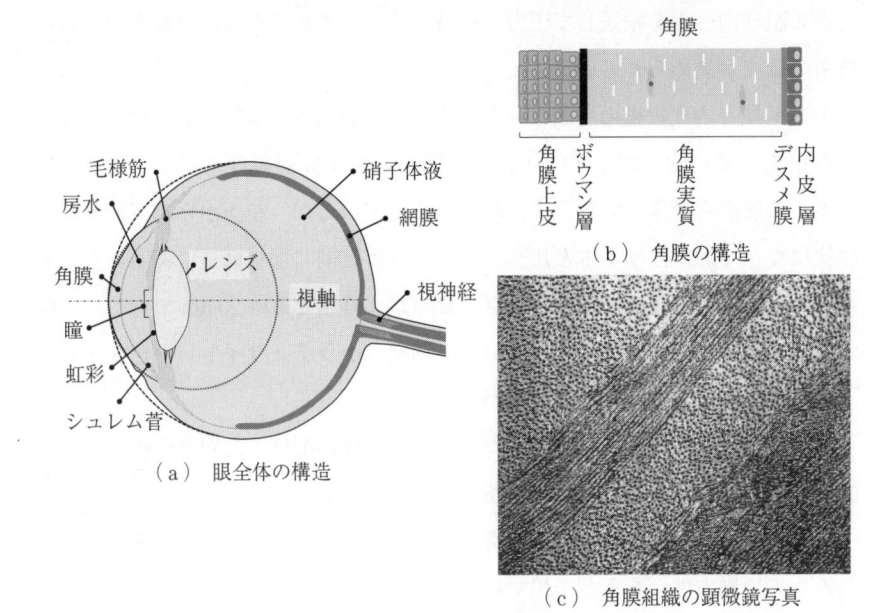

図4.2 眼と角膜の構造

が1.376，**房水**が1.336，**硝子体液**が1.337で，レンズは傾斜した屈折率をもち，1.386（外周部）〜1.406（中心部）である。

　一番外側の角膜上皮は5〜7層の上皮細胞（50 μm：重層扁平上皮）からできている。角膜上皮とボウマン層の間の基底膜部に接する円柱状の上皮細胞が分裂して外側に移動し，最後には剥がれる。栄養は涙液から供給される。角膜上皮細胞は角化しないが，その代謝回転は皮膚より早い。外部から異物が入ってきたときに，上皮細胞が最前線で眼の組織を守っている。上皮細胞は培養が比較的容易で，実際に上皮細胞のシートが作製されている。細胞シート工学という技術が進んで，培養細胞で角膜上皮が再生されている。

　角膜上皮の内側には角膜実質があり，さらにその内側にはデスメ膜（**基底膜様組織**）に接着している1層からなる六角柱状の**角膜内皮細胞**がある。この内皮細胞はポンプの役割をして，涙液から供給された水を上皮・実質を経由して，内側に吸い込んで眼内に送る。眼球がいつも張っているのは，内皮細胞が

外から眼球内へ水を輸送して圧力を維持しているためである。角膜内皮の再生技術の確立が進められている。

上皮組織と内皮組織の中間に存在する角膜実質（厚さ：500 μm）は，角膜の強度を支えている。図4.2（c）に角膜実質の電子顕微鏡像を示す。角膜実質も多くの層からできている。像は斜めになっているが，左上から右下に向けて層状になっており，図4.1と比べると，ウロコと同じ層板構造であることがわかる。角膜実質の場合，各層の厚さはウロコより厚く10〜20 μmである。角膜実質には，層と層の間に多くはないが，細胞（**ケラチノサイト**）が存在する。

層板構造には二つの優れた機能がある。

一つには，機械的強度である。コラーゲン線維の配列した層が縦横・縦横と直行して積層しているため，引張強度が高い。

二つには，透明性である。層板構造ではコラーゲンが一方向に配向しているため，光に異方性があると予想するかもしれない。しかし，ウロコの微細部分に光を照射しても場所によっての異方性がなく，光がある方向にだけ通過する偏光も観測されない。すなわち，偏光はなく，透明性が高い。ウロコも内部に含まれる水酸アパタイト $Ca_{10}(PO_4)_6(OH)_2$ の微細結晶を除くと透明になる。

ヒトの角膜実質は母体の中で形成される。素材のコラーゲンは代謝回転して入れ替わるが，角膜実質は一度損傷すると新しく再生できない。そのため角膜が損傷した場合，角膜上皮・実質・内皮の全層を移植しなければならない。一方，魚のウロコは，抜けてもすぐに再生する。そのため，ウロコの層板構造を試験管の中でつくることができれば，角膜実質の再建に役立ち，角膜の全層移植とは異なる治療技術の確立が期待される。さらに，この層板構造は皮膚などの再生にも役立つことが予想され，ナノバイオニクスの確立が急務である。

4.2.2 ウロコの再生機構

コラーゲンの層板構造はいかに制御・作製されるのだろうか。

図4.3に，魚の皮膚とウロコの構造を示す。最も外側の表皮には上皮細胞が存在し，粘液腺から出る粘液で魚の表面を保護している。その直ぐ下に**真**

4.2 ウロココラーゲン—生体組織の階層構造

図4.3 魚の皮膚とウロコの構造模式図

皮/筋肉/**内皮**がある。真皮は二つの層に分かれていて，外側が疎な真皮（疎性結合組織である**海綿層**），内側が密な真皮（密性結合組織である**緻密層**）である。ウロコは魚の表面に近い疎な真皮の中に存在している。

ウロコが抜けると表皮が破れる。魚の上皮細胞は活性が高く，表皮はおよそ1日で再生する。2日目には，表皮で囲まれた空間に未分化の幹細胞が入ってくる。この未分化な細胞の起源は必ずしもわかってはいない。体内に存在する体性幹細胞か，上皮由来の未分化細胞と考えられている。私たちが小さい怪我をしたとき，すぐ治るのと同じメカニズムだと考えられる。

ウロコの場合，**未分化細胞**から**類骨形成細胞**[†]という骨をつくる細胞に分化する。この類骨形成細胞が一列に配列して骨に似た組成・構造をもつ薄い層をつくる。ウロコの体表側は骨に近い組成である。その薄い層を鋳型にして反対側に秩序だった層板構造が形成される。秩序層を形成する細胞は**線維芽細胞**である。ウロコの原形は5日くらいでつくられ，1週間でウロコが形成される。ウロコは骨組織と類似しているため，ウロコの再生と骨代謝の関係も研究されている。

角膜実質とウロコが同じ層板構造をもつことは，角膜とウロコが上皮と内皮

[†] Scleroblast とも呼ばれ，皮膚骨格の骨芽細胞である。

の中間にあり，類似の細胞の組合せによって形成されている可能性を示唆している。

4.2.3 生物進化と材料

生物進化の中でウロコはどのように位置づけられるのだろうか。

図4.4に歯と骨の生物学的な起源を示す。約5億年前（古生代）に，魚に似た無顎類（ヤツメウナギの仲間）という生物（図の左下）が現れた。化石からこの無顎類の体表は硬組織（**皮甲**）で覆われていたことがわかっている。この組織は**アスピディン**（**骨様組織**）と呼ばれて，骨や歯の原器である。図4.4の左下にアスピディンの模式図を示す。一番外側が象牙質，つづいて海綿骨に類似した構造，さらに緻密骨に似た層板構造をもった複雑な構造からできている。

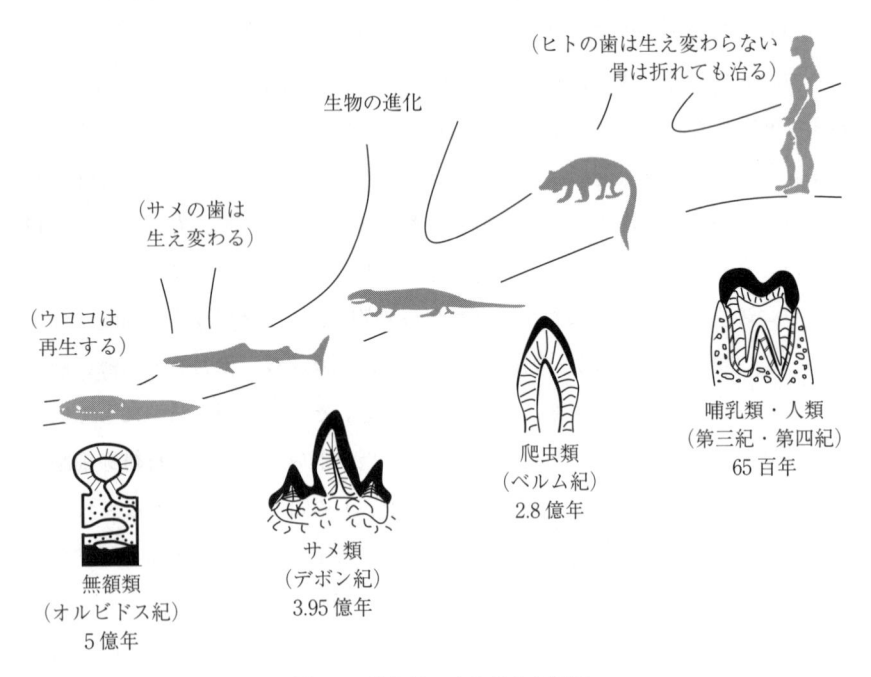

（ヒトの歯は生え変わらない
骨は折れても治る）

生物の進化

（サメの歯は
生え変わる）

（ウロコは
再生する）

無額類
（オルビドス紀）
5億年

サメ類
（デボン紀）
3.95億年

爬虫類
（ペルム紀）
2.8億年

哺乳類・人類
（第三紀・第四紀）
65百年

図4.4 歯と骨の生物学的な起源

図4.4のようにアスピディンは硬骨魚類のウロコに進化した。ウロコは再生する特性をもち，抜けても1週間で新しいウロコが生え変わる。

アスピディンはサメの歯にも私たちの歯にも進化した。サメの歯はウロコと同じように生え変わる。しかし，私たちの歯は乳歯から永久歯に一度だけ生え変わるが，その後は再生の遺伝子発現を失っているため生え変わらない。歯の再生には**上皮細胞**と**間葉系幹細胞**（mesenchymal stem cell，**MSC**）という性質の異なる2種類の細胞が必要であり，再生が難しい。そのため，欠損した歯の治療には金属やセラミックスの人工歯根を埋植することが行われている。

一方，骨は折れても2~3箇月で再生して治る。骨は再生の遺伝子発現を維持しており，骨の再生能力を生かす治療法を骨誘導再生法（4.3節 参照）という。

もともとアスピディンには再生する能力があったと考えられる。それがウロコや歯，骨のような器官に進化するとともに，再生の遺伝子発現が限定されたように思われる。生物全体としてみると多様性は保っているが，個々の生物種は逆に特殊化し，遺伝子発現の仕方を変えてきたことを示している。

4.2.4 骨の構造と形成機構

骨はアスピディンに類似した構造をもっている。また骨とウロコは再生の遺伝子が発現しており，骨はウロコに近い構造であると予想される。

骨の階層構造を**図4.5**に示す。骨は1 cmの大きさから10 nmの微細な領域

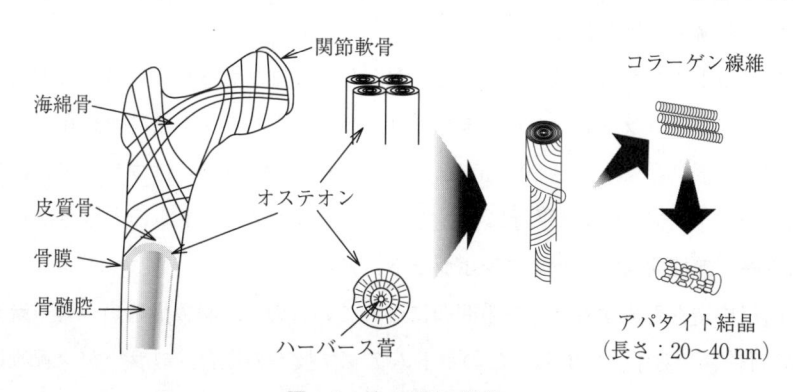

図4.5 骨の階層構造

まで，6桁(けた)の幅広さで異なる階層構造をとっている。

巨視的に見ると一番外側に軟らかい**骨膜**(こつまく)があり，細胞の供給源になっている。その内側に非常に硬い**皮質骨**(ひしつこつ)（強度 150 MPa）が存在し，私たちの身体を支えている。皮質骨の内側には強度の低い**海綿骨**(かいめんこつ)（数十 MPa）が，さらに内側には**骨髄腔**(こつずいくう)があり，MSC などの供給源になっている。特に MSC は，骨・軟骨・筋肉・脂肪などのさまざまな細胞に分化することができる。

骨は，硬い皮質骨から，柔らかい骨髄腔まで機械的強度が傾斜化している。

皮質骨を拡大すると，図 4.5（中）のように細長い円筒状の**オステオン**（**骨単位**）がたくさん集まってできている。オステオンを拡大すると，中心に小さな穴（**ハーバース管**：血液の通路）があり，栄養の供給源になっている。そのまわりは年輪状の構造をとっている。オステオンはつぎつぎとつくり変えられるため，新しいものが古いものの上に重なり，骨の断面は非常に複雑な形を示している。

オステオンの年輪を1枚ずつ剥いでいくと，一番外側の年輪では左上から右下に向かって線維が走っている。そのすぐ内側では，線維は右上から左下に向かって走っており，二つの年輪はたがいに 90°に近い角度で交差している。さらに内側の年輪では，線維はまた 90°に近い角度で交差している。これは，ウロコに見られた平たい層板構造が丸いオステオンに対応しているとわかる。ウロコの平面がオステオンでは円筒状になり，コラーゲン線維が1層ごとに直行している構造は保たれている。

年輪の1層をさらに拡大していくと配向した線維が見られる。さらに拡大すると，線維はコラーゲンからできており，所々にアパタイト結晶が存在する。アパタイト結晶は大きさ 20〜40 nm であり，結晶軸（c 軸）はコラーゲン線維（200 nm）の方向とほぼ平行になっている。骨はナノメートルの大きさからなる**有機・無機複合体**（**ナノコンポジット**）になっている。

階層構造を形成する上で一番問題になっているのが，層板構造の一層一層を 90°回転させる手法である。このボトムアップ技術の場合，コラーゲン線維はイオン強度・温度・pH などの制御によって形成させることができる。コラー

ゲン線維を一方向に並べることも，磁場や流れ場を用いて可能である．しかし，整列した線維を 90°回転させる技術は十分には確立されていない．これがボトムアップ技術の限界である．

一方，トップダウン技術として，例えば 3 次元（3D）プリンタによって骨の傾斜構造を実現することは可能である．しかし，この場合でもオステオンの円筒状の層板構造をつくることは困難である．

ボトムアップ技術でもトップダウン技術でも 90°回転している縦横の層板構造は実現されていない．層板構造を形成する技術が確立されれば，骨のオステオンの構造が制御でき，目の角膜実質を作製することも可能になる．つまりウロコや骨（オステオン）・角膜実質の層板構造は，ナノバイオニクスの視点からすると同じ構築メカニズムに基づいていると考えられる．

4.2.5 コラーゲンの層板構造と変性温度

ウロコの縦横層の界面でコラーゲン線維がどのように 90°回転するのだろう．

一つ考えられている理由が，界面に存在する小さな分子の働きである．図 4.6 に考えられる分子構造の模式図を示す．この分子にはレールのような構造が上下にあって，両方のレールの向きは直交している．レールは一方向に並んだ分子配列を示していて，上下で向きが 90°回転している．いま，コラーゲン

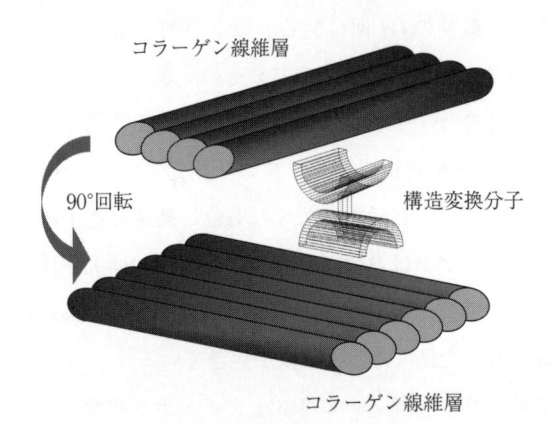

図 4.6 構造変換分子の模式図

線維が配列した層を考える。そこに小さい分子を入れると，下の層に分子が結合する。つぎにコラーゲン線維を入れると，下の層と直交した方向にコラーゲン分子が配向する。このような構造変換が可能な分子が存在すると，コラーゲンからなる層板構造を作製することができる。

さて，貝殻は炭酸カルシウム $CaCO_3$ からできている。しかし結晶構造は，常温常圧で安定なカルサイト相（方解石）ではなく，高温高圧で安定なアラゴナイト相（アラレ石）である。どうして貝殻が海の中では不安定なアラゴナイト相からできているのか，その答えは結晶の種となる核生成が関係している。貝殻の結晶核は硫黄を含んだ多糖類であり，これを鋳型に結晶が成長するためアラゴナイトができる。上記の層板構造の構造変換物質も，硫黄を含んだ多糖類が関係していると考えられる。

層板構造の配向が変化するタイミングについて考察する。層板構造の層が90°回転するために，一列に整列した細胞から分子が分泌される。そのタイミングには，細胞周期が関係していると考えられる。

細胞は二つに分裂した後，**G1 期**に入り大きくなる。DNA 合成の準備ができると **S 期**に入り，DNA が複製される。つづいて **G2 期**に入り，細胞は成長する。ここまでを**間期**という。その後，**M 期**（**分裂期**）に入ると，細胞の成長は止まり，DNA が細胞の両極に分かれ，つづいて細胞質が二つに割れて細胞が分裂する。そして最初の G1 期に戻る。以上が細胞周期である。

ヒトの分子生物学は，遺伝子の並び方やその発現マーカーなどがよく調べられている。一方，魚の分子生物学は研究が進んでいる段階である。

図 4.7 は，原子間力顕微鏡で見たウロコの構造である。層板構造の層界面はいきなり 90°回転する。セラミックスの場合，高速の電子線を当てても構造は壊れないが，コラーゲンは熱で壊れるため，界面の研究が困難である。

層界面近傍では細い線維が並んでいるが，中央部分になるに従い線維が太くなる。線維が細くなった所で 90°の回転が起きている。

魚類であるタラ・サケ・サメ・ヒラメ・タイ・チョウザメ・ティラピアから抽出したコラーゲン，および哺乳類であるブタから抽出したコラーゲンの変性

図 4.7 ウロコ断面の原子間力顕微鏡像

温度と生息域の温度との関係を，図 4.8 に示す．横軸がそれぞれの魚が生息している平均水温である．哺乳動物の場合は体温である．タラやサケは温度の低い海水域に棲んでおり，ティラピアは温度の高い水域に生息している．生物の生息域の温度とコラーゲンの変性温度は関連している．タラやサケの場合は変性温度が低く 20℃ 程度であるが，タイの変性温度は高く約 30℃，ティラピ

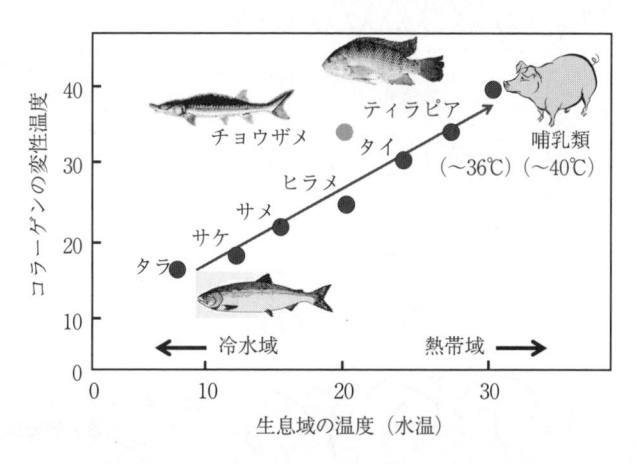

図 4.8 魚のコラーゲンの変性温度と生息域の温度

コラム

　三重らせん分子が配列して，五角形の断面をもつマイクロフィブリルを形成する。さらに，この微細なフィブリルが束となり，太い線維を形成する。コラーゲンの三重らせん構造は3本の"ひも"からなるロープに似ている。"ひも"の色を白，青，緑とすると，たがいに撚り合わさってロープになる。コラーゲンの場合，各分子（ひも）は α1，α2，α3 と呼ばれている。Ⅰ型コラーゲンは，二つの分子 α1 と α3 とが同じで α1α1α2 からできている。骨やウロコを構成するコラーゲンである。ウロコの場合には，三つの分子が異なる α1α2α3 が含まれることが知られている。Ⅱ型コラーゲンは，3本の分子 α1，α2，α3 が等しい。このⅡ型コラーゲンは軟骨に含まれている。

　図は，コラーゲンの状態変化を示す。3章で述べたように，三重らせん構造は温度を上げるとほどけて3本の分子に分かれる。この三重らせんがほどけ変性した分子をゼラチンという。さらに酵素を加えてゼラチンを分解した分子はペプチドと呼ばれる。構造が異なるため，材料科学的にはコラーゲンとゼラチン，ペプチドは異なる材料として区別される。しかし，この三つの材料はすべて生物由来のコラーゲンから製造されるため，米国化粧品工業会に登録された化粧品原料の国際命名法（INCI）では，すべて「コラーゲン」と呼ぶことが認められている。産業的な要請によって決められたため，「コラーゲン」は実用的には混乱を生じている。

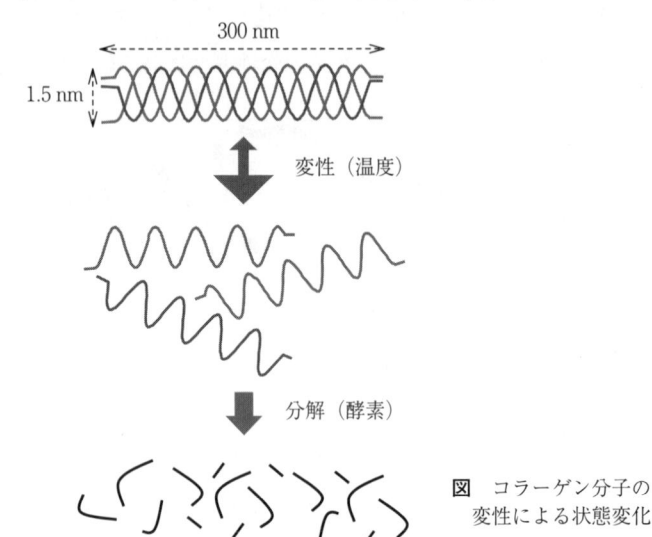

図 コラーゲン分子の変性による状態変化

アの場合はさらに高く 36°C である。哺乳類の場合，変性温度は 40°C 前後である。

多くの生物について，変性温度は生息温度域との比例関係が成り立つ。しかし，チョウザメは外れている。チョウザメの脊索（ヒトの背骨に相当する）からはⅡ型コラーゲンが抽出される。比較的温度の低い水域に生息しているにもかかわらず，そのⅡ型コラーゲンの変性温度は 30°C より高い。チョウザメが古代魚であることに関係しているのかもしれない。このⅡ型コラーゲンは，変性温度が高いという特徴から，軟骨再生に適した材料になる可能性を秘めている。

4.2.6 コラーゲンの安定性―翻訳後修飾

変性温度は，アミノ酸の一種であるヒドロキシプロリン（HyP）によって変化する。HyP の分子構造を**図 4.9** に示す。**プロリン**（Pro）はコラーゲンに多く含まれているアミノ酸であり，カルボキシル基側の CH_2COOH の CH とアミノ基 NH_2 の NH が $CH_2CH_2CH_2$ によって五員環となった分子構造をもつ。HyP は，この Pro の五員環の中央の炭素がヒドロキシル化され，OH が付加されている。

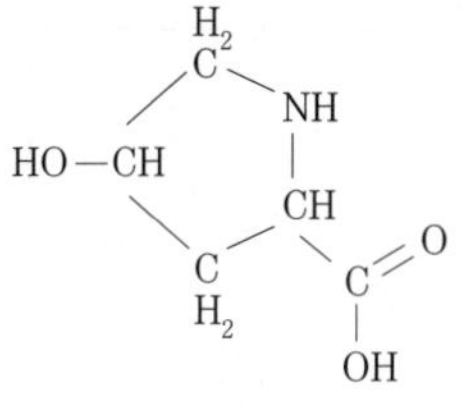

図 4.9 ヒドロキシプロリンの分子構造

アミノ酸 1 000 個がペプチド結合でつながって，コラーゲンの三重らせん構造の一つの分子を形成している。HyP の水酸基は，三重らせん構造内に水素結合を形成してその構造を安定化している。そのため水素結合の数が増えると，変性温度が高くなり，高温まで安定になる。

Pro は遺伝子配列の中に組み込まれているが，HyP の遺伝子配列のコードは

ない。つまり，遺伝子の中には水酸基付加という指示はない。そのため，細胞の中でコラーゲンがつくられるときには，Pro のみが存在し，HyP はない。

HyP は遺伝子を翻訳した後，細胞の中で酵素により修飾されるため，**翻訳後修飾**と呼ばれている。この翻訳後修飾は生物の種類（細胞腫）によって変化する。コラーゲンは大腸菌を用いて生合成することが可能である。しかし，大腸菌の遺伝子操作は制御できるが，翻訳後修飾の制御は困難である。大腸菌でつくったコラーゲンは，元の生物の中で産生されたコラーゲンとは異なる性質を示す。翻訳後修飾には糖を付加するプロセスもあり，翻訳後修飾の分子生物学による理解・制御が大切である。

コラーゲンのアミノ酸の並び方は，Gly–Xaa–Ybb–Gly–Xaa′–Ybb′–Gly–Xaa″–Ybb″–の繰返しである。**Gly** はグリシンであり，3 個ごとに現れる。Xaa, Ybb, Xaa′, Ybb′, … はさまざまなアミノ酸が占有するが，Xaa には Pro が多く，Ybb には HyP が多く占有する。

これまでに抽出されたコラーゲンの HyP の数と変性温度の関係を**図 4.10** に示す。変性温度が一番高いコラーゲンは，ポンペイワームという特殊な動物のものである。ポンペイワームは，深海（2℃）の熱水噴出孔のまわりに生息する。そのコラーゲンの変性温度は約 45℃ である。

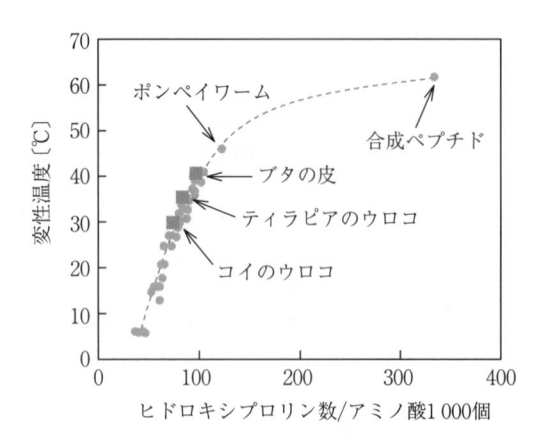

図 4.10 コラーゲンを構成するヒドロキシプロリンの数と変性温度の関係

アミノ酸側鎖はコラーゲンの高い保水性と関係している。アミノ酸の側鎖に存在する水酸基やカルボキシル基 COO^-，アミノ基 NH_3^+ が保水性に影響する。ブタとウロコのコラーゲンを比較すると，ウロココラーゲンが2倍くらい高い保水性を示す。この保水性の違いは，ウロコとブタではアミノ酸の配列が約 10% 異なり，COO^- と NH_3^+ の状態が変わるためと考えられる。

4.2.7 ウロココラーゲンの機能性

図 4.11 は，再線維化させたウロココラーゲン線維の周期構造を原子間力顕微鏡で観察した像である。長さ 67 nm という I 型コラーゲンに特徴的な基本周期が観測される。この基本周期は，コラーゲン線維の中でコラーゲン分子が規則正しく整列していることを意味している。その結果，ウロココラーゲン線維の引張強度はブタコラーゲンより高く，65 MPa に達する。この高い引張強度はウロココラーゲンの特徴である。

図 4.11 再線維化させたウロココラーゲンの原子間力顕微鏡像

ウロココラーゲンには細胞活性を高める性質もある。特に線維芽細胞や骨芽細胞を活性化する。**図 4.12**（a）に，ウロココラーゲンを被覆した薄い膜の上で細胞を 3 日間培養した結果を示す。1 個 1 個細長く伸びた細胞が観察され

176   4. 生体組織を再生するナノバイオニクス

（a）ウロココラーゲン　　　　　　（b）ブタコラーゲン

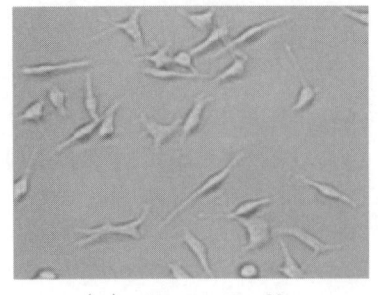

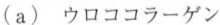

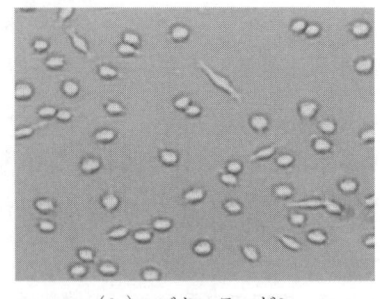

図 4.12　ウロコとブタのコラーゲン膜上での線維芽細胞の形態

る。細胞はウロココラーゲンに接着して，細長く延伸する。一方，ブタコラーゲンの薄い膜の上で細胞を3日間培養すると，図（b）のようになる。細胞は丸くなり細胞接着性が高くないことを示している。細胞はウロココラーゲンにはよく接着して剥がれ難くなっている。

図 4.13 にウロココラーゲン上で培養した線維芽細胞の核（青）と細胞骨格とを染色した結果を示す。図の一つの細胞の中に，細胞膜と細胞膜とをつなぐ線として，細胞骨格（明るい部分）が観測される。ウロココラーゲンの上に接着すると，細胞骨格がよく発達することを示している。一方，ブタコラーゲンの上では細胞骨格があまり発達しないことがわかる。細胞骨格はアクチンから形成されている。アクチンが多いことが細胞接着に関係し，さらに遺伝子発現に関係している。

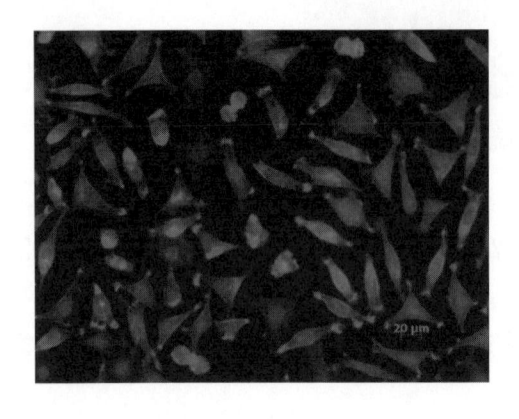

図 4.13　ウロココラーゲン上で培養した線維芽細胞の細胞骨格構造

図 4.14 に線維芽細胞の培養曲線を示す．横軸が細胞培養の日数，縦軸が細胞数である．細胞培養によって細胞の数は 2〜8 日と S 字曲線で増加していく．ウロココラーゲンで細胞培養すると急激に増え，ブタコラーゲンより大幅に増える．このことは，ウロココラーゲンで細胞骨格が発達することに関係していると考えられる．

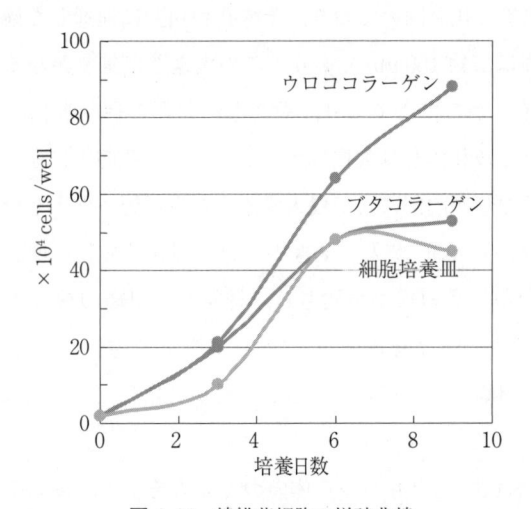

図 4.14　線維芽細胞の増殖曲線

　ウロココラーゲンは分化を促進する効果を示す．骨髄に存在する MSC は骨をつくる骨芽細胞にも分化する．ポリスチレン製の培養皿で培養したときとブタコラーゲンを被覆した培養皿で培養したときでは，細胞分化はあまり変わらない．しかし，ウロココラーゲンを被覆した場合，MSC は骨芽細胞に早く分化する．これも細胞骨格が発達することに関係していると考えられ，MSC に対しては初期分化が促進される．ブタとウロコのコラーゲンでは，アミノ酸配列が 10% 違うことに起因していると考えられる．

　細胞骨格が発達して初期分化の遺伝子発現が起こるため，骨の再生も早いと考えられる．骨欠損に人工骨（アパタイト/コラーゲン複合体）を埋めた場合，材料が骨につくり変えられる．骨再生の速度は，ブタコラーゲンの複合体の 6 箇月に比べて，ウロココラーゲンの複合体は 3 箇月と倍程度速い．

4.3 骨組織をつくる―再生医療の始まり

4.3.1 多孔質人工骨

図4.15に**骨補填材**と呼ばれる多孔体を示す。多数のマイクロメートル（μm）直径の球状の孔が開いており，その孔が相互に連通した構造をとっている。平均気孔径は，約150 μmであり，この大きさが重要となる。孔と孔の間は水酸アパタイトからできており，緻密な三角形の柱や板状の壁になっている。この連通した多孔体を骨欠損部へ移植すると，孔の中に血管が入り，連通孔を介して毛細血管が内部にまで侵入する。新生血管が侵入した後，細胞が輸送され，骨髄腔からMSCが入ってきて，骨芽細胞に分化・増殖する。その結果，球状の孔の中に骨組織が再建され，材料と骨組織の複合体が全体にできる。骨補填材の柱と壁は身体の中では10年以下で劣化してしまうことがある。しかし，骨組織が形成されていると材料が劣化しても強度は骨組織によって保持される。

図4.16は，球状の孔をもつ多孔体のつくり方を示す。従来の多孔体は，粒

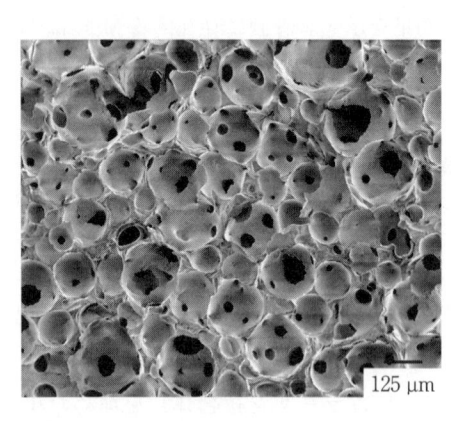

図4.15 多孔体（骨補填材）の走査型電子顕微鏡像

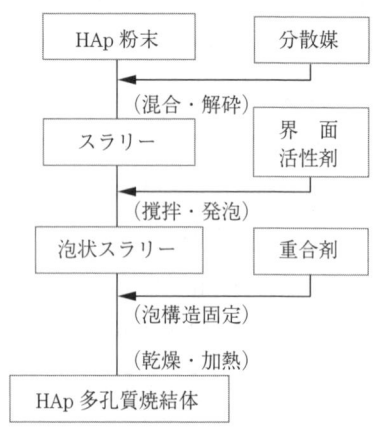

図4.16 発泡技術によるセラミックス多孔体の製造方法

状あるいは太い線維状の有機物と水酸アパタイトの微細粒子を混合して固め，高温で加熱して有機物を燃焼させる方法でつくられた。しかし，この方法ではアパタイトの密度が上がらないため機械的強度が低い。

図4.15の多孔体は，発泡技術で作製される。最初に1μm程度の小さなアパタイト粒子を水と混ぜてスラリーをつくる。そのスラリーに界面活性剤を入れて激しく撹拌して泡立てる。泡は徐々に消えるため，泡立てている途中で重合剤を入れ，撹拌を止め，重合反応によって泡構造を固定する。その後，乾燥して高温で焼結すると多孔体が得られる。

丸い孔は泡が固まってできる。三つの泡の間には水酸アパタイトの微細粒子が集まり三角形の柱になる。二つの泡の間はつながって連通孔（直径平均40μm）になる。一つ一つの孔は大きいが，連通孔は狭くボトルネックになっている。そのため，血管は連通孔を通りにくく，内部の骨形成には時間がかかる。

骨補填材を骨欠損に入れると，表面から新生骨ができる。しかし，内部に入るためには時間がかかり，場合によっては2年以上の長い期間を要する。

この泡技術でつくった多孔体の特徴は，機械的強度が高く，孔が多孔体内部までつながっている点である。気孔率が72～78%であるにもかかわらず，機械的強度は8 MPaに達する有用な性能であるため，臨床応用されている。しかし，ボトルネックが存在するため，血管侵入にはまだ改良の余地がある。

4.3.2 一軸連通気孔をもった人工骨

新しい多孔体作製法として霜柱技術が開発された。図4.17に作製技術を示す。水酸アパタイトの微粒子からできたスラリーをつくるプロセスまではほぼ同じである。スラリーを下から冷やすと氷の核ができる（核形成）。できた核を中心に結晶が成長する（結晶成長）。氷の結晶は下から上に縦に成長していき霜柱のような形状になる。柱状の氷と氷の間に水酸アパタイトの微結晶が集まって支柱になる。できた練炭のような乾燥体を高温で焼き固めて多孔体を作製する。

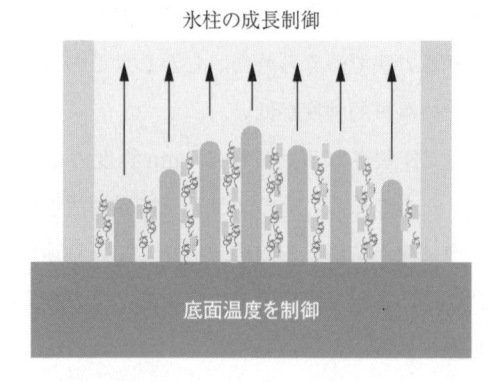

図4.17 霜柱技術による製造方法

図 **4.18** に作製された多孔体を示す。縦方向につながった孔構造が見られる。簡単な技術であるが核密度の制御や結晶成長の速度制御などのノウハウがある。直径がほぼ同じ大きさの孔がつながりボトルネックは存在しない。

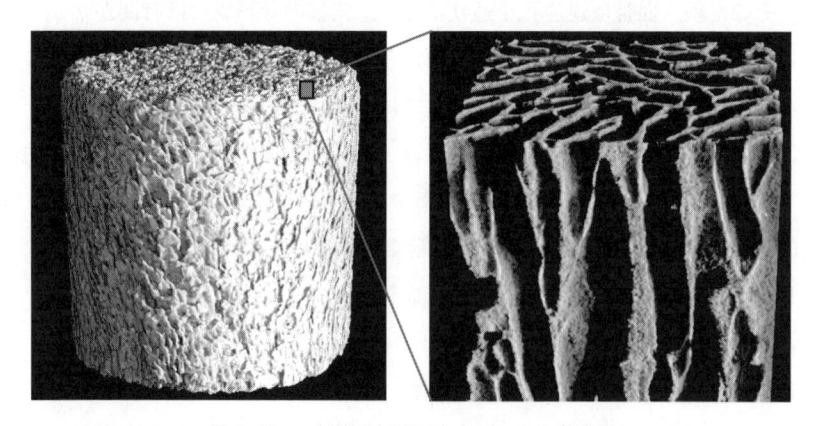

図 4.18 一軸連通気孔のセラミックス多孔体

この多孔体の底面を血液に浸すと，毛細管現象により血液が多孔体の上面に達する。このため骨欠損に移植すると骨組織が多孔体の内部まで早く侵入できる。その結果，骨形成が速くなる。

この多孔体は孔が縦方向に向いているため縦方向と横方向で機械的強度が異なる。縦方向の強度は泡技術で作製した多孔体のように高いが，横方向は弱い。

4.4 骨組織を再生するナノバイオ技術

4.4.1 骨誘導再生法

骨欠損があると，その上下の骨から成長因子が出ている。骨組織の場合は，**骨形成タンパク質**（bone morphogenetic protein，**BMP**）が重要である。骨欠損をなにかの組織で埋めようとする働きが，骨成長因子の作用と組み合わさると，目的の骨組織がつくられる。

骨再生を誘導する膜として **GBR 膜** が知られている。GBR は guided bone regeneration の略語であり，日本語では「**骨誘導再生**」と訳される。骨誘導再生法は整形外科より口腔外科でよく使われ，歯科領域用の GBR 膜が市販されている。

骨誘導再生法がどういう方法か，その概念図を **図 4.19** に示す。図（a）

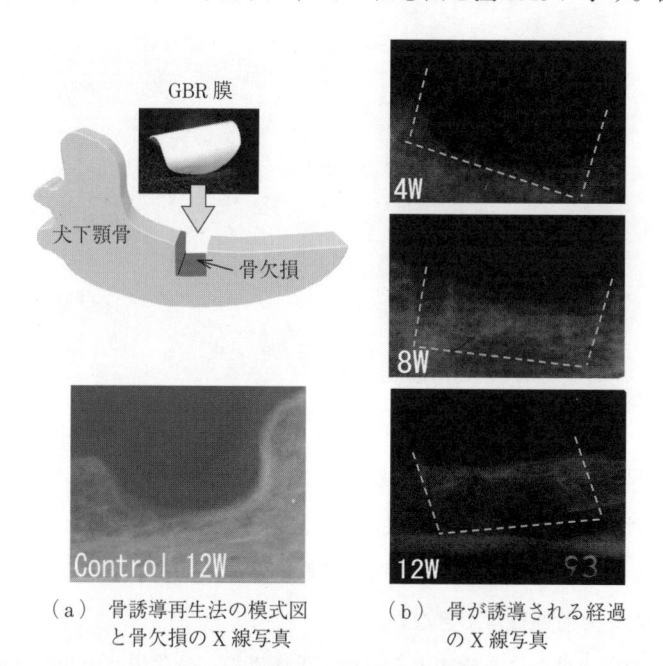

（a）骨誘導再生法の模式図と骨欠損の X 線写真　　（b）骨が誘導される経過の X 線写真

図 4.19　骨誘導再生法による顎骨の再生

は，犬の下顎骨であり，そこに骨欠損ができたとする。GBR法は膜で骨欠損を覆って内部に骨組織を誘導・再生する方法である。図（b）に骨が誘導される経過をX線撮影（レントゲン）で観察した結果を示す。4週後では，上のほうに膜が薄く写っており，点線が骨欠損部を示している。左右の方向，さらに下方から，骨組織が少しずつ再生されているのが観察される。この時点では膜はまだ残っている。術後8週経つと，点線の内部全体が白くなり，骨組織がさらに再生していることがわかる。術後12週経つと，上中ほどは少しへこんでいるが，骨組織はほぼ元の状態にまで再生している。

図4.20は，12週で組織を取り出し，その切片をヘマトキシリンエオジン（HE）染色した像である。上部の中央部は少しへこんでいるが，その下の骨髄腔では骨組織が大量に再生している。その左右は骨組織が少なく，骨欠損部には最初過剰に骨ができて，徐々に再び吸収される。

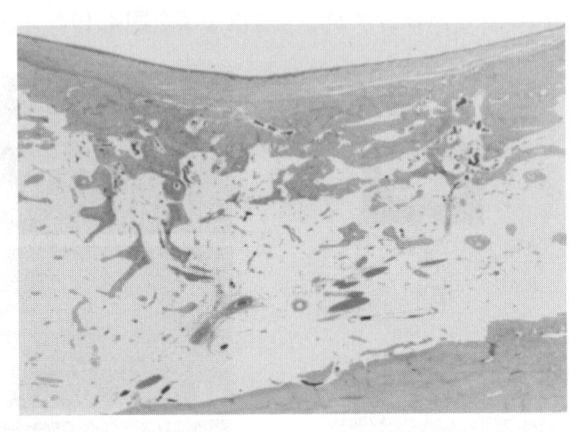

図4.20 顎骨欠損部の再生組織の組織切片像（HE染色）

一方，図4.19（a）下は対照実験（コントロール），すなわち膜を使わないで歯肉だけで骨欠損を覆った結果である。術後12週でも，ほとんど骨組織は再生していない。GBR膜では12週後で骨組織が再生できているのに対して，膜を使わないと骨組織はできない。

これらの結果はなにを意味するのか。手術直後，骨欠損部の空間は血液の固

まりなどで占められている．上部は歯肉で覆われている．歯肉に存在する線維芽細胞は，コラーゲンを活発に分泌して線維性の軟組織を形成する．一方，骨欠損部には骨芽細胞が誘導され，少しずつ骨組織ができる．線維芽細胞と骨芽細胞がせめぎ合うが，線維芽細胞が活性であるため，線維性組織が速くつくられる．結果として骨組織（硬組織）は少しできるが，大部分は軟組織になってしまう．

　一方，骨欠損の上にGBR膜を被せ，その外部を歯肉で覆う．そうすると，線維芽細胞は膜で防がれて，骨欠損に侵入することができない．したがって，骨芽細胞が膜内部に誘導され，さらに成長因子がまわりの骨組織から放出されて骨芽細胞を活性化して，骨組織が再生される．

　GBR法では，歯肉を支え，内部の骨芽細胞を活性化する必要がある．GBR膜として，以下の五つの特性が求められる．

(1) <u>機械的強度</u>： 歯肉の圧力に負けず，空間を確保する．
(2) <u>生体親和性</u>： 膜からの溶出物や素材自身が身体に害を与えず，細胞の活性を失わせない．
(3) <u>生分解性</u>： 膜が残存してしまうと，骨が治った後で膜を取り除く手術が必要になる．患者にとって負担である．
(4) <u>成形性</u>： 骨欠損部の形態に合わせて簡単に手術中に加工できることが求められる．
(5) <u>X線撮影できる性質</u>： GBR膜の状態を術後に確認できることは，非常に大切である．

以上のような条件を満たす材料として何が考えられるであろうか．候補の材料として，セラミックスと高分子を考えてみよう．

4.4.2　有機・無機複合膜

セラミックスの性質として一番弱いのは，成型性である．そうすると，成型性には高分子が必要になる．一方，高分子はX線撮影できない．X線で観察できるためには，セラミックスが必要である．さらに，セラミックスは圧縮に

強く，一方で高分子は引張りに強い．生体内で吸収され，生体親和性の高い材料として，セラミックスと高分子の両方が存在する．

そうすると，セラミックスと高分子の両方をうまく組み合わせるしか解決策はない．それが有機・無機複合体である．材料と作製方法を図4.21に示す．セラミックスとしては**β-リン酸三カルシウム**（β-tricalcium phosphate, **β-TCP**, $Ca_3(PO_4)_2$），また高分子としては熱可塑性と生分解性を示す**ポリ乳酸**（polylactic acid, **PLA**）が最も適している．PLAは，乳酸 $CH_3CH(OH)COOH$ がエステル結合でつながった高分子である．エステル結合は生体内で加水分解され，PLAは徐々に分解する．

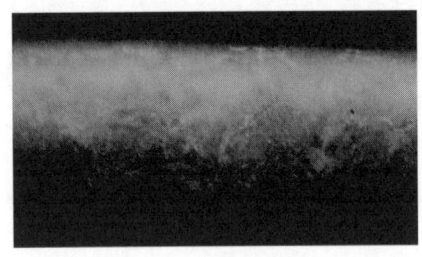

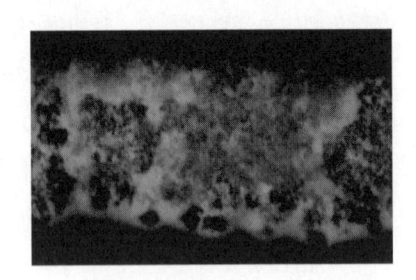

(a) 熱混練法　　　　　　　(b) 溶媒混練法（従来法）

図 4.21　骨誘導再生膜の作製方法

安定で信頼性の高い複合体をつくるためには，有機物と無機物を均一に混ぜて，両者の界面を化学的に結合させることが大切である．二つの材料の界面の性質は両者の混合法によって決まる．例えば，PLAを有機溶媒に溶かして，PLAを分子レベルにする．それにβ-TCPを入れて混合すると，分子レベルで混合・接触する可能性がある．これを溶媒混練法という．しかし，この溶媒混練法ではPLAと有機溶媒との相互作用が強く，β-TCPにPLAがあまり近づかない．結果として，この方法では界面に化学結合はできない．

一方，素朴な方法として**熱混練法**がある．PLAをヒータ内において180〜200℃で加熱すると溶けて融液になる．その融液の中に，直径1〜5 μmの小さいβ-TCP粒子を入れる．そうすると，均一な材料ができ，薄い膜に成型できる．

この膜材料を赤外線分光法（IR法）で評価する．赤外線を非常に浅い角度

で膜に照射すると，PLA と β-TCP との界面で反射するため，界面の化学結合状態を測ることができる．浅い角度で赤外線を入射すると，界面で反射が何度も起こり，高い感度で吸収率が測定できる．その結果，1 770 cm^{-1}（cm^{-1} はカイザーと発音する）付近に赤外線の吸収ピークが観測される（**図 4.22**）．この吸収ピークは PLA のエステル結合 C=O の伸縮振動である．

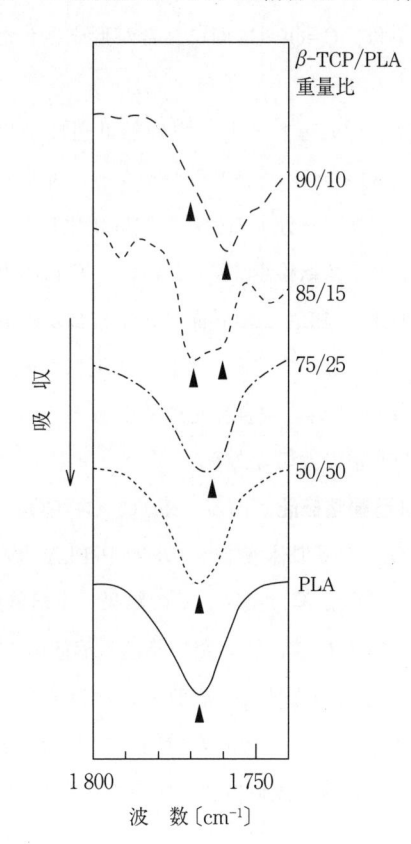

図 4.22 β-リン酸三カルシウムとポリ乳酸複合体の赤外分光スペクトル

PLA だけの場合，C=O の伸縮振動ピークは高波数側（左側）に位置している．PLA に β-TCP を徐々に混ぜて，β-TCP の混ぜる量を増やすと，もともと観測されていたピークはだんだん小さくなり，低波数側（右側）にもう1個のピークが現れてきて，それが大きくなっていく．この二つのピークは共にPLA のエステル結合の C=O の伸縮振動である．純粋な PLA には Ca は含まれ

ていないが、β-TCP が増えると PLA の C=O の O と β-TCP 表面の Ca との間に結合ができる。化学結合はファンデアワールス力である。その結果，C=O 間にあった電子の一部が O⋯Ca 間に移動して，C=O 間の結合を弱くする。結合が弱いと C=O の伸縮振動は動きやすくなるから，ピークが右側にシフトする。これが**レッドシフト（赤方遷移）**であり，結合エネルギーが小さくなるときに観測される。このレッドシフトは，C=O⋯Ca 間に結合が形成されたことを意味している。

　β-TCP と PLA との間に化学結合が形成されると，膜の熱可塑性が生まれる。例えば，膜に 40～60℃ の熱をかけると，膜が柔らかくなって丸く変形させることもできる。柔らかくなる（ポリマー分子の相対位置は変化しないが，主鎖が回転や振動を始める）温度をガラス転移点（T_g）といい，T_g はもともとのポリ乳酸の性質に由来する。β-TCP と PLA との界面に化学結合が形成されているため，複合体を安定に変形することができる。機械的強度についても，複合体は純粋な PLA とほとんど変わらない。複合体をつくるとき，いかに両者の間に化学結合を形成させるかが非常に大切である。

　この複合体の性質として，**pH 自己調整機能**がある。Na, Cl, Ca, CO_3 などをヒトの体内と同じ成分と濃度に調整した擬似体液中へ，β-TCP/PLA 複合体を浸漬させると，PLA がまず分解して乳酸が溶け出す。その結果，水溶液の pH は酸性になろうとする。しかし，β-TCP は酸に弱いため酸性水溶液中では Ca が溶け出し，水溶液はアルカリ性になろうとする。β-TCP が溶けすぎるとアルカリ性になるが，PLA はアルカリ性で弱く，PLA が分解して乳酸が溶け出す。以上のことから，結果として，複合体を擬似体液に含浸させると pH が中性に常に維持される。

　すなわち，複合体を擬似体液に漬けると，最初の pH は低くなる。しかし，時間が経つとともに，pH7 で一定になる。これが pH 自己調整機能である。PLA が溶けると酸性になり炎症を惹起するが，β-TCP と複合化すると pH 自己調整機能によって生体親和性が高くなる。pH 調整機能は生体内での炎症抑制効果を示すため大切である。骨誘導再生法の膜としてこの複合体を用いる

と，骨欠損内の環境は中性に維持される。結果として，骨組織の良好な再生が確認される。

4.5 神経を再生するナノバイオ技術

4.5.1 神経再生の考え方

本節では，神経再生について紹介する。図 4.23 に神経再生法の概要を示す。神経が運動や事故で切れたとする。そのままにすると，神経の両端がつながる前に別の軟組織が侵入して，神経がつながることができない。

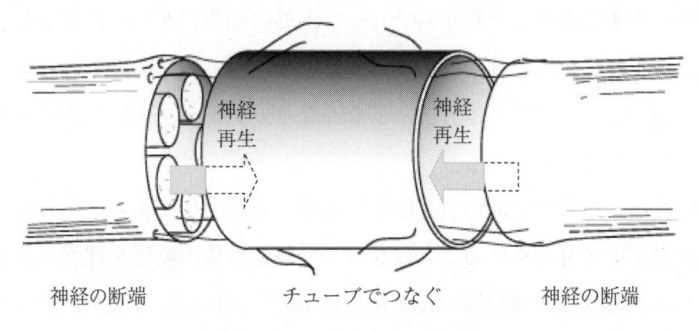

図 4.23 神経再生法の概要

神経再建術には，自己の別な部位の神経を採取して移植する**自家神経移植**が行われている。自家神経移植では，比較的使われない健全な神経部位を一部切開して使う。そのためもともと神経欠損して痛い上に，痛くなかった採取部位が痛くなることがある。侵襲は避けたいが，臨床的には自家神経移植が選択されることが多い。

神経組織には方向性があるため，二つに分けられる。一つは，脳（近位）から手足の方向（遠位）に向かってつながる運動系の神経である。二つ目は逆で，手足の方向（遠位）から脳（近位）に向かってつながる感覚系の神経である。

神経を再生すると運動系の神経と感覚系の神経が混ざってつながることがある。近位の感覚系神経と遠位の運動系神経がつながると，神経として作用しな

い。間違ってつながることは**過誤支配**と呼ばれている。これを避けるために顕微鏡下で手術する**マイクロサージャリー**（micro-surgery）が行われている。

骨再生誘導法と**神経再生法**の二つの基本的な考え方は同じである。神経再生法の場合には，チューブを用いて切れた神経組織を覆う。図に示すチューブの両端は神経組織と縫ってある。神経のまわりには筋肉がたくさんある。したがってチューブを移植すると，必要のない線維芽細胞の侵入は防ぎ，神経組織をつくる細胞だけを活性化して，神経組織の成長を加速することができる。

神経再生チューブに求められる性質は以下のようになる。

神経組織のあったもともとの空間を保持し，周囲の筋肉の圧力に負けない機械的性質が大事である。それからチューブ内外の細胞に悪い影響を与えてはならない。つまり生体親和性が高いことが必要である。さらに，チューブ内で神経がつながった後，できれば分解してなくなり，チューブを取り出す再手術が必要でないことも大切である。

生分解性は，患者の生活の質"QOL"を考えると大切である。一方で，分解した成分が溶けて身体を回ることになり，分解物の体内動態を理解することが求められる。これは医療機器の視点から見ると，実用化に時間がかかることを意味する。体内移植材料は，医療機器で最も規制の高いクラス4に分類される。企業が実用化する場合，大きな障壁になっている。

患者のQOLを求めることとビジネスとして成り立つこととは，必ずしも一致しない。社会制度として難しい点である。

チューブの素材として，キトサンを用いる技術を紹介する。

キチンとキトサンは，カニの外骨格から抽出される。カニの甲羅は，成分として有機物のキチンと無機物の炭酸カルシウムからできている。

細胞の外部と内部のカルシウム濃度は10万（10^5）倍位の差がある。細胞膜は，脂肪酸が二層になったきわめて薄い脂質二重層からできている。細胞膜にはカルシウムポンプがあって，細胞内部からつねにカルシウムを細胞外部に排出している。つまり，カルシウムは細胞には余分な排出物である。一方，炭酸イオンは呼吸，つまりは細胞のエネルギー代謝の結果放出される廃棄物であ

る。カニの甲羅は二つの廃棄物をうまく活用して，生体組織を維持している。

カニの脚を食べると，平たく白い"ひも状"の物質が残る。それが腱である。腱は，キチンとアパタイトからできている。すなわち，カニの内骨格の無機成分は骨と同じである。言い換えれば，内骨格は遺伝子の原料となるリン酸を含んだアパタイトを材料として使っている。一方，外骨格の甲羅は排出物である炭酸を用いた炭酸カルシウムを使っている。生物は進化の結果として素材を非常にうまく使い分けている。

カニの腱を化学的に処理して高純度のキチン，キトサンを作製する。カニの腱を低濃度の水酸化ナトリウム水溶液で処理すると，微量のタンパク質が除去できる（脱タンパク）。つぎにエタノールで洗うと腱の内部に残った脂肪と色素を除ける（脱色）。さらに，高濃度の水酸化ナトリウム水溶液で洗うと，キチン分子の内部に結合した酢酸 CH_3COOH が抜けて，キトサンに変化する（脱アセチル化）。この製造プロセスで，無機成分であるアパタイトも除去され，高純度のキトサンが製造できる。

キチンは生体に移植すると少し炎症を起こす。しかし，生分解性は速い。一方，キトサンの生体親和性は高いが，生体内でなかなか分解しない。したがって，生分解性の高いキチンと生体親和性の高いキトサンをどういう割合で複合化するかは，脱アセチル化度によって制御する。

4.5.2 神経再生のための材料と移植

カニの腱は実は袋状になっており，丸形・三角形・四角形のチューブに成形できる。最も外からの機械的強度が高いのは三角形である。化学処理として，キチン・キトサンの三角形チューブを塩化カルシウム（$CaCl_2$）に含浸させる。するとカルシウムがチューブ外部から拡散して，チューブ壁内に侵入する。水洗後，さらに二つのリン酸塩水溶液（NaH_2PO_3 と Na_2HPO_3）に浸漬するとリン酸イオンがチューブ壁に拡散する。この操作を繰り返すと，キチン・キトサン複合体のチューブ壁内にリン酸カルシウムが沈殿する。外側はリン酸カルシウムの濃度が高く，壁内部はキチン・キトサンの濃度が高く，組成の傾

斜したチューブが作製できる。

このチューブをラットの坐骨神経に埋める（**図4.24**）。左下側と右上側に神経端があり，中央の神経欠損部をチューブで覆い，つなぐ。神経の断端からチューブの中に神経組織の成長因子が拡散し，徐々に神経細胞の成長を活性化して，神経組織どうしがつながる。4週後には組織が侵入し，8週後には電気が通じ，12週後には組織が熟成する。

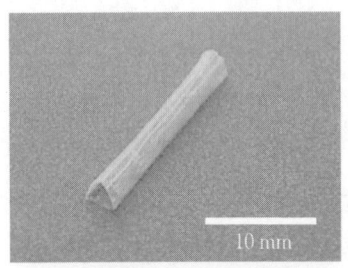

カニ腱由来キトサンチューブ

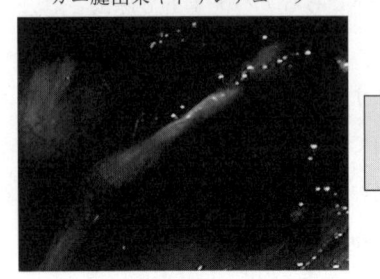

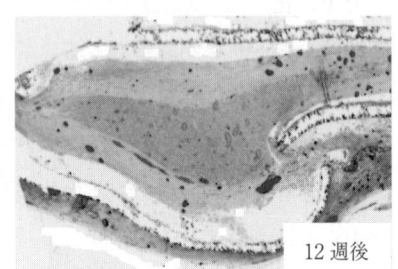

12週後

図4.24 カニ腱由来キトサンチューブを用いた坐骨神経の再生

実際，神経は再生されるが，元どおりの状態には治らない。近位の神経組織がチューブ中で再生して，手足の方向にある遠位の神経組織と結合したとする。しかし，この近位の神経は，必ずしも元の遠位の神経と結合するわけではない。すなわち，近位の神経が，例えば親指と人差し指を区別してつながるわけではない。そのため，脳が親指を動かそうとすると，人差し指が動く，ということが起こりうる。これでは困るが，リハビリによって脳の神経回路をつなぎ変えることができる。これは自家神経移植でも起こることがある。

4.6 軟骨を再生するナノバイオ技術

4.6.1 軟骨の特徴

ラットの正常軟骨の組織切片写真を，**図 4.25** に示す。図は，**トルイジンブルー**による染色であり，染色したため白い軟骨が青色に見える。青く染まった組織には，色の濃淡と形態の違いが存在する。丸く取り囲まれた部分は濃い青色に染まっている。その濃い青色の球の中には2～3個の軟骨細胞が存在している。トルイジンブルーは，**メタクロマジア染体（dye）** ともいわれ，細胞質が薄青，核域は濃紺を呈す。

図 4.25 ラットの正常軟骨の染色像（トルイジンブルー染色）

ブタとかトリの軟骨を食べると，こりこりした食感があり，その部分が軟骨基質である。軟骨基質は，II型コラーゲン，ヒアルロン酸，コンドロイチン硫酸からできている。また，軟骨には，リン酸カルシウムはまったく含まれていない。

軟骨には血管がないため，栄養と酸素が不足している環境である。さらに，軟骨細胞は一つの球状の小腔（**ラクーナ**）の中にせいぜい2～3個しか入っていない。割と少ない細胞数である。軟骨は一度壊れると，血管がなく栄養も運ばれないため，細胞の活性が低く，再生が難しい。

骨には血管があるため，骨欠損部に材料を埋めると，外部から細胞がやってきて，血管が入って骨が再生する。しかし，軟骨の場合，材料だけでは再生できない。そのため，あらかじめ体外で材料と軟骨細胞との複合組織をつくってから移植する方法が用いられている。この複合組織をつくるときにも，できるだけ体内に近い環境で培養する必要があり，栄養が少なく酸素が不足した状態で組織培養する。酸素が多いと，軟骨細胞が骨の細胞に分化してしまうことがある。

4.6.2 軟骨細胞の培養と移植

軟骨再生では，細胞と材料の両方を用いるため，細胞源が一つの問題である。細胞源として，MSCと人工多能性幹細胞（iPS細胞）が考えられる。MSCは生体内に存在しており，iPS細胞は遺伝子操作によって得られる。身体の中には，その他に**体性幹細胞**が存在する。**軟骨細胞**までには分化していないが，軟骨細胞に近いところまで分化した**軟骨前駆細胞**がある。いずれの細胞も軟骨細胞に分化することができ，細胞源として使うことが可能である。

軟骨再生における二つ目の問題は，材料をどうするかである。軟骨組織には，軟骨基質で囲われた球状の空間に軟骨細胞が存在している。すなわち，多孔体にして，その空孔の中で軟骨細胞を培養できれば，軟骨基質と細胞の複合体になり，体内に近い状態にできる。

図 4.26（a）に，多孔体とその顕微鏡写真を示す。孔がたくさん開いた様子がわかる。また，十分な個数増殖させた細胞を孔の中に入れた多孔体を培養する装置を図（b）に示す。薄い円盤状の容器中に赤い培養液が入っている。細胞と多孔体との複合体は，培養液とともに回転する。複合体は重力により下に落ちようとするが，回転のため液は上に向かう。そのため，ずり応力によって複合体は持ち上げられ，適度な回転数では重力の沈降と回転のずり応力による浮力が釣り合ったところで一定位置にとどまる。これを利用すれば複合体に重力のかからない擬似微小重力下で細胞培養ができる。この方法を**回転培養**といい，大きな組織が再生でき，しかも軟骨組織に近い硬い組織が形成される。

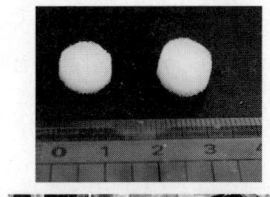

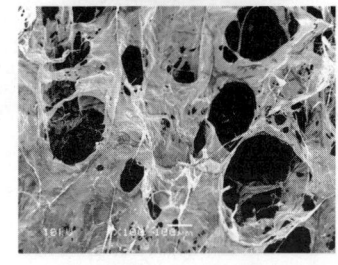

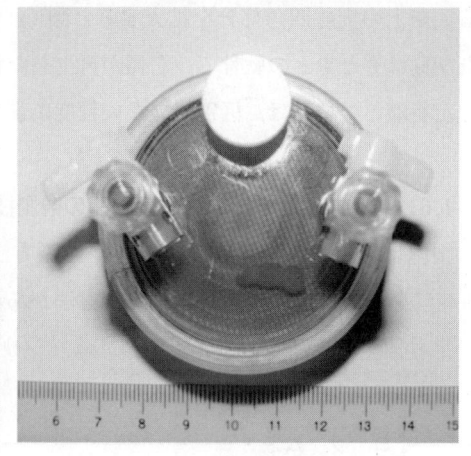

4.6 軟骨を再生するナノバイオ技術

(a) 多孔体とその顕微鏡写真　　(b) 細胞を含む多孔体を培養する装置

図 4.26 回転培養法

その複合組織を軟骨欠損に移植する（**図 4.27**）。表面は軟骨であり，その下側に骨が存在する。ウサギの膝関節の軟骨と骨を含めた軟骨欠損をつくる。その欠損に回転培養でつくった複合組織を移植し，術後 4 週経つと軟骨が再生する。図（b）の真中に点線の四角で示した部分が移植した箇所であり，わずかに形は崩れているが，ほとんど元の状態に近い軟骨組織が再生している。

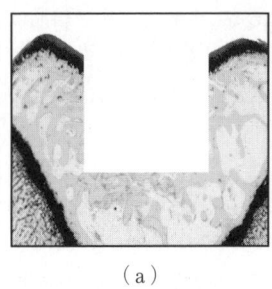

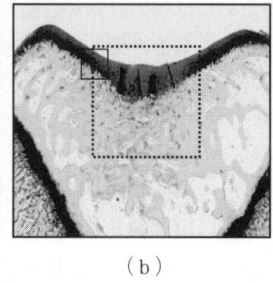

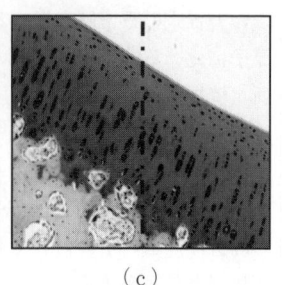

(a)　　　　　(b)　　　　　(c)

図 4.27 ウサギの軟骨を再生させた組織切片像（サフラニン O 染色）

軟骨組織をサフラニン O で染色すると，赤く染まる。サフラニン O 染色は，塩基性の色素が軟骨組織に局在する酸性プロテオグリカンと結合して色を呈する。欠損部に移植した結果，図 4.27（b）の点線の四角部分のようにな

る。左上の実線四角部分を拡大すると図（c）のようである。一点鎖線で示した左側はもともとの軟骨で，右側が再生した軟骨である。元の軟骨組織と移植した組織との境界は，区別できない程度にまで再生していることがわかる。

4.6.3 ナノ結晶を用いた再生軟骨の観測技術

細胞に色を付けて可視化（染色）する方法として，**量子ドット**（quantum dots）を用いた蛍光顕微鏡による観察法がある。量子ドットとは，10 nm 前後の半導体ナノ結晶である。ナノ結晶は，シリコン（Si），バリウム（Ba），ヒ素

コラム

ナノ結晶の一辺の長さを L とする1次元の量子井戸を考える。電子は，量子井戸のポテンシャルエネルギーによって閉じ込められている。この場合の電子状態（波動関数）は簡単に求められる。電子の運動エネルギー ε は $\varepsilon = mv^2/2$，つまり $\varepsilon = (mv)^2/2m$ で与えられる。ここで m と v は電子の質量と速度である。

量子論では運動量 mv をエルミート演算子 $i\hbar\, d/dx$ で置き換えることによって電子の状態が求められる。ここでプランク定数 h，$\hbar = h/2\pi$ である。つまり $\varepsilon = -(\hbar^2/2m)(d^2/dx^2)$ を波動関数 $\varphi(x)$ に作用させればよい。したがって，次式の2階微分方程式が得られる。

$$-(\hbar^2/2m)(d^2/dx^2)\varphi(x) = \varepsilon\varphi(x) \qquad (1)$$

この方程式の厳密解を求めるためには長い計算が必要である。しかし，ナノ結晶は原子に比べるとかなり大きいため，電子の染み出し効果が無視でき，ナノ結晶の表面（境界条件 $x=0$ と $x=L$）で $\varphi(x)=0$ とおくことができる。したがって，つぎの波動関数が得られる。

$$\varphi(x) = N\sin(k_x x) \qquad (2)$$

ここで N は規格化因子，k_x は $k_x = 2\pi n/L$ で与えられる。n は $n>0$ である。$n=0$ の場合は，どの x に対しても $\varphi(x)=0$ となるため，$n=0$ の状態は存在できない。

境界条件より $k_x L = 2\pi n$ の関係が成り立つ。結果として，波動関数の式(2)を微分方程式(1)に代入すると，次式のエネルギー ε が求められる。

$$\varepsilon = \hbar^2(k_x)^2/2m = 2n^2\pi^2\hbar^2/mL^2 \qquad (3)$$

したがって，ナノ結晶に閉じ込められた電子の運動エネルギーは，L^2 に逆比例する。つまり，ナノ結晶が小さければ小さいほど電子のエネルギーは大きくなることがわかる。

(As)，カドミウムセレナイド（CdSe）などから構成される。粒子径10 nm以上では，発光波長（色）は変わらない。しかし，10 nm以下になると，粒子径に依存して発光波長が変化する。つまり，ナノ結晶の大きさを制御すると，すなわち粒子径を小さくすると色が赤-黄-緑-青と変化し，発光色を調整できる。これは，結晶内に閉じ込められている電子の運動エネルギーが大きくなるためである。

コアシェル（core-shell）構造の量子ドットもある。コア（中心の材料）をシェル（異種の材料）で被覆した構造である。例えば，コアをCdSe，シェルを硫化亜鉛（ZnS）とした量子ドットがある。その表面を，細胞を識別する分子で化学修飾すれば，修飾分子を介して生体の特定部位に量子ドットは結合できる。しかし，カドミウムは毒性が高いため，ヒトには使われていない。

本章コラムで述べるように，一辺の長さ L のナノ結晶の中に閉じ込められた電子がもっているエネルギーは L^2 に逆比例する。つまり，ナノ結晶が小さければ小さいほど，電子のエネルギーは大きくなることがわかる。

半導体ナノ結晶には，伝導帯と充満帯の電子準位がある。伝導帯には電子が詰まっており，充満帯は電子が空である。L が無限大になると，電子は井戸の中に必ず存在し，バンドギャップが形成される。バンドギャップエネルギーは一定であり，コラム中の式（3）より，n^2 に比例する。エネルギー準位は n の値に対応して存在し，バンドギャップが形成される。光を当てると，エネルギーが吸収され，伝導帯へ電子が励起する。その後の緩和過程で光が発せられる。

軟骨再生の研究において，再生した軟骨組織の細胞と，もともと *in vitro* で播種した細胞の部位とを区別して観測する必要がある。例えば，CdSe-ZnSのコア-シェル型粒子の表面にモータリンモノクローナル抗体を結合させた量子ドットを用い，*in vitro* でMSCに作用させる。軟骨分化誘導サプリメントを添加してMSCを分化・増殖させても，細胞質内に量子ドットは存在する。これを多孔体に播種・培養してウサギの軟骨欠損部に移植する。**図4.28**は，移植8週後に再生した軟骨組織のサフラニンO染色と蛍光顕微鏡による組織像である。8週後には軟骨組織が再生（図（a））し，*in vitro* で標識したMSC

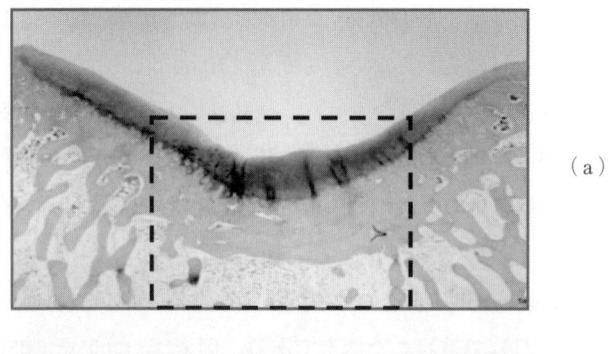

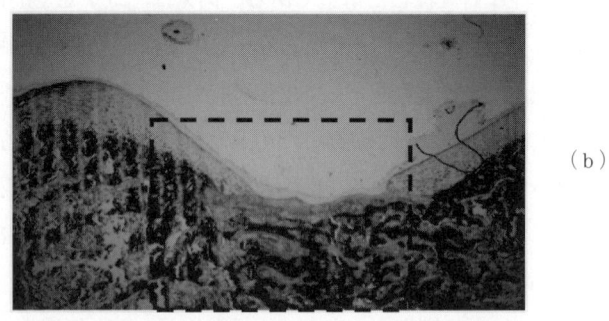

図 4.28 量子ドットにより標識した細胞の移植組織への滞留性

が赤く観察(図(b))され，再生組織内にとどまっていることがわかる。

4.7 靱帯を再生するナノバイオ技術

4.7.1 靱帯再建術

　靱帯は激しい運動をすると断裂することがある。スポーツ選手にとって1日も早く治したい傷害である。スポーツ医学では重要な疾患であり，**靱帯再建**の新たな技術が望まれている。

　図 4.29 に，膝の関節の構造を示す。関節の上に大腿骨があり，下に脛骨がある。この上下二つの骨が安定に運動できるのは，それらを結合している二つの靱帯のおかげである。その二つの靱帯は十字の形をつくっているため，それぞれを**前十字靱帯**と**後十字靱帯**と呼ぶ。よく断裂するのは，前十字靱帯である。

4.7 靭帯を再生するナノバイオ技術

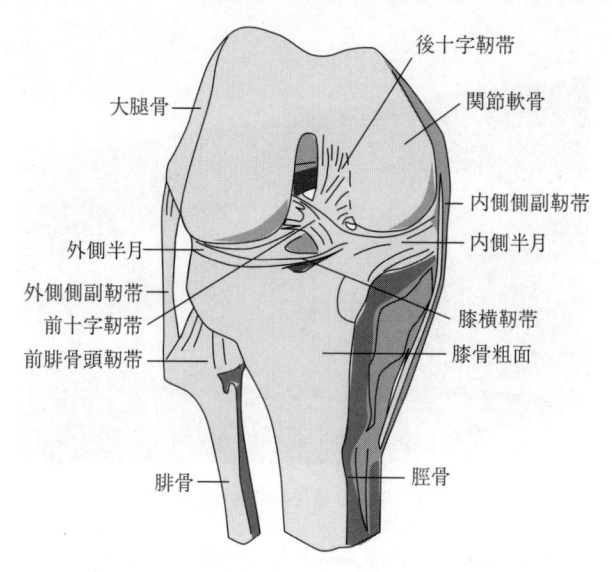

図4.29 膝関節の構造模式図（右膝関節，屈曲位全面）

　断裂した靭帯は自然に治癒しない。そのため大腿骨と脛骨に**骨トンネル**という孔をあけ，"ひも状"の医療機器でつなぐことで処置される。骨トンネルはもともと靭帯があった位置にあけ，ひもを通して大腿骨の上側をボタンで留め，脛骨の下側はスクリューで留める。骨トンネルに入れる"ひも状"の医療機器として，人工物を使うか，自家組織を使うか，の二つが考えられる。

　人工物として，過去にポリエステルが使われたことがある。しかし，ポリエステルを骨トンネルの中に移植しても，骨組織とは結合しない。そのため，ポリエステルが骨トンネルの中を少し動くたびにいつも骨組織を刺激する。つまり，マイクロモーション（日常的な微細な動き）によって，骨組織の吸収が起きて，骨トンネルが広がって緩む。そのため，長期成績が悪く使われなくなった。

　一方，自家組織の移植が行われている。例えば，右側の前十字靭帯が断裂した場合，自家の右膝上の内側の腱を一部採取する。その自家腱を四つ折りにする（**図4.30**）。それをひもで縛って骨トンネルに移植し，固定する。自家腱が骨トンネルの大部分と接触して固着する。

4. 生体組織を再生するナノバイオニクス

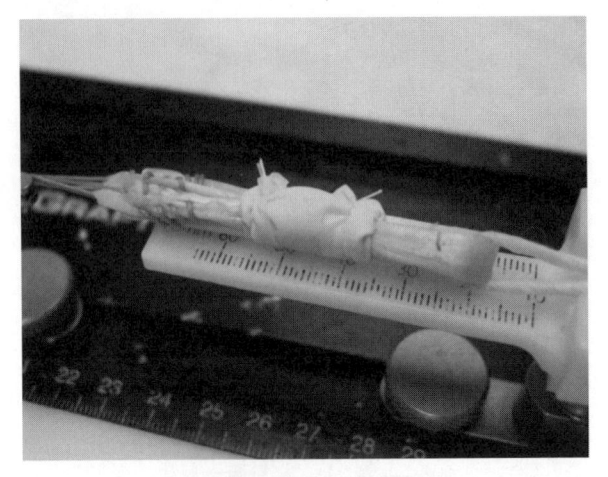

図 4.30　移植用自家腱の写真

骨トンネル内で自家腱と骨組織が結合して固着するには，およそ2箇月かかる。腱と骨では組成と硬度が違うためである。2箇月間動かせないと関節の筋肉組織が固まってしまうため，リハビリには時間と痛みを伴う。

4.7.2　靭帯と骨組織の接合

自家腱と骨の結合を早めるため，自家腱のリン酸カルシウム修飾が試みられている。この化学修飾は，**交互浸漬法**と呼ばれるイオン拡散による水溶液プロセスを用いる（**図 4.31**）。この手法では，自家腱を塩化カルシウム水溶液に数分間浸漬後，水洗いし，リン酸ナトリウム水溶液に数分間浸漬するプロセスを数回繰り返す。

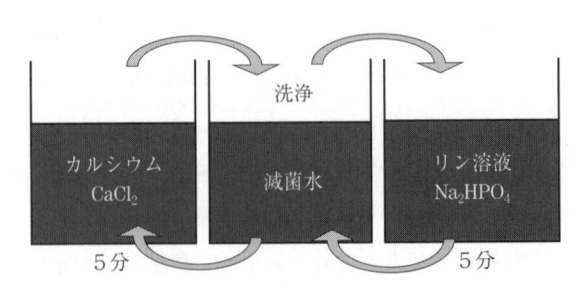

図 4.31　交互浸漬法の模式図

自家腱をカルシウム水溶液に浸漬すると，表面からカルシウムイオンが腱の内部に拡散して入る．さらにリン酸水溶液に浸漬するとリン酸イオンが同様に腱の内部へ拡散し，カルシウムとリン酸イオンが反応して，表面から内部にまでリン酸カルシウムが析出する．その結果，腱の表面はやや白みを帯びた色に変化する．

自家腱の移植術の手順として，まず腱を採取して，関節部を切開して骨トンネルを開ける．それと併行して，腱を四つ折りにして，リン酸カルシウムの化学修飾を行って移植腱の準備を行う．骨トンネルを開けるのに約30分間かかるため，移植腱の準備も30分間で作業を終え，移植を行う．すべての作業は手術室の中で行われる．リン酸カルシウムで化学修飾する部分は骨トンネルの中に入る自家腱の一部であり，関節腔の部分はゴムで覆ってリン酸カルシウムを析出させないようにしておく．

化学修飾した自家腱の断面図を電子顕微鏡で観察した結果を，**図 4.32** に示す．黒く見える部分が，リン酸カルシウムの微結晶である．微結晶は断面の外側に多く存在し，内側になるに従ってだんだん少なくなり，中心部では存在しなくなる．これはリン酸カルシウムの分布が，傾斜していることを示している．

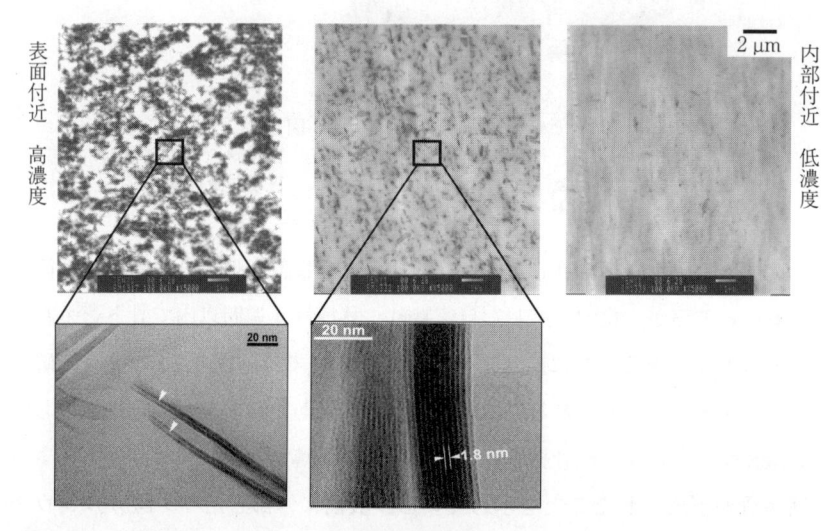

図 4.32 化学修飾した自家腱の透過型電子顕微鏡像（左側：表面付近，右側：内部付近）

また，一番外側の結晶は水酸アパタイトであり，Ca/P比は1.66である。内側の結晶はリン酸八カルシウムであり，Ca/P比は1.33と小さくなる。このことは，カルシウムイオンとリン酸イオンの拡散係数がヒトの組織中で違うことを意味している。リン酸イオンがカルシウムイオンより内部まで移動しやすいためと考えられる。

腱の断面図を拡大した写真が，**図4.33**である。スケールバーの長さが200 nmである。丸い形状に見える部分が，コラーゲン線維が束になったバンドルであり，バンドルの隙間にリン酸カルシウムの結晶が析出している。自家腱の外側にはアパタイトが析出しているため，その部分は骨に近い成分・構造である。

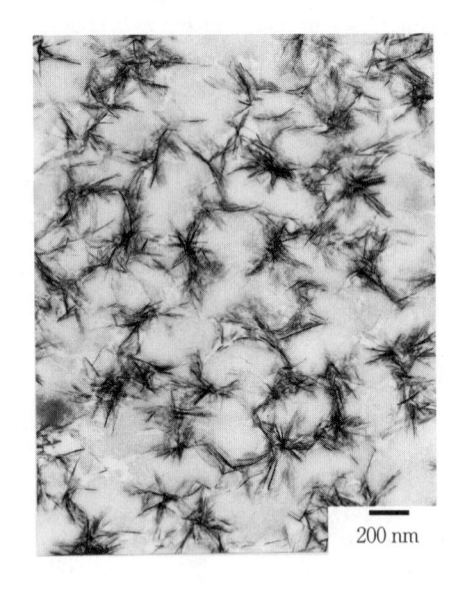

図4.33 化学修飾した自家腱断面の透過型電子顕微鏡像

リン酸カルシウムを修飾しないと，前述のように自家腱と骨の結合に2箇月かかる。ところが，化学修飾した自家腱は，移植後4週間以内で骨トンネルの周囲の骨と結合する。特に，化学修飾した移植腱では，**図4.34**のように破骨細胞と骨芽細胞が観測される。このことは，修飾した骨の無機成分に類似したリン酸カルシウムが，破骨細胞と骨芽細胞とを誘導し，骨リモデリングによって新生骨が形成されたことを示している。表面に修飾したリン酸カルシウム

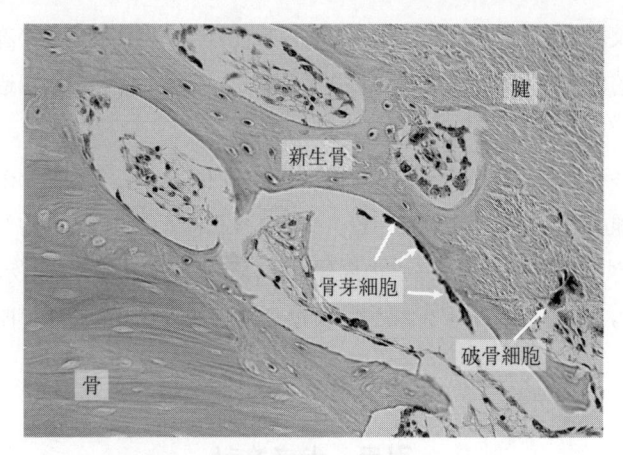

図 4.34 移植腱と骨組織との接合状態の組織切片像（HE 染色）

が，MSC の分化に関与していることを示唆している。

　自家腱はコラーゲンからできており，細胞の足場になる。しかし，単にコラーゲンだけでは細胞の分化・誘導の効果を示さない。ナノスケールのリン酸カルシウムが修飾されると，生体はあたかも壊れた骨のように認識して破骨細胞が現れ，骨芽細胞が誘導されて新生骨が形成される。これも骨のナノバイオニクスが硬組織と軟組織の接合に関わっていることを示唆している。

4.8 お わ り に

　生物の進化の視点から，同じ起源（アスピディン）をもつ魚のウロコと私たちの骨は同じようなコラーゲン線維の層板構造をもっている。それにアパタイトが配向している。さらに角膜実質も層板構造をもち，ナノバイオニクスの視点からこれらの層板構造の形成メカニズムが解明できると，骨再生と角膜再建の医療技術が大きく進歩すると期待される。

　さらにナノバイオニクスの化学処理によりアパタイトを生体腱の内部に析出させると，コラーゲン線維にアパタイト結晶が配向した骨類似の複合材料が得られる。その複合材料を靭帯再建に用いると，材料周囲に骨のリモデリングに

似た生体反応が起きて軟組織（複合材料）と硬組織（生体骨）が接着する。しかも中間層に軟骨層が形成されておりもともとの靭帯と骨の界面構造に類似している。

さらに多孔体人工骨やチューブを用いて生体内に類似した空間を確保することにより組織再生が実現されている。つまり多孔体人工骨の孔の内部に骨が再生でき，さらに細長いチューブの内部に神経が再建されることが示されている。これらもナノバイオニクスに基づいた研究成果であり，今後展開が期待される。

引用・参考文献

1) T. Ikoma, H. Kobayashi, J. Tanaka, D. Walsh and S. Mann：Physical properties of type I collagen extracted from fish scales of Pagrus major and Oreochromis niloticas, Int. J. Biol. Macromol., **32**, pp.199-2004 (2003)
2) T. Ikoma, H. Kobayashi, J. Tanaka, D. Walsh and S. Mann：Microstructure, mechanical and biomimetic properties of fish scales from Pagrus major, J. Struct. Biol., **142**, pp. 327-333 (2003)
3) M. Kikuchi, Y. Suetsugu and J. Tanaka：Preparation and mechanical properties of calcium phosphate copoly-L-lactide composites, J. Mater. Sci.-Mater. Med., **8**, pp.361-364 (1997)
4) M. Kikuchi, Y. Koyama, T. Yamada, Y. Imamura, T. Okada, N. Shirahama, K. Akita, K. Takakuda and J. Tanaka：Development of guided bone regeneration membrane composed of beta-tricalcium phosphate and poly（L-lactide-co-glycolide-epsilon-caprolactone）composites, Biomater., **25**, pp.5979-5986 (2004)
5) I. Yamaguchi, S. Itoh, M. Suzuki, A. Osaka and J. Tanaka：The chitosan prepared from crab tendons: II The chitosan/apatite composites and their application to nerve regeneration, Biomater., **24**, pp.3285-3292 (2003)
6) S. Itoh, I. Yamaguchi, M. Suzuki, S. Ichinose, K. Takakuda, H. Kobayashi, K. Shinomiya and J. Tanaka：Hydroxyapatite-coated tendon chitosan tubes with adsorbed laminin peptides facilitate nerve regeneration in vivo, Brain Res., **993**, pp.111-123 (2003)
7) W. Wang, S. Itoh, A. Matsuda, T. Aizawa, M. Demura, S. Ichinose, K. Shinomiya and J. Tanaka：Enhanced nerve regeneration through a bilayered chitosan tube: The effect of introduction of glycine spacer into the CYIGSK sequence, J. Biomed. Mater. Res., **A85**, pp.919-928 (2008)
8) I. Yamaguchi, T. Kogure, M. Sakane, S. Tanaka, A. Osaka and J. Tanaka：Microstructure analysis of calcium phosphate formed in tendon, J. Mater. Sci.-Mater. Med., **14**, pp. 883-889 (2003)
9) Y. Ohyabu, N. Kida, H. Kojima, T. Taguchi, J. Tanaka and T. Uemura：Cartilaginous tissue formation from bone m arrow cells using rotating wall vessel (RWV) bioreactor, Biotec.

& Bioeng., **95**, pp.1003-1008 (2006)
10) Y. Ohyabu, J. Tanaka, Y. Ikada and T. Uemura : Cartilage tissue regeneration from bone marrow cells by RWV bioreactor using collagen sponge scaffold, Mater. Sci. Eng. C, **29**, pp.1150-1155 (2009)
11) H. Mutsuzaki, M. Sakane, H. Nakajima, A. Ito, S. Hattori, Y. Miyanaga, N. Ochiai and J. Tanaka : Calcium-phosphate-hybridized tendon directly promotes regeneration of tendon-bone insertion, J. Biomed. Mater. Res., **A70**, pp.319-327 (2004)
12) H. Mutsuzaki, M. Sakane, A. Ito, H. Nakajima, S. Hattori, Y. Miyanaga, J. Tanaka and N. Ochiai : The interaction between osteoclast-like cells and osteoblasts mediated by nanophase calcium phosphate-hybridized tendons, Biomater., **26**, pp.1027-1034 (2005)

── **Part II 【発展編】** ──

5 / 生体材料・ナノ材料に対する細胞の遺伝子応答

5.1 はじめに

　ヒトは約60兆個の細胞で構成されている。細胞は生物を構成する最小単位であり，細胞が集まって組織を形成し，組織が集まって器官を構成している。ヒトの細胞は，どの組織の細胞でも，あるいはどの器官の細胞でも同じゲノムをもっている。しかし，皮膚の細胞と脳の細胞は明らかに役割が異なっている。同じゲノムをもっているにもかかわらず，なぜ，皮膚と脳の細胞は異なる機能をもっているのだろうか。それは，ゲノムの中で働いている遺伝子が異なっているからである。また，同じ組織あるいは器官の細胞でも，外部環境の刺激で働く遺伝子が異なっている。生命の設計図は，すべてゲノムDNAの中の遺伝子に書き込まれている。遺伝子は，タンパク質をつくるための原図である。すなわち，われわれ人間の複雑な生命活動は，タンパク質をつくるかつくらないか，つくるとしたらどの程度つくるのか，ということを遺伝子によって制御することによって行われている。

　ヒトでは，一つの細胞の中に約20 000個の遺伝子があるといわれている。これら20 000個のそれぞれの遺伝子に働き方によって，細胞の機能が決定される。例えば，細胞がナノ材料と接触したとき，あるいは細胞がナノ材料を取り込んだとき，どの遺伝子の働きが変化したかを知ることができれば，ナノ材

料が細胞機能にどのような変化を及ぼすか，ということを予測することができる。**DNAマイクロアレイ**（DNA microarray，あるいはDNAチップともいう）というツールを用いることによって，約20 000個の遺伝子の働きを一度に解析することができる。本章では，まず遺伝子解析に必要な分子生物学の基礎について述べ，その後，DNAマイクロアレイの解析原理，および細胞が生体材料と接触したとき，あるいはナノ材料・ナノ物質を取り込んだときに起こる細胞機能の変化を，DNAマイクロアレイによって予測する手法について述べる。

5.2 DNAマイクロアレイを理解するための分子生物学

　DNAマイクロアレイは，数千～数万の遺伝子発現を解析するツールである。DNAマイクロアレイによって，"なぜ，多くの遺伝子の働きを一度に解析することができるのか"，ということを理解するためには，分子生物学的な基礎知識が必要である。ここでは，遺伝子が「働く」ということはどういうことなのかについて概説する。

5.2.1 ゲノム，DNA，および遺伝子

　ここまで，ゲノム，DNA，遺伝子という言葉を使ってきたが，これらはどう違うのだろうか。ゲノムとは，一つの細胞がもっているすべてのDNAのことである。DNAというのは，ヌクレオチドが脱水重合したデオキシリボ核酸という物質の名前である。遺伝子は，ゲノムの中の情報をもった領域のことである。ゲノムの中の情報とは，タンパク質をつくる情報である。すなわち，ゲノムはDNAという物質でできていて，そのゲノムの中のタンパク質をつくる情報をもった領域が遺伝子である。ゲノムの中にタンパク質をつくる情報をもっている領域があるということは，その情報をもっていない領域もあるということである。ヒトの場合，ゲノムを構成しているDNAの約3％がタンパク質をつくる情報をもっていて，残りの97％はタンパク質をつくる情報をもっていないと考えられている。この3％の中に約20 000個の遺伝子がある。

DNA の構成単位であるヌクレオチドは，デオキシリボースという糖にリン酸および塩基が結合しているが，塩基にはアデニン（A），チミン（T），シトシン（C），グアニン（G）の四つがある。ヌクレオチドどうしが，リン酸を介して重合するとポリマーを形成する。2本のポリマーが自己会合すると二重らせんとなる。2本のポリマーの自己会合は，AとT，およびCとGが水素結合することによって起こる。例えば

　　　　ACGGCTAATCGGATCGTTAA

という20個のヌクレオチドでできたポリマー（オリゴヌクレオチド）は

　　　　TGCCGATTAGCCTAGCAATT

という塩基配列をもつポリマーと塩基の水素結合によって自己会合し，二本鎖を形成する。この二本鎖のDNAは塩基が20対あるので20塩基対のDNAといい，二重らせん構造をとる。このように塩基配列が相補した一本鎖DNAどうしが水素結合で自己会合し，二本鎖DNAを形成することを**ハイブリダイゼーション**（hybridization）という。

ヒトのゲノムは，約32億塩基対のDNAでできている。このうちの約3%が遺伝子であるので，遺伝子の領域は約1億塩基対ということになる。約20 000個の遺伝子はゲノム中のところどころに散在していることになる（**図5.1**）。

さらに一つの遺伝子に注目すると，この遺伝子の中にもタンパク質をつくる

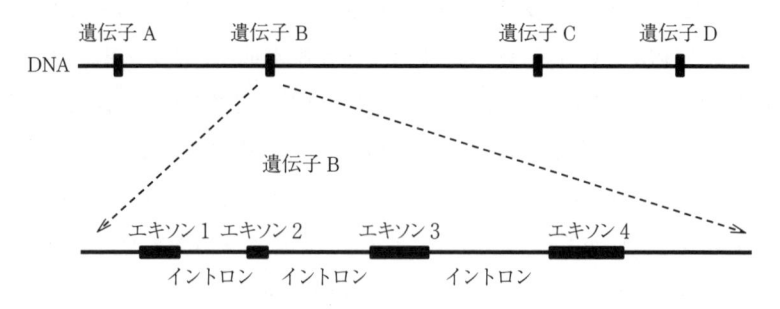

図5.1 ゲノム上の遺伝子の構成（ゲノム上の遺伝子領域は約3%である。すなわち，遺伝子はところどころに分布している。それぞれの遺伝子は，タンパク質をつくる情報をもったエキソンとタンパク質をつくる情報をもたないイントロンから構成されている）

情報をもった領域と，その情報をもっていない領域がある。遺伝子の中のタンパク質をつくる情報をもつ領域を**エキソン**（exon）と呼び，情報をもっていない領域を**イントロン**（intron）と呼ぶ。すなわち，エキソンも遺伝子の中に散在しているのである。

5.2.2 遺伝子の発現

遺伝子が働くということは，その遺伝子の情報に従ってタンパク質をつくるということである。遺伝子が働いてタンパク質をつくることを，遺伝子が「発現する」という。遺伝子が発現するときは，遺伝子の情報を一度 **mRNA**（messenger RNA，**伝令 RNA**）に転写し，転写された mRNA からタンパク質がつくられる（**図 5.2**）。生産されるタンパク質の量は，転写された mRNA の量によって制御される。すなわち，遺伝子から mRNA への転写量が多いと生産されるタンパク質の量も多くなる。したがって，遺伝子がどのくらい発現しているのかは，転写された mRNA の量を調べるか，あるいは生産されたタンパク質の量を調べればよい。ある遺伝子から転写された mRNA の量は，ノーザンブロットあるいは**リアルタイム定量 PCR**（real-time quantitative PCR）という方法によって調べることができる。近年では，その利便性からリアルタイム定

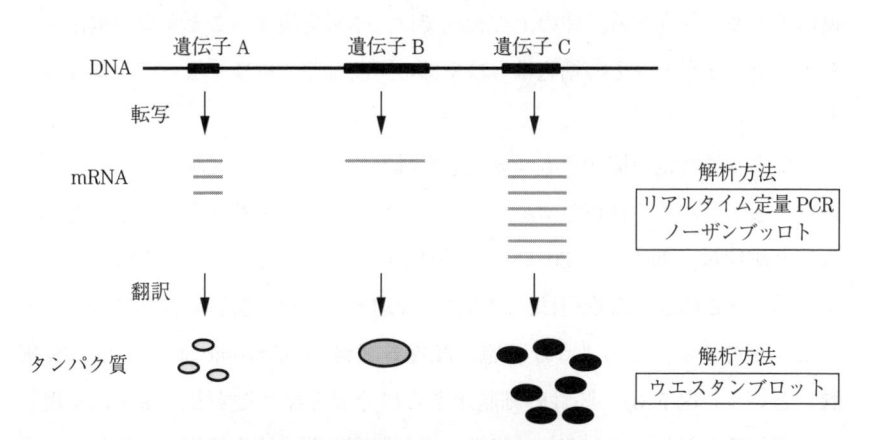

図 5.2 遺伝子発現の仕組みと発現量の解析方法

量 PCR が使われることが多い。また，ある遺伝子の発現により生産されたタンパク質の量は，**ウエスタンブロット**（western blot）という方法で調べることができる。これらの方法は，特定の遺伝子の発現を調べる場合に有効な方法である。すなわち，発現量を調べたい遺伝子が，あらかじめわかっている場合は，その遺伝子から転写された mRNA の量をリアルタイム定量 PCR で調べるか，あるいはタンパク質の量をウエスタンブロットによって調べればよい。

5.2.3 細胞の分化と遺伝子の発現

われわれの生命活動は，約 20 000 個の遺伝子の発現量を制御することによって，すなわちタンパク質量を制御することによって行われている。肺の上皮細胞と脳の神経細胞は，同じ 20 000 個の遺伝子をもっているが，これらの細胞の機能が違うのは，20 000 個の遺伝子の発現状態が異なるからである。肺の上皮細胞は，ずっと肺の上皮細胞であり，決して脳の神経細胞になることはない。これは，脳の神経細胞では発現しているが，肺の上皮細胞では発現しない遺伝子があるためである。それらの遺伝子は，肺の上皮細胞では眠っていて，決して起きないのである。すなわち，細胞の中で 20 000 個の遺伝子がすべて働いているかというとそうではなく，決して発現することがない眠ったままの遺伝子も多く存在する。肺の上皮細胞では，本来発現することがない遺伝子が発現してしまうと，その細胞はもはや肺の上皮細胞ではなくなってしまうのである。

このように特定の機能をもつ分化した細胞では，決して発現することのない眠った遺伝子が多く存在する。しかし，受精卵および受精卵が数回分裂を繰り返した細胞は，基本的に 20 000 個の遺伝子すべてが発現できる状態にある。すなわち，このような細胞は，どのような組織あるいは器官の細胞にも分化することができる。このような細胞を**胚性幹細胞**（embryonic stem cell，**ES 細胞**）という（**図 5.3**）。胚性幹細胞がさらに分裂を繰り返すと，徐々に発現しない遺伝子が現れ，それぞれの組織および器官を形成する細胞へと分化していく。すなわち，幹細胞は，分化して体細胞となる。

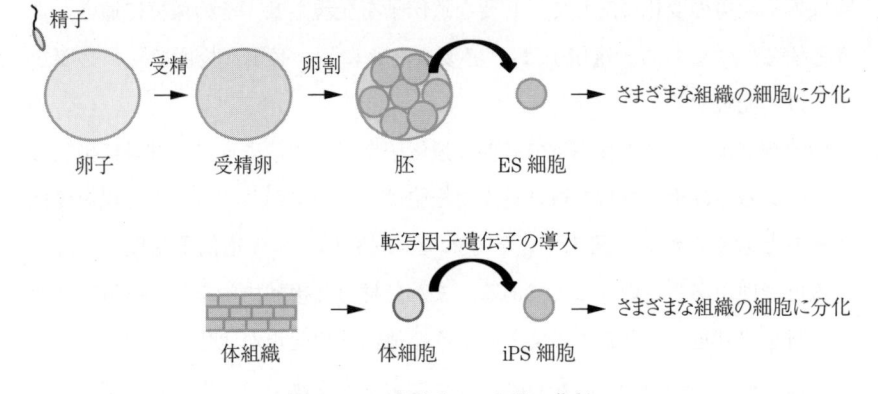

5.2 DNAマイクロアレイを理解するための分子生物学

図 5.3 ES 細胞と iPS 細胞の作製

　肺の上皮細胞は一生にわたって肺の上皮細胞であり，皮膚の線維芽細胞は一生にわたって皮膚の線維芽細胞である。これらの体細胞の決して発現することのない眠っている遺伝子を起こし働かせることができれば，幹細胞に戻すことができる。数個の転写因子の遺伝子を体細胞に形質転換することによって幹細胞に戻した細胞が，**人工多能性幹細胞**（indcuced pluripotent stem cell, **iPS 細胞**）である（図 5.3）。転写因子というのは，遺伝子を発現させるためのスイッチとなるタンパク質の遺伝子のことである。

　ES 細胞や iPS 細胞などの幹細胞は，どのような細胞にも分化させることができる可能性があるため，再生医療の重要な技術として位置づけられている。

5.2.4　細胞機能と遺伝子発現

　細胞は，外部環境の刺激に対しても遺伝子の発現が変化する。例えば，細胞は周囲にグルコースがあるとこれを取り込み，エネルギーに変換する。細胞に取り込まれたグルコースは，解糖系およびトリカルボン酸サイクル（クエン酸回路あるいはクレブス回路とも呼ばれる）の経路で分解され，エネルギーとしての ATP を生産する。解糖系およびトリカルボン酸サイクルの各酵素は，それぞれの酵素の遺伝子が発現してつくられる。これらの遺伝子は，グルコースがあるときのみ発現し，グルコースがないときは発現していない。一般に，細

胞は外部環境の変化に応じて，必要な遺伝子を発現させ，その環境に適応しようとする。すなわち，遺伝子は，"必要なときに"，"必要な場所で"，"必要な量だけ"発現する。

細胞がグルコースの存在下で必要な遺伝子を発現するように，材料に接触した細胞あるいはナノ材料を取り込んだ細胞は，必要に応じて遺伝子発現を変化させると考えられる（**図5.4**）。すなわち，材料によって遺伝子発現を制御できる可能性があるということである。また，材料と接触すること，あるいはナノ材料を取り込むことによってどのような遺伝子の発現が変化したかを調べることによって，細胞が材料からどのような影響を受けているのかを予測することができる。材料に接触していない細胞と，材料に接触している細胞の20 000個の遺伝子の発現をすべて比較することができれば，材料によってどのような遺伝子の発現が変化するのかを知ることができる。また，それらの遺伝子発現の変化から，細胞機能にどのような影響を与えるのかも予測することができる。

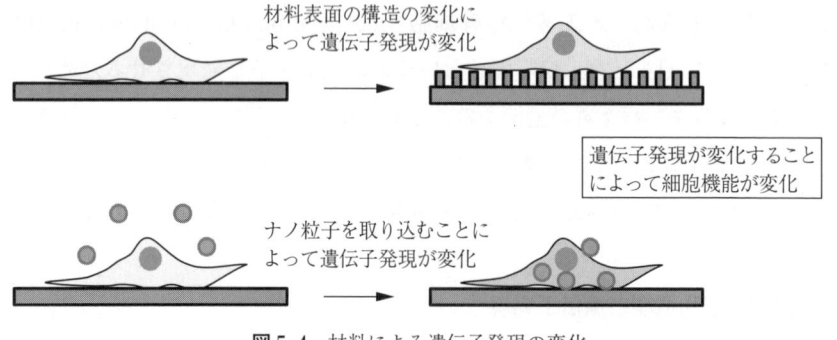

図5.4 材料による遺伝子発現の変化

遺伝子発現は，mRNAの量を調べるか，あるいはタンパク質の量を調べることによって知ることができる。リアルタイム定量PCRやウエスタンブロットは，特定の遺伝子の発現を調べることはできるが，一度に多くの遺伝子の発現を調べることはできない。DNAマイクロアレイは，20 000個の遺伝子の発現を網羅的に調べることができるため，材料の影響で発現量が変化する遺伝子を一網打尽に同定することができる。一方，高速液体クロマトグラフィー質量

分析計により，タンパク質の網羅的解析を行うこともできる。DNAマイクロアレイはmRNA量を調べるため，生きた細胞からmRNAを抽出しなければならない。高速液体クロマトグラフィー質量分析計では，近年，ホルマリン中に保存してある組織でのタンパク質の網羅的解析が可能となっている。しかしながら，解析できるタンパク質数は，1 000〜2 000個程度であり，DNAマイクロアレイに比べるとはるかに少ない。

5.3 DNAマイクロアレイ―網羅的遺伝子発現解析の原理

近年，ヒトをはじめ，さまざまな動植物種の網羅的遺伝子解析のためのDNAマイクロアレイ（図5.5）が市販され，ゲノミクス研究における汎用的な技術となっている。生体材料やナノ材料分野においても，DNAマイクロアレイによる網羅的遺伝子発現解析が利用されてきた。その目的は主に材料が細胞に及ぼす影響を分子レベルで評価することに主眼が置かれている。また，網羅的遺伝子発現解析から細胞に影響を及ぼす材料の特性を抽出し，その結果を生体材料の設計にフィードバックする手法についても報告されている。

図5.5 DNAマイクロアレイ

生体材料やナノ材料が生体に及ぼす影響の評価は，多くの場合，*in vitro*における評価を経て*in vivo*評価が行われる（1.6.1項 参照）。DNAマイクロアレイは，*in vitro*における生体材料およびナノ材料の評価に利用されることが

多い。これまで報告されているDNAマイクロアレイによる生体材料の *in vitro* 評価に関する研究の多くは，異なる材料上で培養した細胞の網羅的遺伝子発現解析を行い，それぞれの材料で発現量が大きく異なる遺伝子を抽出することによって，それぞれの材料が細胞に及ぼす影響を推察している。また，生体材料やナノ材料（多くは金属材料）から溶出してくる物質（多くの場合は金属イオン）が細胞あるいは組織に及ぼす影響を，分子レベルで解明するために網羅的遺伝子解析が行われた例もある。

一方，*in vivo* における生体材料の評価にDNAマイクロアレイを利用した研究は少ない。網羅的遺伝子発現は，一般に，1種類の細胞に関してのみ有効な手法である。2種以上の細胞が混在した組織の網羅的遺伝子発現解析を行った場合，得られる遺伝子発現情報は複雑であり，正確な分子レベルの解析が困難と考えられるためである。

リアルタイム定量PCRは，生体材料やナノ材料の影響があらかじめわかっている数個～十数個の遺伝子の発現量を定量するための簡便な方法である。それぞれの遺伝子の発現量が生体材料やナノ材料の影響を受けていないときに比べてどの程度増加あるいは減少するのかは，リアルタイム定量PCRの測定値から直接得ることができる。一方，DNAマイクロアレイでは数千個から約20 000個の遺伝子発現データが一度に取得できるため，得られる情報量が飛躍的に多くなる。そのため，必要な情報をいかに抽出し，いかに処理するかが重要である。

DNAマイクロアレイによる遺伝子発現解析の流れを**図5.6**に示す。一般に細胞あるいは組織からmRNAを抽出し，逆転写により蛍光色素で標識された**cDNA**（complementary DNA）を合成する。このcDNAをDNAマイクロアレイ上のDNAとハイブリダイズさせ，その蛍光色素の強度を共焦点レーザスキャナによって測定する。以下にそれぞれの工程について述べる。

〔1〕 **DNAマイクロアレイの種類** DNAマイクロアレイは一般にガラスなどの基板上に数千～数万種類のDNAを高密度に配列している。基板上に固

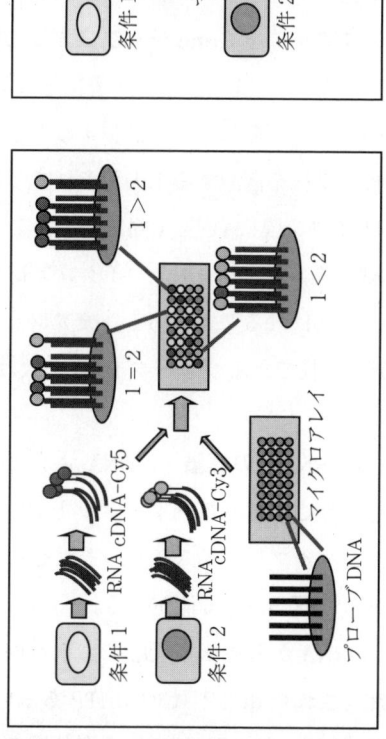

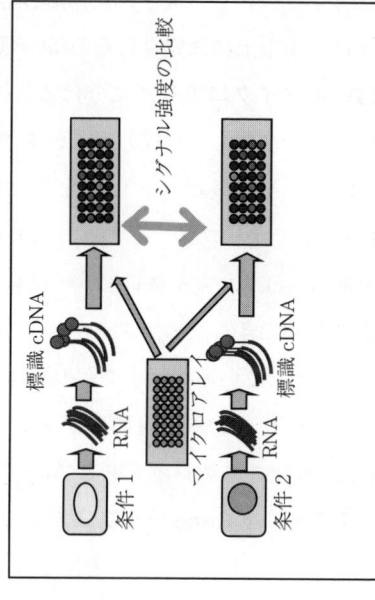

(a) 2色法DNAマイクロアレイ：異なる二つの条件における細胞あるいは組織からmRNAを抽出した後、一方のmRNAをCy3で、他方のmRNAをCy5で標識する。Cy3およびCy5で標識されたmRNAを混合し、DNAマイクロアレイ上のプローブDNAに競合的にハイブリダイゼーションさせ、それぞれの蛍光強度を測定する

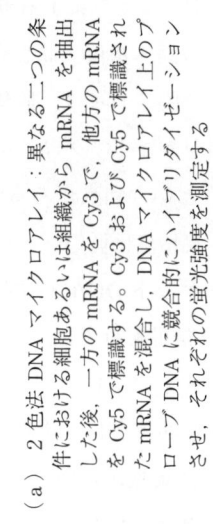

(b) 1色法DNAマイクロアレイ：異なる二つの条件における細胞あるいは組織からmRNAを抽出し、それぞれのmRNAを蛍光色素で標識し、これらを別々のDNAマイクロアレイのプローブDNAとハイブリダイゼーションさせ、それぞれプローブの蛍光強度を比較する

図5.6 DNAマイクロアレイの原理

定された DNA を**プローブ**，調べたいサンプルから合成された標識 DNA を**ターゲット**という。DNA マイクロアレイは，基板上に固定される DNA の形態により **cDNA マイクロアレイ**と**オリゴ DNA マイクロアレイ**に分けることができる。cDNA マイクロアレイは，mRNA から cDNA を合成し，これを PCR などで増幅させた二本鎖 DNA を基板上に高密度にスポットしたものである。一方，オリゴ DNA マイクロアレイは基板上でオリゴヌクレオチドをフォトリソグラフィーによって合成したものである。cDNA マイクロアレイは全長 cDNA をプローブとして基板上に固定することができるため，ターゲット DNA との特異性に優れているが，ファミリーを構成している遺伝子などの配列類似性の高い遺伝子間では，クロスハイブリダイゼーションの問題がある。オリゴ DNA マイクロアレイは，25～70 mer のオリゴヌクレオチドをプローブとして搭載している。オリゴ DNA マイクロアレイを **Gene チップ**または **DNA チップ**と呼ぶこともある。オリゴ DNA マイクロアレイでは，1 遺伝子に対して 3′末端領域の配列で設計された複数のプローブを基盤上に搭載することでクロスハイブリダイゼーションによる解析エラーを低減する工夫がされている。

　ガラスなどの固体基板ではなくナイロン膜に DNA を固定した膜アレイも開発されている。膜アレイは，固体基板を利用した DNA マイクロアレイと比べてアレイ面積が大きくマクロアレイと呼ばれることもある。膜アレイは繰り返し使用できるという利点があるが，搭載できるプローブ DNA の数は約 1 500 程度であり，集積度は低い。

　〔2〕　**ターゲット DNA**（aRNA or cRNA）**の標識**　　DNA マイクロアレイによる遺伝子発現解析では，蛍光色素で標識されたターゲット DNA を DNA マイクロアレイ上のプローブ DNA とハイブリダイズさせ，それぞれのスポットの蛍光強度を共焦点レーザスキャナ（**図 5.7**）で測定する。

　細胞あるいは組織から抽出した mRNA から逆転写反応により cDNA を合成する際に，Cy3 あるいは Cy5 で標識された dUTP（Cy3-dUTP あるいは Cy5-dUTP）あるいは dCTP（Cy3-dCTP あるいは Cy5-dCTP）を取り込ませることにより，容易に蛍光標識することができる。mRNA から逆転写の際に Cy3 あ

5.3 DNAマイクロアレイ―網羅的遺伝子発現解析の原理

図5.7 共焦点レーザスキャナ

るいはCy5を直接取り込ませる代わりに，amino-allyl-dUTP（aa-dUTP）を取り込ませたcDNAを合成し，aa-dUTPとCy3あるいはCy5 monofunctional dyeをカップリングさせることによりターゲットDNAを標識することができる。この方法で標識されたターゲットDNAは，Cy3あるいはCy5を直接取り込ませたターゲットDNAよりも強い蛍光強度が得られる。また，ターゲットDNAに蛍光色素を直接取り込ませる代わりに，ビオチン化したUTPあるいはCTPの存在下でcDNAを合成し，その後ストレプトアビジン-ファイトエリスリンをビオチンに結合させることによって標識することもできる。

逆転写に用いるRNA量はDNAマイクロアレイのサイズや種類に依存するが，全RNA量として15～200 μg（mRNA量は全RNA量の1～2％程度）である。細胞あるいは組織から十分量のRNAを取得できない場合には，$in\ vitro$ transcription（IVT）によってRNAを増幅することができる。IVTはT7プロモーター配列を含むRNAoligo(dT)24-T7 primerによって合成された二本鎖cDNAを鋳型としてT7 RNAポリメラーゼによってRNAを増幅する方法である。増幅を2回行うとmRNAを10^6倍程度まで増幅させることができる。増幅したRNAはアンチセンスRNA（aRNA）あるいは相補的RNA（cRNA）と呼ばれる。Cy3(あるいはCy5)-dUTP(あるいはdCTP)の存在下でmRNAの増幅を行うと，蛍光標識されたターゲットaRNA（ターゲットcRNA）を得ることができる。また，ビオチン化されたUTPあるいはCTPを取り込ませることにより，aRNA（cRNA）をファイコエリスリンで蛍光標識することができる。

膜アレイでは蛍光標識されたDNAの代わりにラジオアイソトープ(^{32}P)で標識したターゲットDNAを用いる。ラジオアイソトープで標識したターゲットDNAは，蛍光標識したターゲットDNAに比べ100～1 000倍感度が増加する。ラジオアイソトープは，プローブDNAの集積度が高いとシグナルがプローブDNA間で干渉してしまうため，DNAマイクロアレイでは使用することができない。

〔3〕 **ハイブリダイゼーションによるシグナル検出**　これらの標識されたターゲットDNA（aRNAあるいはcRNA）をDNAマイクロアレイ上のプローブDNAとハイブリダイゼーションさせる。ハイブリダイゼーションにはCy3とCy5で標識された2種のターゲットDNA（aRNAあるいはcRNA）を競合的に反応させる**2色法**と，1種のターゲットDNA（aRNAあるいはcRNA）のみを反応させる**1色法**がある。2色法では，2サンプル間の遺伝子発現量の比較を1枚のマイクロアレイで解析することができる。2色法は競合反応であるため得られるデータは2サンプル間の遺伝子発現量の比であるが，1色法では遺伝子の発現量である。1色法では，2サンプル間の遺伝子発現量を比較したいときには2枚のマイクロアレイが必要となる。したがって，2枚のマイクロアレイの実験条件の違いが誤差になりやすい。

2色法によりそれぞれのサンプルにおけるスポットの蛍光シグナル強度を共焦点レーザスキャナで読み取ると，それぞれのスポットのシグナルとバックグラウンドの蛍光強度の平均値と標準偏差に関するデータが得られる。シグナル強度からバックグラウンド強度を差し引くことで真のシグナル蛍光強度を得ることができる（**図5.8**）。

2サンプル間のターゲットDNA（aRNAあるいはcRNA）の量を同じに調製したつもりでも実際には同じになっていないことが多い。また，2色法ではCy3とCy5のそれぞれの蛍光色素の発色特性および退色特性がある。これらの要因はデータの誤差となって現れるので，この誤差を補正する必要がある。この誤差の補正には二つの方法がある。一つは**グローバルノーマライゼーション**（global normalization）で他の一つは**インターナルノーマライゼーション**

5.3 DNAマイクロアレイ—網羅的遺伝子発現解析の原理

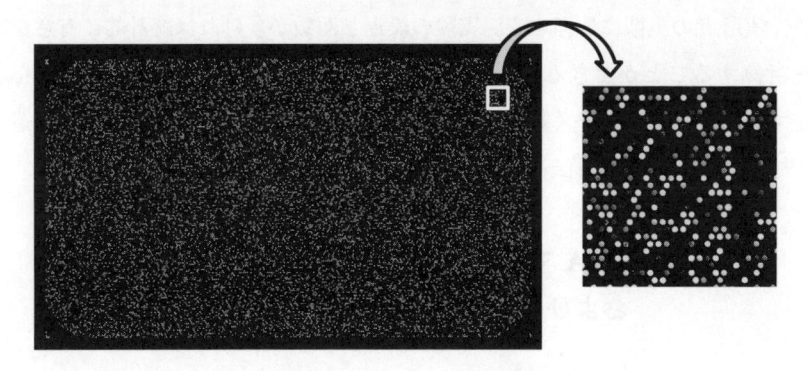

図5.8 2色法において共焦点レーザスキャナによって得られるスポットの蛍光画像

(internal normalization) である．グローバルノーマライゼーションは，すべての遺伝子の発現量の総和は2サンプル間で同じであるという仮定に基づいている．すなわち，DNAマイクロアレイ上のすべてのスポットのCy3とCy5の蛍光強度の総和は等しいとして補正を行う．この補正方法は，2サンプル間の条件の差が比較的小さいとき，あるいは多数（数万種類）のプローブを解析するときに有効である．インターナルノーマライゼーションは，**ハウスキーピング遺伝子**（house keeping gene）のような特定の遺伝子（これらの遺伝子を**コントロール遺伝子**と呼ぶ）の発現量は2サンプル間で変化しないという仮定に基づいている．すなわち，DNAマイクロアレイ上のコントロール遺伝子のCy3とCy5が同じシグナル強度となるようにすべてのスポットの蛍光強度を補正する．この補正方法は2サンプル間の条件の差が大きいとき，あるいはDNAマイクロアレイ上の遺伝子の種類（スポット数）が少ないとき（数百～数千種類）に有効である．

得られた2サンプルの蛍光強度は比（Cy3/Cy5 あるいは Cy5/Cy3）として表される．この比を底が2の対数値で計算すると発現量の比をプラスとマイナスで表すことができる．例えば，Cy3/Cy5 において，Cy3 > Cy5 であれば $\log_2$(Cy3/Cy5) はプラス値に，Cy3 < Cy5 であれば $\log_2$(Cy3/Cy5) はマイナス値に，Cy3 = Cy5 であれば $\log_2$(Cy3/Cy5) は0となる．2サンプル間で遺伝子発現量の比がどのくらい異なると差があるとみなすかについては明確な基準はな

く，実験者の主観に依存する．実験の繰返し回数が多ければ統計的に有意な差を計算することができるが，そうでない場合はカットオフ（cut-off）値を設定することが多い．多くの研究では，発現量の比が2〜3倍以上変化した遺伝子を発現量が異なる遺伝子としている．

5.4 DNAマイクロアレイ解析の生体材料評価およびナノ材料評価への応用

生体材料の評価は，一般に *in vitro* 評価と *in vivo* 評価に分けることができる．*In vitro* 評価は，*in vivo* 評価の前段階として行われることが多く，生体材料への細胞接着，細胞増殖，細胞機能の発現などについて評価が行われる．細胞接着は，細胞と材料との間で起こる最初の過程である．特別な場合を除いて，細胞接着が起こらなければその後の細胞増殖や細胞機能の発現は起こらないので，細胞接着は材料に求められる最低限の条件である．細胞増殖は材料の細胞に対する環境が影響している．材料に毒性があれば細胞増殖は著しく阻害される．細胞機能は，生体材料が目的の組織で望まれる機能を誘導できるかを評価することになる．細胞接着の評価は一般に顕微鏡観察によって行われる．細胞増殖は，細胞数のカウンティング，DNA量の定量などによって求めることができる．また，生細胞と死細胞の割合を求めることもある．細胞機能は，マーカー遺伝子やマーカータンパク質の定量あるいは組織化学的手法によって評価されることが多い．また，生体材料の *in vivo* 評価は，主に組織化学的な手法を用いて行われている．*In vitro* における細胞接着，細胞増殖，および細胞機能の発現，*in vivo* における移植材料周囲あるいは移植材料に侵入した細胞や組織の分子レベルでの現象を理解するために，DNAマイクロアレイによる網羅的な遺伝子解析が行われている．しかしながら，網羅的遺伝子発現解析による生体材料の評価に関してはそれぞれの研究者が独自の解析を行っており，一般的な解析手法は確立していない．

5.4.1 2種類の材料間における遺伝子発現の比較

ヒトのゲノムには約20 000個の遺伝子が存在する。これらの遺伝子は細胞の生存に必須な遺伝子と，細胞の特異的な機能を発揮するために必要な遺伝子に分けることができる。前者の遺伝子はどのような細胞種にも共通に発現していると考えられ，一方，後者は細胞種によって発現している遺伝子の種類および量が異なっていると考えられる。すなわち，後者の遺伝子は必要なときに，必要な場所で，必要な量だけ発現するように制御されている。DNAマイクロアレイによりある細胞の網羅的遺伝子解析を行い，遺伝子の発現量の多い（蛍光強度の大きい）遺伝子から順番に並べていくと，発現量は指数的に減少する（図5.9）。大量に発現している遺伝子数はわずか（数百個程度）であり，ほとんどの遺伝子の発現量は低いことがわかる。発現量の多い遺伝子はハウスキーピング遺伝子のような細胞の生存に必須な遺伝子であり，これらの遺伝子の発現量は条件が異なっても大きく変動しないと考えられる。一方，発現量が低い多くの遺伝子は，その細胞の機能にとって必要な遺伝子であり，条件が異なる

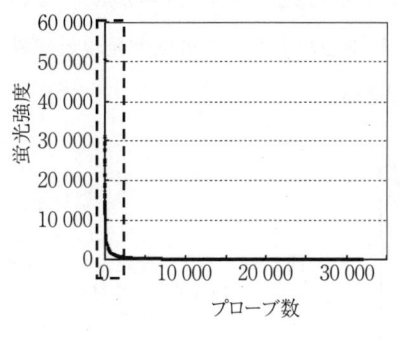

(a) 1色法DNAマイクロアレイで得られたそれぞれのDNAプローブの蛍光強度を高いものか並べると指数的に減少する。プローブ数が遺伝子数（約20 000個）よりも多いのは，DNAマイクロアレイ上には，一つの遺伝子に対して複数のプローブがあるため

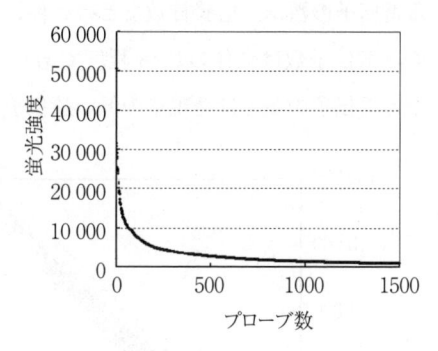

(b) (a)の点線で囲まれた部分の拡大。発現量が高いDNAプローブはせいぜい500個程度である。これらの多くはハウスキーピング遺伝子のプローブであり，細胞機能に特異的な遺伝子の発現量は低いことがわかる

図5.9 遺伝子発現量の分布

と発現量が変動する可能性がある．このような遺伝子発現の特徴は，すべての細胞種に共通していると考えられる．すなわち，発現量が変動する遺伝子の多くは，もともと発現量が少ない遺伝子である場合が多い．

　二つの異なる材料上で同じ細胞を培養したときには，どのくらいの遺伝子の発現量が変動するのだろうか．二つの材料の特性が大きく異なる場合には多くの遺伝子の発現量が変動し，材料特性の差が小さい場合には発現量が変動する遺伝子数は少なくなることは容易に想像できる．例えば，カルシウムとリンの比が 1.67（Ca/P=1.67）である**ハイドロキシアパタイト**（hydroxyapatite, **HA**）と Ca/P=1.50 の**リン酸三カルシウムセラミックス**（tricalcium phosphate, **TCP**）上で骨芽様細胞を培養し，DNA マイクロアレイで遺伝子発現を解析し，それぞれの遺伝子の HA での蛍光強度を横軸に，TCP での蛍光強度を縦軸にプロットすると**図 5.10** のような関係が得られる．発現量が 2 倍以上異なる遺伝子は 20 000 遺伝子の中で約 400 遺伝子であり，これは解析した遺伝子数の 2%に当たる．したがって，98% の遺伝子は材料が異なっても変動しない．変動する遺伝子の数は，培養日数などの条件により異なるが，たいていの場合，変動する遺伝子数は全体の数 % 程度であり，前述したように 2 倍以上発現量が異なる遺伝子の多くは発現量の低い遺伝子である．

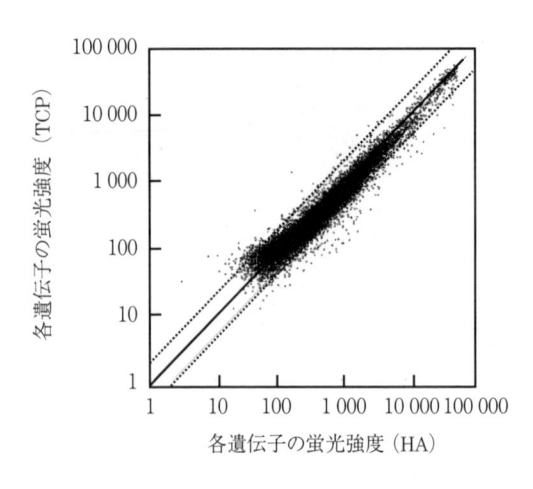

図 5.10 遺伝子発現量の scatter plot（HA で培養した細胞と TCP で培養した細胞のそれぞれの遺伝子発現量の関係を表す．ほとんどの遺伝子の発現量は $y=x$ の直線の近辺にある．この直線の近辺の遺伝子は HA でも TCP でも発現量に変化はないと判断される．$y=x$ から外れた遺伝子は，HA あるいは TCP のどちらかで発現量が高い）

HAとTCPで培養した骨芽様細胞では2倍以上発現量が異なる遺伝子は全体の2%程度であるが，それでも数にすると400遺伝子にもなる。網羅的遺伝子解析では，発現量の異なる多くの遺伝子からいかに有用な情報を抽出するかが重要である。2種の材料間で，発現量が異なる遺伝子群の中から有用な情報を抽出する方法については，以下の三つに分類することができる。① 発現量の異なる遺伝子群の中から任意の遺伝子を抽出し，その（それらの）遺伝子の機能から材料による細胞機能の相違を推測する。② 発現量の異なる遺伝子群を遺伝子機能などの基準に基づいてグループ化し，その（それらの）遺伝子群から材料による細胞機能の相違を推察する。③ 発現量の異なる遺伝子群をジーンオントロジー（gene ontology，**GO**）などバイオインフォマティクスの手法を利用してグループ化し，その（それらの）遺伝子の機能から材料による細胞機能の相違を推測する。以下，それぞれの方法について具体例を用いて概説する。

〔1〕 **2種類の材料間において発現量の異なる遺伝子群の中から任意の遺伝子を抽出する方法**　バイオガラス（bioglass）は *in vitro* および *in vivo* において骨組織形成を誘導することが知られている。直径300〜700 μmのバイオガラス45S5の粒子を1%の濃度で骨芽細胞培養液に加えて24時間インキュベイション（静置）すると，培地中のSi濃度が86〜87倍に増加する。この溶解したSiが骨芽細胞による骨形成を促進するかどうかが，ナイロン膜アレイによる1176遺伝子の発現解析によって調べられた[1]。その結果，バイオガラスから溶解したSiを含む培地で48時間培養した骨芽細胞で，発現量が2倍以上に増加した遺伝子が60個，一方，発現量が0.5以下に減少した遺伝子が5個見出された。発現量が増加した60遺伝子の中には，インスリン様増殖因子II（IGF-II），IGF-IIのキャリアタンパク質であるインスリン様増殖因子結合タンパク3（IGFBP-3），メタロプロテアーゼ2（MMP-2），およびカテプシンDが含まれていた。したがって，バイオガラスから溶解したSiは，プロテアーゼであるMMP-2とカテプシンDがキャリアタンパク質であるIGFBP-3をIGF-IIから切り離すことによってIGF-IIを活性化し，IGF-IIの活性化が骨芽細胞の増殖

と骨形成を促進すると推測できる。また，発現量が増加したその他の遺伝子には骨芽細胞の増殖に関与する RCL，細胞分化に関与する CD44，細胞と基質との結合に関与するインテグリンβなども含まれており，これらの遺伝子発現も骨芽細胞の増殖や分化に影響を及ぼしていることが推測できる。

酸化ジルコニウム（ZrO_2，**ジルコニア**ともいう）は，歯科治療のためのインプラント材料や骨補填材料として用いられている。ZrO_2 ディスクの表面を ZrO_2 のコロイド懸濁液でコートすると骨芽細胞の骨形成が促進される。コートされていない ZrO_2 ディスクの表面は小さな結晶がランダムに分布した不規則な表面であるが，コートされた ZrO_2 ディスクの表面は大きな結晶がほぼ均一に分布した亀裂のある表面となる。これらの材料上で，骨芽細胞を 24 時間培養し，DNA マイクロアレイにより 20 000 遺伝子の解析を行うと，コートした ZrO_2 ディスクで発現量が有意に増加した遺伝子が 81 個，減少した遺伝子が 42 個見出された[2]。発現量が増加した遺伝子には，骨リモデリングに関与する EGR2（early growth response 2），頭蓋顔面原基において空間的および時間的に発現制御されている転写因子である DLX2，骨芽細胞の分化や骨形成に関与するレプチン受容体（LEPR），免疫系に関与する FC-alpha 受容体や CD79B，などが含まれていた。一方，発現量が減少した遺伝子には，転写因子であるインターロイキンエンハンサ 2(ILF2) や細胞接着を制御する F11 受容体（F11R）などが含まれていた。コートした ZrO_2 ディスクでは，これらの遺伝子の発現の増減が骨芽細胞活性化に寄与していることが推察される。

材料表面の粗さは，骨と移植材料の生理的相互作用に影響すると考えられる。しかしながら，表面粗さが荒いと骨芽細胞の分化を刺激するという報告がある一方で，刺激しないという報告もあり，材料表面の粗さと骨芽細胞の相互作用については明確になっていない。ラットの骨髄から調製した間質細胞を表面粗さ（Ra）が 0.14 μm (Ra(0.14)) と 5.8 μm (Ra(5.8)) の**チタン合金**（Ti-6Al4V）ディスクで 24 時間および 48 時間培養し，ナイロン膜アレイによって 1 633 遺伝子を解析すると，培養 24 時間目では，Ra(0.14) に比べて Ra(5.8) で 268 遺伝子が 2 倍以上発現量が増加し，17 遺伝子が減少していた[3]。培養

48時間目においては，Ra(0.14)に比べてRa(5.8)で153遺伝子が2倍以上発現量が増加し，21遺伝子が減少していた。これら発現量に差があった遺伝子の中から骨関連遺伝子，軟骨関連遺伝子，コラーゲン遺伝子，インテグリン遺伝子，転写因子遺伝子，およびシグナル伝達関連遺伝子を抽出して時間的変化を比較することによって，チタン合金の表面粗さは培養初期での影響が大きく，表面が粗いほど発現量が増加する遺伝子が多いことが報告されている。

このような任意の遺伝子を抽出する方法は，材料によって影響される細胞機能の相違について遺伝子レベルでの説明を与えることができるが，選択された遺伝子は研究者の主観によるため解釈が偏りやすいという危険をはらんでいる。また，選択されなかった多くの遺伝子の寄与に関しては考察されないため，完全な解釈は期待できない場合が多い。

〔2〕 2種類の材料間において発現量の異なる遺伝子群を遺伝子機能などの基準に基づいてグループ化する方法　この方法では，発現量の異なる遺伝子群をグループ化することにより全体的な傾向を把握することができる。DNAマイクロアレイで得られた発現量に差がある多くの遺伝子をグループ化する際の基準は，それぞれの研究者によって異なっている。チタン合金（Ti6Al4V），ZrO_2，および硫酸カルシウムがヒト骨芽様細胞MG63に及ぼす影響は，DNAマイクロアレイによって調べられている。チタンやチタン合金は整形外科や歯科領域においてインプラント材料として使用されているが，これらの材料が骨芽細胞に及ぼす影響については知られていなかった。そこで，チタン合金ディスクと一般的な培養基材で24時間培養したMG63細胞の19 200個の遺伝子発現解析をDNAマイクロアレイで行うと，チタン合金ディスクでの発現量が一般的な培養基材での発現量よりも有意に高い遺伝子は40個，有意に低い遺伝子は23個あった[4]。これらの遺伝子の機能はアポトーシス，小胞輸送，構造機能など多岐にわたり，チタン合金ディスクの生体適合性は，これらの遺伝子機能によることが示唆されている。また，チタン合金ダストを添加した培地で培養したMG63細胞の遺伝子発現をチタン合金ディスクで培養したときと比較すると大きな差は見られないことから，チタン合金の形状はMG63細胞に影響

を及ぼさないと考えられる。

　ZrO_2ディスクと一般的な培養基材でのMG63細胞の遺伝子発現を比較すると，ZrO_2ディスクでは細胞周期，免疫，細胞外環境の制御に関与する遺伝子群の発現が高く，小胞輸送，細胞骨格，細胞周期制御，免疫に関与する遺伝子群の発現が低い[5]。発現が増加する免疫関連遺伝子がある一方で，発現が減少する免疫関連遺伝子があるのは，これらの遺伝子群の発現の増減が炎症反応を制御している可能性が高いことを示唆している。また，チタン合金でもZrO_2でも小胞輸送に関連する遺伝子群の変動が認められている。小胞輸送の機能を有する遺伝子群は，骨形成に関連する細胞外基質の生産と恒常性に，重要な役割を果たしていると考えられる。

　硫酸カルシウムは歯根膜の疾患，歯槽膿漏による骨の欠損，顎の湾曲の治療に用いられている。硫酸カルシウムは体液中で溶解し，Caイオンがリン酸と結合してリン酸カルシウムになって骨表面に沈着する。この沈着したリン酸カルシウムが骨芽細胞を活性化すると考えられているが，実際に骨芽細胞の遺伝子発現がどのように変化するのかは知られていなかった。一般的な培養基材で培養したMG63細胞に硫酸カルシウムの濃度が0.001 mg/mlの濃度になるように添加し，24時間後の19 200個の遺伝子発現変化がDNAマイクロアレイで調べられた[6]。その結果，約100遺伝子の発現量が増加し，それらは細胞周期制御，シグナル伝達，免疫，リソソーム酵素の生産などの機能に分けられた。リソソーム酵素は，細胞外基質の再利用に関与するので，硫酸カルシウムは，少なくとも骨芽細胞の細胞外基質の再構成に影響することがわかる。

　メッシュ構造を有するCollagen/GAG（collagen-glycosaminoglycan）スキャホールドで培養したヒト線維芽細胞株の遺伝子発現をDNAマイクロアレイで解析し，ポリスチレンディッシュで培養したときと比較した研究がある。ヒト線維芽細胞をCollagen/GAGスキャホールドで培養すると，48時間後には細胞がCollagen/GAGの繊維を引っ張ることによってメッシュ構造が収縮し，96時間後ではメッシュ構造が認められなくなる[7]。培養1時間後から48時間後までで，発現量に差があった遺伝子は1 018個あり，それらは大きくケモカイン/

サイトカイン,血管新生関連遺伝子,細胞接着遺伝子,および細胞外基質再構成遺伝子に分類された。ケモカインは炎症反応および血管成長に関与する。ケモカインである血管内皮増殖因子(VEGF)は Collagen/GAG で発現量が高く,一方,血管新生を阻害するトロンボスポンジン 1 (THBS1) とトロンボスポンジン 2 (THBS2) は Collagen/GAG で発現量が低かった。これらのことから,メッシュ構造の Collagen/GAG は血管新生を促進し,スキャホールドとして優れた特長を有していることがわかる。

遺伝子をグループ化して考察する方法は,先の特定の遺伝子を選んで考察する方法に比べてより多くの遺伝子を用いることになるため,それぞれの材料の特質をより広い視野で評価できる可能性が高いものの,やはり選択された遺伝子群は研究者の主観によるため,研究者間でのデータ,結論の互換性に問題があるといわざるを得ない。

〔3〕 **2種類の材料間において発現量の異なる遺伝子群をバイオインフォマティクスの手法を利用してグループ化する方法** 発現量に有意な差があった多くの遺伝子から研究者自身によって注目すべき遺伝子を抽出したり,あるいはグループ化したりする方法では,研究者の主観によって結果が左右されやすい。それを避けるために,発現量に差があったすべての遺伝子を**バイオインフォマティクス**(bioinformatics)の手法を利用して機能別に分類する方法が開発されている。遺伝子の機能分類ではジーンオントロジー(GO)が最もよく利用されている。GO は,遺伝子機能を"Biological Process"(生物学的プロセス),"Cellular Function"(細胞機能),"Molecular Function"(分子機能)の三つの大きなカテゴリーに分類される。それぞれのカテゴリーは階層構造をもっており,遺伝子機能をさらに細かく分類することができる。GO では,それぞれの遺伝子の機能アノテーション(注釈)に基づいて,その遺伝子の機能カテゴリーへの分類を行う。さらに各カテゴリーに分類された遺伝子によって,そのカテゴリーの機能が影響を受けるのかどうかは p 値によって検定される。p 値は,帰無仮説の下で計算された実際の統計量よりも極端な統計量が観測される確率 である。例えば,DNA マイクロアレイにより 21 958 個の遺伝子の発現

データを得たとする．このとき，全21 958遺伝子からk個の遺伝子をランダムにとってきたとき，たまたまあるGOカテゴリーに含まれる遺伝子をk個とってきてしまう確率がp値である．p値は，以下の式によって計算される．

$$p = \sum_{k=k(c)}^{K} \left[{}_kC_{k(c)} \times p(c)^k \times \{1-p(c)\}^{K-k} \right]$$

ここで，N：総遺伝子数，$N(c)$：総遺伝子数の中で，あるGOのカテゴリーに属する遺伝子数，$p(c):N(c)/N$，K：検索にかける遺伝子数，$k(c)$：検索にかけた遺伝子の中で，あるGOのカテゴリーに属した遺伝子数，${}_kC_{k(c)}$：K個の中から$k(c)$個をとってくる組合せの数，である．

酸化亜鉛（ZnO）ナノ粒子は，紫外線を吸収するため化粧品材料として利用されている．しかしながら，ZnOナノ粒子の安全性に関してはさまざま議論がある．ナノ粒子による曝露は，最終製品からの曝露よりも，むしろ製品製造過程で労働者が呼吸によって取り込む確率のほうが高い．そのためナノ粒子の安全性あるいは毒性を調べる *in vitro* 実験は，肺の上皮細胞を用いて行われる場合が多い（**図5.11**）．

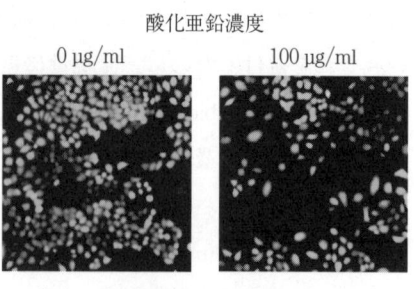

（a）酸化亜鉛ナノ粒子　　（b）肺上皮細胞を酸化亜鉛ナノ粒子で曝露すると増殖が抑制される

図5.11　酸化亜鉛ナノ粒子の細胞毒性

肺の上皮細胞がZnOナノ粒子に24時間曝露されたとき，ヒトの21 958遺伝子のうち，21個の遺伝子の発現が増加した．この21個の遺伝子をGOカテゴリーに分類すると，5個の遺伝子が"cadmium ion binding"というGOカテゴリーに分類された．すなわち，この5個の遺伝子産物は，カドミウムイオン

5.4 DNAマイクロアレイ解析の生体材料評価およびナノ材料評価への応用

を結合させる機能を有している。ヒトの21 958個の遺伝子の中で"cadmium ion binding"というGOカテゴリーには，32個の遺伝子が含まれる。すなわち，カドミウムイオンを結合する機能を有する遺伝子は32個あるが，ZnOナノ粒子によって，32個の遺伝子のうち5個だけ発現量が増加したことになる。32個中5個の遺伝子の発現が増加することによって，細胞の中でカドミウムイオンを結合するという機能が亢進しているかどうかをp値によって検定する。このときのp値は2.77E-12である。すなわち，全21 958遺伝子から21遺伝子をランダムにとってきたとき，偶然に，このカテゴリーに含まれる遺伝子を5個とってきてしまう確率が2.77E-12である。これはかぎりなく0に近いので，起こる確率はほとんどないと考えてよい。すなわち，32個の遺伝子のうち5個の遺伝子の発現が増加したのは偶然ではなく，なにかの原因があったと考えられる。その原因がZnOナノ粒子に曝露されたということである。

では，p値がどのくらいの値なら偶然ではなく有意といえるだろうか。データの検定では一般に$p<0.05$であれば有意と判断されることが多い。これは危険率が5%以下，すなわちランダムに起こる確率が5%以下ということである。しかし，これは事象が一つしかない場合の確率である。単独でp値が0.05の事象が二つあった場合，どちらかの事象が起こってしまう確率は

$$1-(1-0.05)^2=0.097\,5$$

となる（斜体の0.05は，単独でのp値）。すなわち，事象が二つあると，危険率は9.75%となってしまう。これは，事象がいくつもある場合，単独でのp値をもっと下げないと，どれかが起こってしまう確率が高くなることを意味している。この場合，単独での危険率を

$$1-(1-0.025\,4)^2=0.05$$

すなわち，2.54%まで下げなければならない。

GO解析においては，ヒトに割り当てられているGOは21 614カテゴリーあるので，危険率を5%以下にすると，単独での危険率は

$$1-(1-2.37\times 10^{-6})^{21\,614}=0.05$$

すなわち，$p<2.3\times 10^{-6}$となる。したがって，$p=2.3\times 10^{-6}$が有意差検定の

閾値となる。

　肺の上皮細胞がZnOナノ粒子によって24時間曝露されると，21遺伝子の発現が増加するが，48時間曝露されると，23遺伝子の発現が増加する。これらの遺伝子をGOカテゴリーに分類すると，$p < 2.3 \times 10^{-6}$を満足するGOカテゴリーは得られない。これは，肺の上皮細胞がZnOナノ粒子に48時間曝露されると23遺伝子の発現が増加するが，これらの遺伝子発現の増加によって変動する細胞機能はないということを意味している。すなわち，48時間培養した肺の上皮細胞に対して，ZnOナノ粒子はなんらの影響も与えない。

　生体材料あるいはナノ材料が細胞に与える影響に関して，このようなGOによって遺伝子発現の変化が細胞機能に及ぼす影響を解析した例はいくつかあるが，p値の閾値を設定して統計的に有意かどうかを検定している研究は多くない。

　GOと他のバイオインフォマティクスの手法を併用した研究も行われている。心血管外科の手術では**ステント**（stent）を使うことが多い。ステント材料から溶出する鉄イオン（Fe(II)）の平滑筋細胞への影響を22 283プローブを搭載したDNAマイクロアレイにより解析し，GOによる発現量が変化した遺伝子の機能分類が行われている[8]。ヒト臍帯血管から単離した平滑筋細胞をFe(II)を添加した培地および添加していない培地で培養し，それぞれの条件における遺伝子の発現を比較すると，Fe(II)を添加したときに発現量が1.5倍以上増加したプローブは251個，1.5倍以上減少したプローブは306個あった。発現量が増加した遺伝子をGOで解析すると，細胞死関連の遺伝子や細胞膜合成に関与する脂質およびコレステロール代謝関連の遺伝子が多かった。これは，溶出した過剰なFe(II)により発生する，ラジカルで損傷した細胞膜を修復するためと考えられる。一方，発現量が減少した遺伝子のGO解析では，細胞周期やDNA複製に関与する遺伝子が多く，Fe(II)は細胞増殖を低下させることを示唆した。実際，平滑筋細胞の増殖とDNA合成はFe(II)により濃度依存的に阻害される。さらにこの結果は，GenMAPP programの**パスウェイ**（pathway）**解析**により，発現量が増加した遺伝子の多くがコレステロール合

5.4 DNAマイクロアレイ解析の生体材料評価およびナノ材料評価への応用　　229

成経路と脂質代謝経路に関与する遺伝子であること，また発現量が低下した遺伝子の多くが細胞周期に関与する遺伝子であることが確認された。Pathway 解析は，KEGG などのデータベースを利用して，分子間の相互関係に関する情報を得る手法である。

　GO と MeSH（medical subject headings）によって発現量に差がある遺伝子の機能分類を行った例もある。**二酸化チタン（TiO_2）ナノ粒子**を妊娠したマウスの皮下に注入したときの胎仔および出生したオスのマウスの脳への影響

コラム

パスウェイデータベース

　Gene Ontology（GO）は，DNA マイクロアレイで得た遺伝子発現データから変化する細胞機能を予測するために有用なツールである。さらに，パスウェイデータベースを利用することにより，細胞機能のさまざまなネットワークを予測することができる。GO では，発現量が変動した遺伝子を GO で定められたカテゴリーに割り当てることによって影響を受ける細胞機能を抽出するのに対し，パスウェイ解析は変動のあった遺伝子間の相関を知ることができる。パスウェイ解析は，文献情報を情報学的に有効利用するように設計されたもので，多くの関連 Web サイトが知られているが，よく利用されるパスウェイデータベースには，Reactome や PANTHER などがある。

　Reactome は，DNA マイクロアレイで変動した遺伝子の GeneBank などの遺伝子 ID リストを入力すると遺伝子間の関係を可視化でき，またそれらの発現量データと入力するとパスウェイと連動している reaction map 上の反応が発現量に応じて色分けできる。

　PANTHER では，シグナル伝達パスウェイと代謝パスウェイがあり，変動した遺伝子リストをパスウェイ上で色づけでき，さらに発現量により色分けもできる。

　Reactome および PANTHER は以下のサイトにアクセスすることによって利用することができる。

　　　Reactome：http//www.reactome.org/
　　　PANTHER：http//www.pantherdb.org/

　パスウェイは文献データを情報学的に解析する方法であるが，実際の計測データを数理的に解析する方法としてグラフィカルガウシアンモデル法，S-system モデル，ネットワークモチーフ分解法などがあり，これらはパスウェイに比べると複雑な計算を必要とする。

が，16 192プローブを搭載したDNAマイクロアレイで調べられた[9]。その結果，16日目の胎仔の脳では229遺伝子の発現が増加し，233遺伝子の発現が減少した。生後2，7，14，21日目では，それぞれ234，351，450，613遺伝子の発現量が増加し，630，66，288，1 274遺伝子の発現量が減少していた。これらの遺伝子の機能分類を行う際に，p値とともに$(nf/n)/(Nf/N)$で定義される"enrichment factor"（存在割合の比）という基準を採用している。ここで，nfはGOあるいはMeSHのある任意のカテゴリーに分類される発現量に差があった遺伝子の数，nはそのカテゴリー内のすべての遺伝子の数，NfはDNAマイクロアレイで発現量に差があった遺伝子数，NはDNAマイクロアレイに搭載されている全遺伝子数である。GO解析では，妊娠したマウスにTiO_2を注入すると，生まれた仔マウスの脳において，生後2～14日目では脳分化やモーター活性に関与する遺伝子が，生後2～21日目ではアポトーシスに関与する遺伝子が，また生後14～21日目では酸化ストレスに関与する遺伝子が影響を受ける傾向があることが示唆された。一方，MeSHで機能分類を行うと，胎仔から生後21日目までミトコンドリアやシナプスの機能に関連する遺伝子，酸化ストレスや脳障害に関連する遺伝子が，また生後14～21日目ではアポトーシスや神経情報伝達に関連する遺伝子が影響を受ける傾向があることが示唆された。

　これらバイオインフォマティクスを利用した解析は，それぞれの材料の特質をより広い視野で評価でき，また，皆が同じデータベースにアクセスできるので，研究者間での結論の互換性も高くなる。

　〔4〕 **DNAマイクロアレイで得られた結果の検証**　DNAマイクロアレイでは短時間に多くの遺伝子発現データを得ることができるが，その分，一つ一つの遺伝子の発現データの信頼性は高くない。したがって，DNAマイクロアレイで得られたデータのみで生物学的解釈を行うことは危険であり，データの検証が必要である。

　〔1〕で述べたように，DNAマイクロアレイのデータから，ある特定の遺伝子の重要性が示唆された場合，この遺伝子の発現量をリアルタイム定量PCR

5.4 DNAマイクロアレイ解析の生体材料評価およびナノ材料評価への応用　　231

で，あるいはこの遺伝子産物のタンパク質量をウエスタンブロットで検証することが望ましい。リアルタイム定量PCRによる検証では，しばしばDNAマイクロアレイの発現データと異なる結果が得られる場合がある。この原因の一つとして，ノーマライゼーションの違いが考えられる。リアルタイム定量PCRでは，一般に，任意の遺伝子の発現量はハウスキーピング遺伝子の発現量との比較によるインターナルノーマライゼーションで表現される。DNAマイクロアレイの遺伝子発現データがグローバルノーマライゼーションによって得られた場合は，この補正の違いにより発現量の差が生じる可能性がある。このように検証によって任意の遺伝子の発現量に差が生じた場合は，リアルタイム定量PCRにより得られた結果を優先する。

〔3〕で述べたように，DNAマイクロアレイによって得られた遺伝子発現データからGOなどのバイオインフォマティクスのツールにより細胞機能に及ぼす影響が推測された場合，変化する細胞機能はあくまで統計的解析による推測である。したがって，この場合も検証が必要である。細胞機能の変化の検証は，個々の遺伝子の発現量の検証に比べて複雑である。

図5.12に示すように，**酸化銅（CuO）ナノ粒子**は抗菌作用があるため繊維に利用されているが，このナノ粒子は肺の上皮細胞に対して大きな毒性があることが示されている。CuOナノ粒子が肺の上皮細胞に取り込まれると，648遺伝子の発現が増加し，562遺伝子の発現が減少した[10]。これらの変動遺伝子

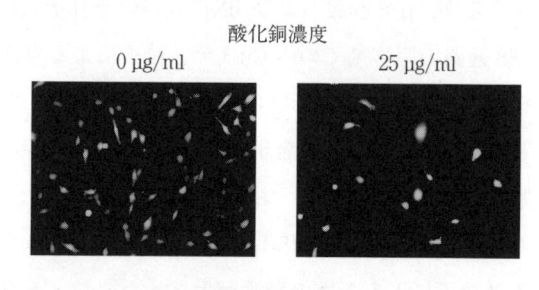

（a）酸化銅ナノ粒子　　　（b）肺上皮細胞を酸化銅ナノ粒子で曝露
　　　　　　　　　　　　　　　　すると増殖が抑制される

図5.12　酸化銅ナノ粒子の細胞毒性

データを GO カテゴリーに分類し，有意に変化するカテゴリーを同定すると，発現量が増加する遺伝子群は MAPK 経路に，発現量が減少する遺伝子群は細胞周期に影響を与えることが示唆された．すなわち，CuO ナノ粒子により，MAPK 経路が活性化する一方で，細胞周期が抑制されるという推測である（**図 5.13**）．MAPK 経路は，シグナル伝達を司るタンパク質のリン酸化カスケードである．CuO ナノ粒子は，GADD45B，FOS，FOSB，ATF3 という遺伝子群の発現量を増加させるが，GADD45B は MAPK 経路を活性化させることがわかっている．また，FOS，FOSB，および ATF3 には，MAKP 経路の活性化によって活性化する転写因子である GADD45B により活性化する MAPK 経路が二つあり，一つは p38 経路，他の一つは JINK 経路である．どちらの経路も最終的には FOS，FOSB，および ATF3 という転写因子を活性化する．

　CuO ナノ粒子が MAPK 経路を本当に活性化するのか，活性化するとしたら p38 経路と JINK 経路のどちらを活性化するのか，あるいは両方の経路を活性化するのか，ということに関する検証が行われた．まず，GADD45B の遺伝子発現量が CuO ナノ粒子によって増加することが，リアルタイム定量 PCR によって確認された．つぎに，GADD45B 遺伝子の発現を **siRNA**（small-interfering RNA）で抑制すると，CuO ナノ粒子の毒性の影響がさらに大きくなった．すなわち，GADD45B 遺伝子発現は，CuO ナノ粒子の毒性に対処するための機能を有していると考えられる．GADD45B は，p38 経路および JINK 経路を活性化するが，p38 経路および JINK 経路のそれぞれの阻害剤を細胞に与えると，p38 経路の阻害剤でのみ CuO ナノ粒子による毒性の影響が大きくなり，JINK 経路の阻害剤による影響は観察されなかった．すなわち，CuO ナノ粒子による GADD45B 遺伝子の発現増加は，p38 経路の活性化を誘導し，それにより転写因子の FOS，FOSB，および ATF3 の活性化を引き起こすことが明らかとなった．また，GADD45B 遺伝子の発現抑制および p38 経路の阻害により CuO ナノ粒子による毒性の影響が大きくなることから，p38 経路は CuO ナノ粒子の毒性に対して細胞が生存するために誘導されることがわかる．

　一方，CuO ナノ粒子で発現が減少する遺伝子群によって細胞周期が抑制さ

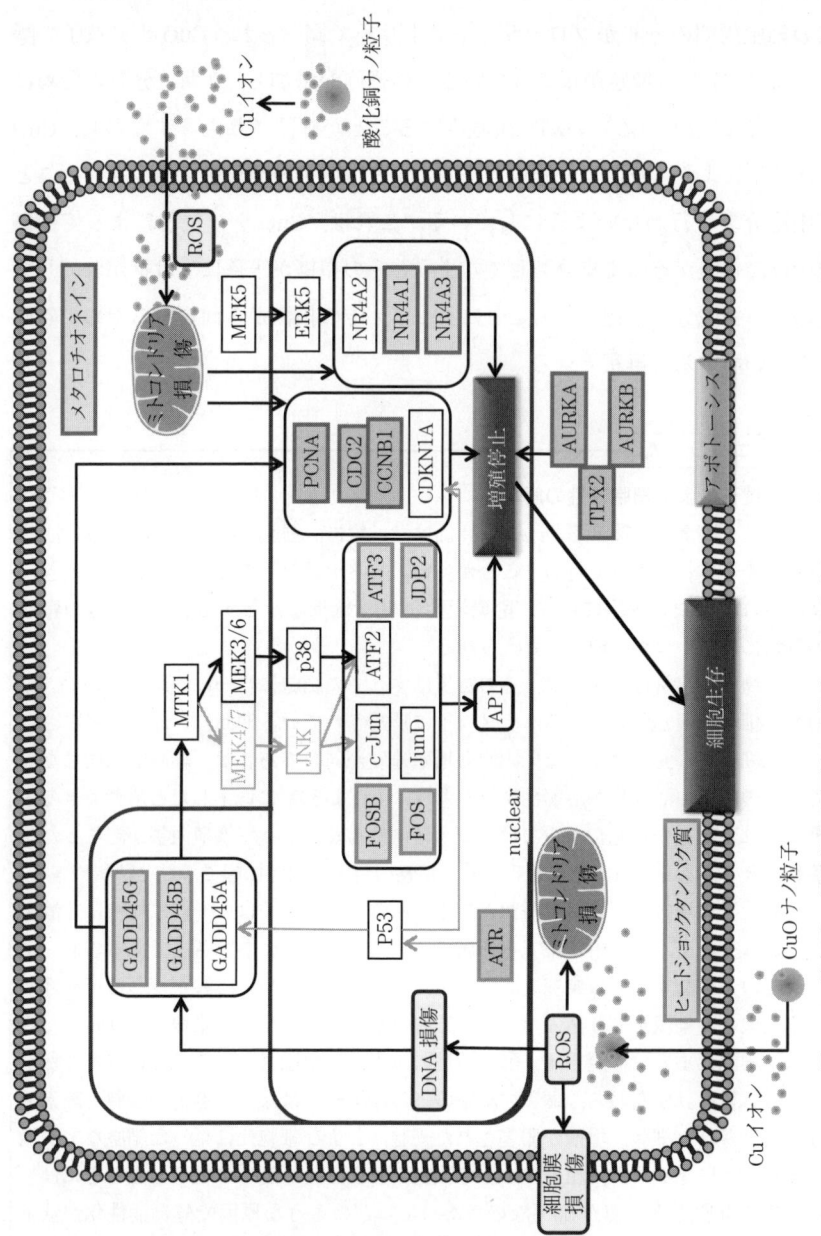

5.4 DNAマイクロアレイ解析の生体材料評価およびナノ材料評価への応用　　*233*

図 5.13　遺伝子の網羅的発現解析から推定された酸化銅ナノ粒子に曝露された肺上皮細胞の応答

れることが，GO 解析から推測された。CuO ナノ粒子で曝露した細胞と正常細胞の細胞周期の分布がフローサイトメトリーで調べられ，CuO ナノ粒子の曝露により G1 期（増殖が止まっている）の細胞が増加し，S 期（分裂のために DNA を合成している）の細胞が減少することが確認された。すなわち，CuO ナノ粒子により，細胞は細胞周期に関連する遺伝子の発現量を減少させることで細胞分裂を行わないようにしている。これは，CuO ナノ粒子によって損傷を受けた細胞がそのまま分裂してしまうとその損傷が子孫に受け継がれてしまうので，細胞分裂を遅らせることによって，その損傷から回復するための時間をかせいでいると解釈できる。

コラム

ナノ粒子による細胞毒性の解釈

ナノ粒子の毒性に関する *in vitro* 評価は，一般に，細胞内のある特性の酵素活性を定量することによって行われることが多い。あるナノ粒子で細胞を曝露したとき，曝露されていない細胞に比べて酵素活性が 50% 低下したとする。このときの毒性の解釈にはいくつかの理由が考えられる。

毒性物質が溶解性であれば，その物質はすべての細胞に均一に作用するので，原則的に細胞は同じ応答をする。ナノ粒子に曝露されている期間において，曝露されている細胞と曝露されていない細胞の増殖速度が同じであれば，細胞数は同じなので，その酵素の活性化が溶解性物質の毒性によって 50% に低下したと解釈できる。曝露された細胞の細胞数が少なければ，溶解性物質によって増殖阻害が起こったと解釈できる。あるいは，増殖阻害と酵素活性の阻害が同時に起こったと解釈できる。

ナノ粒子の場合は，さらに解釈が複雑である。ナノ粒子は，一般に均一に分散することは少なく，溶液中で集塊を形成する。集塊サイズはさまざまであるので，細胞がどのようなサイズの集塊を取り込んだかによって細胞の応答が変わる可能性がある。大きい集塊を取り込んだ細胞は細胞死を起こし，小さな集塊を取り込んだ細胞は，細胞死までには至らず，酵素活性の阻害や増殖阻害を起こすといったことが考えられ得る。すなわち，個々の細胞の応答は均一ではなく，無傷の細胞，酵素活性が阻害された細胞，増殖が阻害された細胞，および細胞死に至った細胞などが混在することになる。ナノ粒子によって特定の酵素活性が 50% に低下したときには，これらの細胞の平均値が 50% なのであって，どのような原因で酵素活性化が低下したのかについては知ることができない。

5.4 DNAマイクロアレイ解析の生体材料評価およびナノ材料評価への応用

このようにGOによって推測された細胞機能の変化は，分子生物学的あるいは細胞生物学的手法によって検証することで，より信頼性の高いものとなる。

〔5〕**遺伝子発現解析ではわからないこと** DNAマイクロアレイにより約20 000個の遺伝子の発現情報を得ることができるが，細胞機能は遺伝子発現のみによって制御されているのではない。例えば，細胞内のシグナル伝達は，先に述べたようにシグナル伝達に関与するタンパク質のリン酸化により活性化されることが多い。タンパク質のリン酸は，遺伝子発現によるタンパク質量の変化ではないので，このような情報はDNAマイクロアレイから得ることはできない。タンパク質のリン酸化に関するデータは，ウエスタンブロッティングあるいは質量分析から得ることができる。タンパク質のリン酸化によるシグナル伝達の活性化は，細胞機能に大きな影響を与えるため，DNAマイクロアレイデータの検証は，このようなタンパク質の修飾レベルでの機能制御のデータと相補して解釈することが望ましい。

5.4.2 多種類の材料間における遺伝子発現の比較

ここまでは，条件の異なる2種の材料間における遺伝子発現の比較をDNAマイクロアレイで行う場合について述べてきた。では，三つ以上の異なる条件での遺伝子発現はどのように比較したらよいだろうか。二つの条件間の比較では，どちらか一方の遺伝子発現量が高いという場合のみを考慮すればよい。A，B，Cという三つの異なる条件間の比較では，遺伝子の発現量が，AがBおよびCよりも高い，BがAおよびCよりも高い，CがAおよびBよりも高い，AおよびBがCよりも高い，AおよびCがBよりも高い，BおよびCがAよりも高い，というパターンが考えられる。三つ以上の異なる条件では，クラスタリングという統計手法によって遺伝子発現パターンを分類することができる。DNAマイクロアレイの発現データにおいては，**階層型クラスター化法**（hierarchical clustering）と **K-means クラスター化法**（K-means clustering）が使われることが多い。階層型クラスター化法は，比較する条件数がn個あるとき，個々の遺伝子の発現量をn次元の座標上にプロットし，プロットさ

れたすべての遺伝子発現の距離を距離行列によって計算する．この計算において，n 次元の空間上でたがいに距離の近い遺伝子どうしをグルーピングし，距離範囲を広げてすべての遺伝子がグルーピングされるまで計算を繰り返すことにより，n 個の条件間での遺伝子発現パターンを得ることができる（**図5.14**）．階層型クラスター化法の利点は，遺伝子間の関連性に関する情報が得られることであるが，欠点は，すべての遺伝子間の距離を計算するために時間がかかるということである．

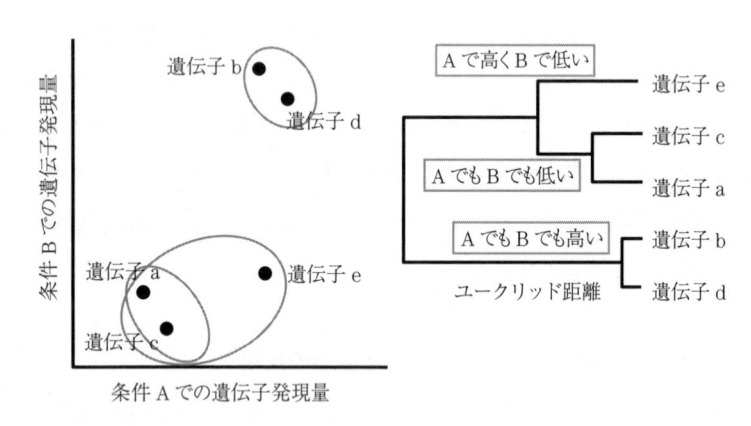

図 5.14 階層型クラスタリング（簡略化のために 2 条件間で五つの遺伝子によるクラスタリングを示してある．それぞれの条件で求められた遺伝子の発現量をプロットし，距離の近い遺伝子どうしをグループ化すると，右図のようなデンドログラムが得られる）

これに対して K-means クラスター化法は，あらかじめクラスター数を設定し，それぞれの遺伝子をいずれかのクラスターに割り当てる．各遺伝子の発現量とクラスター中心の距離を計算し，他のクラスター中心との距離が近ければそちらのクラスターに割り当てる．すべての遺伝子が最も近いクラスターに割り当てられ，クラスター中心を再度計算し直し，それぞれの中心が移動しなくなったところでグルーピングが確定される．K-means 法は，計算時間は階層型クラスター化法に比べて短時間ですむが，遺伝子間の関連性に関する情報は得られない．

ZnO ナノ粒子を肺上皮細胞に与え，24 時間後，48 時間後，および 72 時間

後の遺伝子発現を DNA マイクロアレイにより調べ，階層型クラスタリンを行うと**図 5.15** のような結果を得ることができる．このクラスタリングにより，すべての遺伝子の発現の時間推移によるパターン情報を得ることができる．

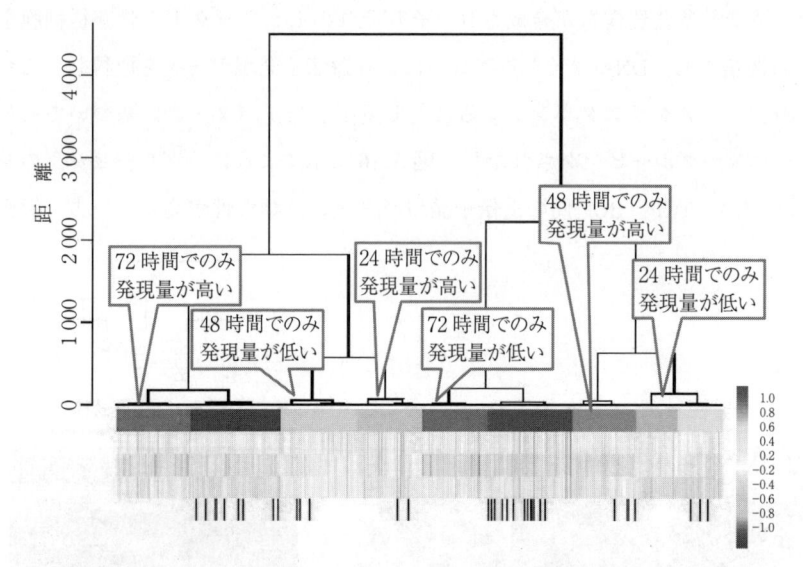

図 5.15 ZnO ナノ粒子に曝露されたヒト肺上皮細胞の時間経過による遺伝子発現の階層型クラスタリング（階層型クラスタリングにより，それぞれの曝露時間で発現量が高い，あるいは低い遺伝子群をグルーピングすることができる）

5.4.3 遺伝子発現パターンの類似性による材料のクラスター化

DNA マイクロアレイで得られたデータをクラスター化解析すると，n 個の条件での遺伝子の発現パターンに基づいてグルーピングすることができる．同様に，遺伝子発現パターンの類似性に基づいて n 個の条件間の関係に関する情報も得ることができる．

リン酸カルシウムは骨補填材料として利用されているが，カルシウムとリン酸の割合の異なる骨補填材料が合成されている．ヒトの骨では，カルシウムとリンの比（Ca/P）は 1.67 であり，これと同じ割合のリン酸カルシウムセラミックスがハイドロキシアパタイトである．カルシウムとリンの比が 1.5 のセ

ラミックスはリン酸三カルシウムセラミックス（TCP），カルシウムとリンの比が1.60のセラミックスは**二相リン酸カルシウムセラミックス**（biphasic calcium phosphate, **BCP**）と呼ばれている。これらの3種のセラミックスの緻密構造と多孔質構造が合成され，それぞれのセラミック上で骨芽様細胞を20日間培養し，DNAマイクロアレイにより遺伝子発現データを取得し，これらのデータをクラスタリングすることで遺伝子発現パターンに基づいてセラミックスがグルーピングされた[11]。**図5.16**に示すように，グルーピングの結果は，HA，TCP，BCP間の遺伝子発現パターンは類似性が高く，一方，緻密

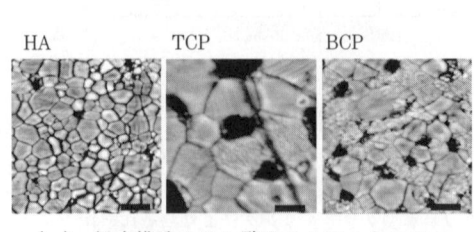

（a）緻密構造のリン酸カルシウムセラミックス：緻密構造 HA，TCP，および BCP の表面の AFM 像。結晶粒塊が観察される

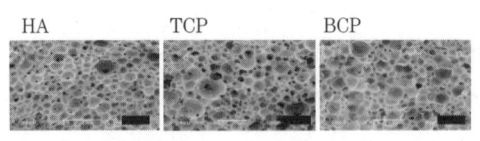

（b）多孔質構造のリン酸カルシウムセラミックス：多孔質構造の HA，TCP，および BCP の SEM 像

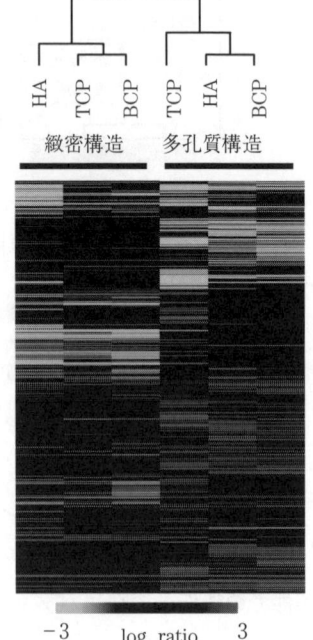

（c）階層型クラスタリングによるグループ化：それぞれのリン酸カルシウムセラミックスで培養した骨芽細胞の遺伝子発現パターン類似性の階層型クラスタリング

図5.16 骨芽細胞の遺伝子発現の類似性に基づくリン酸カルシウムセラミックスのグループ化

構造と多孔質構造間では類似性が低いことを示していた。HA, TCP, BCP間の遺伝子発現パターンの類似性が高いということは、カルシウムとリンの比が異なっていても骨芽細胞の遺伝子発現はそれほど変わらないということを意味している。しかしながら、緻密構造と多孔質構造では遺伝子発現パターンの類似性は低いので、セラミックスの構造の違いは骨芽細胞の遺伝子発現に大きな影響を及ぼす、ということを示唆している。すなわち、セラミックスの化学組成よりも構造のほうが細胞に与える影響が大きいということであり、このようなクラスタリングのデータは生体材料の設計のための重要な情報として利用することができる。

5.5 マーカー遺伝子の同定

DNAマイクロアレイでは、異なる条件間の遺伝子発現を網羅的に比較することにより、ある条件でのみ発現が誘導される遺伝子の探索を行うことができる。例えば、正常細胞と癌細胞の遺伝子発現を比較することによって、癌細胞でのみ発現している遺伝子を同定することができる。このようなある条件で特異的に発現が誘導される遺伝子は、**マーカー遺伝子**（marker gene）と呼ばれることがある。マーカー遺伝子は疾病の診断のために重要であり、癌の早期発見のために利用されている。生体材料あるいはナノ材料の遺伝子発現に及ぼす影響をDNAマイクロアレイによって調べることによって、マーカー遺伝子を同定した例もある。

5.5.1 骨芽細胞の分化マーカーの同定

5.4.3項で述べたリン酸カルシウムセラミックスの緻密構造と多孔質構造での骨芽細胞の遺伝子発現の比較から、骨芽細胞の分化あるいは骨形成の指標となるマーカー遺伝子が見出されている。リン酸カルシウムセラミックスでは、カルシウムとリンの割合よりも、構造が骨芽細胞の遺伝子発現に大きな影響を及ぼしていることを述べたが、緻密構造に比べて多孔質構造のほうが骨芽細胞

による骨結節誘導能が高い．すなわち，多孔質構造のほうが骨芽細胞の分化を促進し，骨形成を誘導する能力が高い．緻密構造と多孔質構造での骨芽細胞の遺伝子発現を比較し，多孔質構造でのみ発現が誘導される，あるいは発現量が高い遺伝子を探索することによって，骨芽細胞の分化あるいは骨形成の指標となるマーカー遺伝子を同定できる可能性がある．骨芽細胞は分化の最終段階で骨形成を行う．骨芽細胞の分化の最終段階を示すマーカー分子としては，オステオカルシンや骨シアロタンパク質が知られている．すなわち，オステオカルシンや骨シアロタンパク質の遺伝子の発現によって，骨芽細胞が分化の最終段階にあるのかどうかを知ることができる．緻密構造と多孔質構造での骨芽細胞の遺伝子発現の比較によって，これまでに知られていない *Ifitm5* という遺伝子が同定された．

オステオカルシン遺伝子（*Bglap2*） は，骨芽細胞の分化の最終段階，すなわち骨結節形成期に発現が誘導されるのに対して，*Ifitm5* 遺伝子は，骨芽細胞が骨結節を形成する直前に発現量が最も高くなる（**図 5.17**）[12]．*Ifitm5* 遺伝子をsiRNAによって抑制した培養骨芽細胞では，骨結節の形成は起こらない．これは，*Ifitm5* 遺伝子が骨形成のためのマーカー遺伝子として有用なだけでなく，*Ifitm5* 遺伝子の発現が骨形成に重要な役割を果たすことを示唆している．骨形成のマーカー遺伝子 *Bglap2* の産物であるオステオカルシンは，骨形成期に骨芽細胞から分泌される細胞外基質である．細胞外基質であるオステオカルシンの機能は，骨形成を促進するのではなく，骨形成を抑制することが知られている．すなわち，オステオカルシンは骨芽細胞が過剰の骨を形成しないように，その見張り役として働いている．骨形成期に誘導される骨シアロタンパク質も細胞外基質であり，その作用もオステオカルシンと同様に，骨の過剰な形成を抑制する．これまで，骨形成を促進するような機能を有するマーカー分子は同定されていない．すなわち，骨形成を促進する機能を有するマーカー分子は知られていない．

Ifitm5 は，骨芽細胞のみでしか発現されず，さらに骨形成直前に発現量が最大になる．また，*Ifitm5* 遺伝子の発現を抑制した骨芽細胞は骨結節を誘導

5.5 マーカー遺伝子の同定

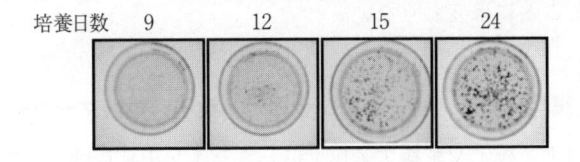

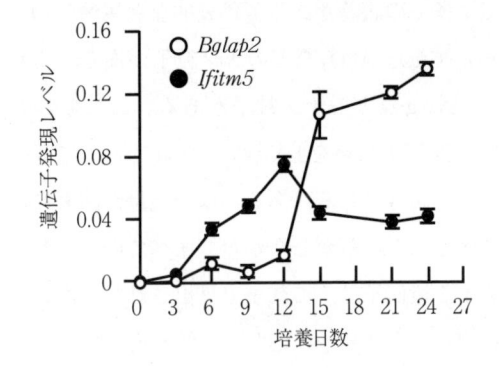

図 5.17 骨芽細胞による骨結節の形成とマーカー遺伝子発現（骨芽細胞は培養12日目から骨結節を形成する（上図）。*Ifitm5* は，培養12日目で発現量が最大となる（下図）。一方，オステオカルシンの遺伝子である *Bglap2* は培養12日目以降に発現する。これらの遺伝子発現は，骨芽細胞の分化の程度を知るためのマーカーとなる）

しない。これらの事実は，*Ifitm5* が骨形成を促進させる機能を有していることを示唆している。そこで，*Ifitm5* 遺伝子を欠くノックアウトマウスが作製されたが，この遺伝子を欠いているマウスは正常に骨を形成した。すなわち，個体レベルでは，*Ifitm5* 遺伝子が働いていなくても骨形成にはなんら支障をきたさない。*Ifitm5* の発現を siRNA で抑制した骨芽細胞は *in vitro* において骨形成は起こらないが，個体レベルではこの遺伝子を欠いていても骨形成は正常に起こるということは，個体レベルでは，*Ifitm5* 遺伝子の働きを補完する機能があることを意味している。現在のところ，なにが個体レベルで *Ifitm5* 遺伝子の機能を補完しているのかは明らかとなっていない。しかしながら，*in vitro* および *in vivo* において，骨芽細胞が骨形成を行う直前には *Ifitm*5 の発現が誘導されることには変わりなく，*Ifitm*5 は骨形成の有効なマーカーとし

て利用できることには変わりない。

5.5.2 金属酸化物ナノ粒子および金属ナノ粒子の毒性マーカー

金属酸化物ナノ粒子や金属ナノ粒子はさまざまな用途に利用されているが,その安全性に関しては多くの議論がある。代表的な金属酸化物ナノ粒子としては,SiO_2, TiO_2, ZnO, CuO, Al_2O_3 などのナノ粒子がある。また,金属ナノ粒子としては,Au および Ag などのナノ粒子がある。これらのナノ粒子で曝露したヒト肺上皮細胞の遺伝子発現を DNA マイクロアレイで調べ,すべてのナノ粒子で共通して発現が誘導される,あるいは発現量が顕著に増加する遺伝子があるかどうかが調べられた。しかしながら,すべてのナノ粒子で共通に発現が誘導あるいは増加する遺伝子は,これまで見出されていない。これは,これらのナノ粒子はそれぞれのナノ粒子に応じた毒性を有していることを意味している。すなわち,ナノ粒子の毒性は,ナノオーダーのサイズよりも化学組成が毒性に大きな影響を及ぼしていると考えられる。また,これらの金属酸化物ナノ粒子あるいは金属ナノ粒子の毒性の主な原因は,細胞内で活性酸素を生じさせることによる酸化ストレスであることが多くの研究で報告されている。もし,そうであるなら,細胞はどのようなナノ粒子に曝露されても酸化ストレスに対処するための共通の遺伝子が発現していてもよいと思われる。しかしながら,酸化ストレスに対処するための共通の遺伝子も見出されなかった。これは,細胞が曝露されたナノ粒子の種類によって,酸化ストレスに対する対処方法が異なることを意味している。

すべてのナノ粒子で共通して発現が誘導される遺伝子は見出されないので,いくつかのナノ粒子で発現が誘導される共通の遺伝子を探索すると,ZnO,CuO,および Ag ナノ粒子に曝露された細胞で,**メタロチオネイン**という遺伝子ファミリーが共通に誘導されていた。すなわち,メタロチオネインの遺伝子ファミリーが誘導されているかどうかを調べることによって,細胞がこれらのナノ粒子に曝露されているかどうかを知ることができる。したがって,メタロチオネイン遺伝子はこれらのナノ粒子に曝露されたかどうかのマーカーとして

利用することができる。

　ではなぜ，ZnO，CuO，およびAgのナノ粒子で共通にメタロチオネインの遺伝子ファミリーの誘導が起こるのであろうか。これらのナノ粒子に共通することは，イオンを溶出するということである。実際，メタロチオネイン遺伝子ファミリーは，Zn，Cu，およびAgの各イオンでも誘導される。一方，TiO_2やSiO_2，あるいはAl_2O_3のナノ粒子は，ほとんどイオンを溶出しない。メタロチオネイン遺伝子ファミリーの発現を誘導するZnO，CuO，およびAgのナノ粒子は，イオンをほとんど溶出しないナノ粒子に比べて高い細胞毒性を示す。メタロチオネインは，カドミウムイオンや銅イオンと結合し，これらのイオンの毒性を小さくする作用を有する。カドミウムや銅イオンのみではなく，おそらく過剰な銀や亜鉛イオンとも結合し，細胞内の恒常性を維持する機能を有していると考えられる。また，メタロチオネインには活性酸素を消去する働きがあることも報告されている。活性酸素の消去に関しては，スーパーオキサイドディスムターゼ（SOD）やグルタチオンなどが主として関与している場合が多いが，ZnO，CuO，あるいはAgのナノ粒子によって誘導された活性酸素の消去にはメタロチオネインが主として関与している可能性が考えられるが，それを示す直接的な証拠は報告されていない。イオンを溶出するナノ粒子に曝露された細胞において，メタロチオネインの詳細な機能はまだよくわかっていないが，メタロチオネインの遺伝子ファミリーの発現の有無はZnO，CuO，およびAgのナノ粒子に曝露されたことを示すマーカーとして有効である。

5.6　お わ り に

　本章ではDNAマイクロアレイでの網羅的遺伝子解析によって生体材料やナノ材料に対する細胞の分子応答を推測する手法について述べた。DNAマイクロアレイは網羅的な遺伝子発現解析ができる反面，個々の遺伝子発現データに関する精度は高いとはいえない。したがって，DNAマイクロアレイのデータから個々の遺伝子をピックアップして議論する場合は，それぞれの遺伝子発現

に関する検証実験を行う必要がある。

DNAマイクロアレイによる網羅的遺伝子解析は細胞の分子応答を研究する上で有効なツールであるが，遺伝子発現データのみで複雑な細胞の分子応答を説明することはできない。ある刺激による細胞の分子応答は，遺伝子レベルの応答に加えてタンパク質レベルの応答が重要な役割を果たしていることが多い。特にシグナル伝達は，タンパク質レベルの応答が主であるため，遺伝子解析からシグナル伝達の変化を推測することは困難である。DNAマイクロアレイの網羅的遺伝子発現データから得られる情報は，分子応答予測のための情報であり，この情報を活用してタンパク質レベルの応答解明のための戦略を立てるという研究戦略が重要である。

近年，DNAマイクロアレイに加えmicroRNAやタンパク質を解析するためのアレイも市販されるようになってきた。分子生物学の進歩は目覚ましく，生体材料やナノ材料による細胞応答の解析にもこれらのツールが広く活用されるようになると考えられる。

引用・参考文献

1) I.D. Xynos, A.J. Edgar, L.D.K. Buttery, L.L. Hench and J.M. Polak：Ionicproducts of bioactive glass dissolution increase proliferation of human osteoblasts and induce insulin-like growth factor II mRNA expression and protein synthesis, Biochem. Biophys. Res. Commun., **276**, pp.461-465 (2000)
2) V. Sallozzo, A. Palmieri, F. Pezzetti, C.A. Bignozzi, R. Argazz, L. Massari, G. Brunelli and F. Carinci：Genetic effect of zirconium oxide coating on os.teoblast-like cells, J. Biomed. Mater. Res., **B84**, pp.550-558 (2008)
3) R.M. Leven, A.S. Virdi and D.R. Summer：Patterns of gene expression in rat bone marrow stromal cells cultured on titanium alloy discs of different roughness, J. Biomed. Matr. Res., **A70**, pp.391-401 (2004)
4) F. Carinci, S. Volinia, F. Pezzeti, F. Franciso, L. Tosi and A. Piatteli：Titanium-cell interaction: Analysis of gene expression profiling, J. Biomed. Mater. Res., **B66**, pp.341-346 (2003)
5) F. Carinci, F. Pezzetti, S. Volinia, F. Francioso, D. Arcelli, E. Farina and A. Piatteli：Zirconium oxide: analysis of MG63 osteoblast-like cell response by means of a microarray technology, Biomaterials, **25**, pp.215-228 (2004)
6) F. Carinci, A. Piatteli, G. Stabellini, A. Palmieri, L. Scapoli, G. Laino, S. Caputi and F. Pezzetti：Calcium sulfate: analysis of MG63 osteoblast-like cell response by means of micro-

array technology, J. Biomed. Mater. Res., **B71**, pp.260-267 (2004)
7) C.M. Klapperich and C.R. Bertozzi : Global gene expression of cells attached to a tissue engineering scaffold, Biomaterials, **25**, pp.5631-5641 (2004)
8) P.P. Mueller, T. May, A. Perz, H. Hauser and M. Peuter : Control of smooth muscle cell proliferation by ferrous ion, Biomaterials, **27**, pp.2193-2200 (2006)
9) M. Shimizu, H. Tainaka, T. Oba, K. Mizuo, M. Umezawa and K. Takeda : Maternal exposure to nanoparticulate titanium dioxide during the prenatal period alters gene expression related to brain development in the mouse, Part. Fibre. Toxicol., **6**, p.20 (2009)
10) N. Hanagata, F. Zhuang, S. Connolly, N. Ogawa and M. Xu : Molecular response of human lung epithelial cells to the toxicity of copper oxide nanoparticles inferred from whole genome expression analysis, ACS Nano, **5**, pp.9326-9338 (2011)
11) L. Zhang, N. Hanagata, M. Maeda, T. Minowa, T. Ikoma, H. Fan and X. Zhang : Porous hydroxyapatite and biphasic phosphate ceramics promote ectopic osteoblast differentiation from mesenchymal stem cells, Sci. Technol. Adv. Mater., **10**, p.025003 (2009)
12) N. Hanagata, X. Li, H. Morita, T. Takemura and T. Minowa : Characterization of the osteoblast-specific transmembrane protein IFITM5 and analysis of IFITM5-deficient mice, J. Bone Miner. Metab., **29**, pp.279-290 (2011)

6 整形外科で使われる生体材料

6.1 はじめに

　整形外科で使われる生体材料を理解するためには，整形外科がどういった患者を対象とする診療科なのかを理解する必要がある．まず，治療対象となる臓器はいわゆる「運動器」で，それらを構成する支持組織としての骨や関節，靱帯，動力源としての筋肉や腱，これらの運動を制御する脊髄や末梢神経などの神経系である（図 6.1）．わかりやすく言い換えると，頭部と消化器，循環器，呼吸器などの内臓を除いた体の部分すべてということになる．そしてこれらの組織に生じた疾患や外傷に対して治療を行う．

　疾患としては，乳幼児で問題となる骨格異常などの先天性疾患，主に加齢を主因とし，手足の関節の痛みの原因となる変形性関節症や，腰痛や頸部痛などの痛み，運動・歩行障害の原因となる変形性脊椎症などの背景の変性疾患，原発性の良性腫瘍や悪性腫瘍，他の臓器に発生した悪性腫瘍からの転移性腫瘍，加齢，ホルモン分泌の変化などにより発生する骨粗鬆症，スポーツや日常動作による overuse（いわゆる使いすぎ）による運動器障害などなどと多岐にわたる（図 6.2）．外傷はスポーツや事故などによる骨折や関節の脱臼，靱帯損傷，神経損傷などである．

　社会の高齢化に伴う加齢を主因とする疾患，外傷の増加や，スポーツを愛好する人の増加はもちろん，またこれまでは加齢という言葉ですまされてきたような機能障害や変性疾患も，医療を取り巻くさまざまな進歩により治療対象と

6.1 はじめに

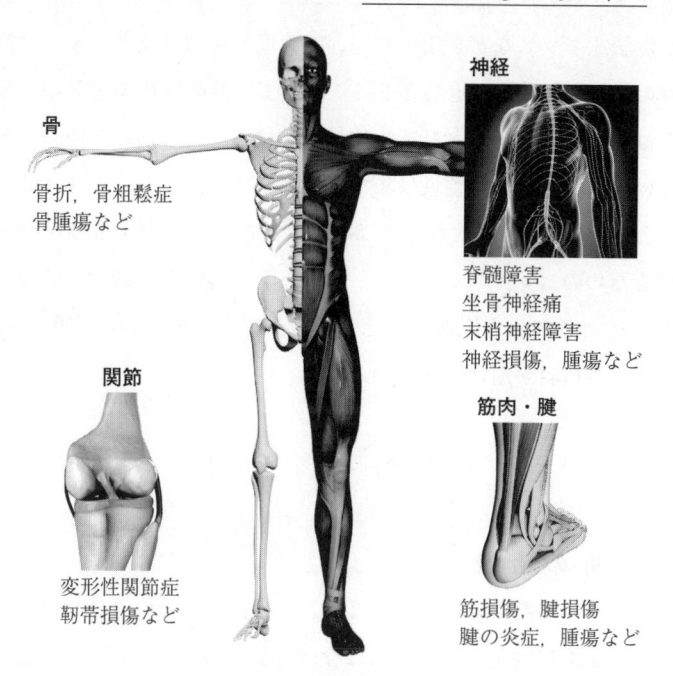

骨
骨折，骨粗鬆症
骨腫瘍など

神経
脊髄障害
坐骨神経痛
末梢神経障害
神経損傷，腫瘍など

関節
変形性関節症
靱帯損傷など

筋肉・腱
筋損傷，腱損傷
腱の炎症，腫瘍など

図6.1 整形外科の対象器官

先天性疾患

外傷
骨軟部原発腫瘍

スポーツ障害

変性疾患

骨粗鬆症
転移性腫瘍

図6.2 整形外科領域の疾患

なってきており，患者数はますます増加傾向である．

整形外科で治療を行う大部分の疾患や外傷は，内服薬や外用薬の投薬や注

射,理学療法,ギプスなどを用いた保存的治療で症状は改善,または治癒するが,残りの症例では手術が必要となる。そして,詳細は後述するが,整形外科の手術ではインプラント材として生体材料が使用されることが多く,整形外科手術における生体材料の重要性はますます高まってきている。具体的には,手術創や切れた血管や神経,さらには靱帯,腱などを縫合する縫合糸,骨折部を固定するためのピン,スクリュー,プレート,髄内釘,機能が破綻した関節の代わりに挿入される人工関節,そして骨欠損などの補填に使用される人工骨,などの生体材料が用いられている。

6.2 骨　　　折

6.2.1 骨折の治療

骨は自己修復能が高い組織で,ほとんどの骨折は,転位(骨折により生じるずれ)がないように固定すれば自然に骨癒合が生じ治癒する。しかし,転位が大きい場合や,関節内骨折など,わずかなずれが機能障害を引き起こす可能性がある場合は,手術で転位を整復して固定する必要がある(図6.3)。またギプス固定などの外固定では骨折部位に隣接する関節も同時に固定することにな

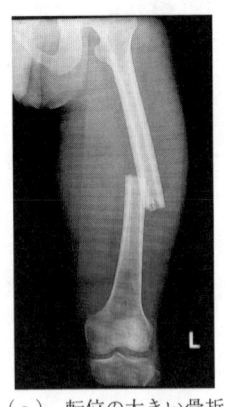

（a）転位の大きい骨折
　　（大腿骨骨折）

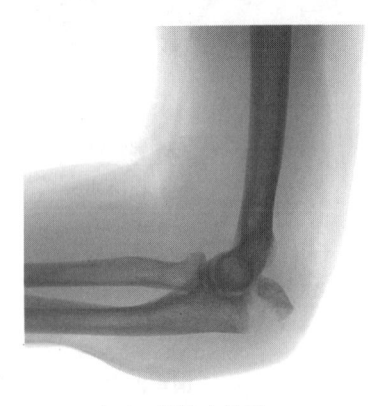

（b）関節内骨折
　　（尺骨骨折,肘）

図6.3　骨　　　折

るが,固定期間は数週間にも及ぶため,関節の可動域障害を引き起こすことがあり,この場合も早期のリハビリ開始を目的として,骨折部位を固定するために手術を行う。骨折部位の固定には前述のようにピンやワイヤ,スクリュー,プレート,髄内釘などが用いられるが,これまでにさまざまな改良や工夫が行われてきた。

6.2.2 骨折手術に用いられる生体材料

〔1〕**材　　質**　固定に使用されるスクリューやプレート,髄内釘には,耐食性の他に,骨折部位を支持する強度と骨癒合を阻害しない生体親和性が求められる。以前はステンレス製のものが主流であったが,現在ではより生体親和性の高いチタン合金製が主流である。固定に使用されるこれらの機器は,特に日本国内においては骨癒合完了後に抜去(抜釘)されることが多いが,海外においては抜去しないことが多く,機器から溶出する金属イオンによる生体毒性や金属アレルギーを回避するために,高い耐食性と生体毒性の高い金属を含まない合金の開発が重要である。また近年では,生体吸収性のポリ乳酸(PLA)を用いた抜去不要のスクリューやプレートなども使われるようになってきたが,強度などの面から使用できる部位は限られている。

〔2〕**スクリュー**　骨は,その構造から緻密で強度の高い皮質骨と,小柱状の骨が複雑にはりめぐらされた「はり(梁)」の働きをする構造(**骨梁構造**)をとった海綿骨,に分かれる。皮質骨は骨の外周部分に存在し,その骨の形となっている。海綿骨は主に長管骨内腔の骨端部分,もしくは骨盤や踵骨など皮質骨の薄い骨の内腔に存在する(**図6.4**)。骨の内腔のそれ以外の部分は,脂肪や血球細胞,およびさまざまな組織の幹細胞や前駆細胞を含む骨髄と呼ばれる組織で満たされている。このように均一な構造ではない骨に対して**スクリュー**固定を行うには,適した大きさのスクリューを選ぶだけでなく,それぞれの構造に合ったスクリューを用いなければならない。

250   6. 整形外科で使われる生体材料

(a) 骨の解剖（大腿骨近位）

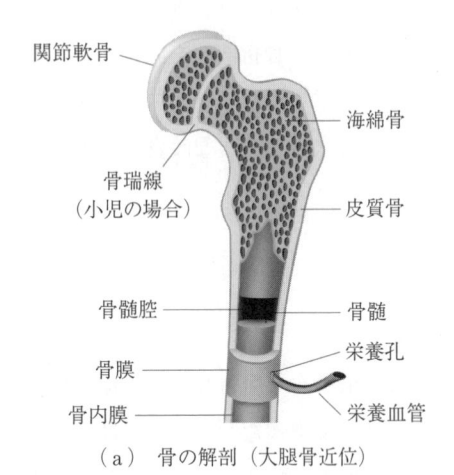

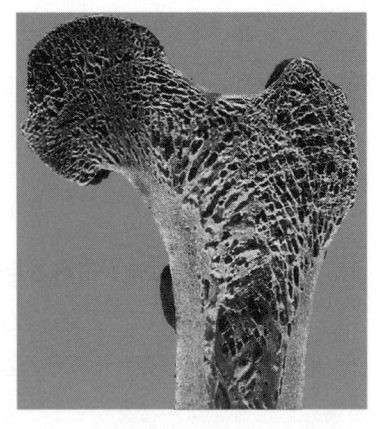

関節軟骨
骨瑞線（小児の場合）
海綿骨
皮質骨
骨髄腔
骨髄
骨膜
栄養孔
骨内膜
栄養血管

(b) 骨髄組織を除去した骨の標本（成人の大腿骨近位，骨基質のみ）

図 6.4　骨の構造（大腿骨近位）

スクリューには大きく分けて緻密で硬い皮質骨に対して使用する**皮質骨スクリュー**（cortical screw）と，粗で強度の低い海綿骨に対して使用する**海綿骨スクリュー**（cancellous screw）に分類される。皮質骨スクリューはねじ山（thread）が小さく，ピッチも狭いのに対し，海綿骨スクリューはねじ山が大きくピッチも大きい（**図 6.5**）。

スクリューには，機能を付加するために行われる形状の工夫も行われている。**中空スクリュー**（cannulated screw）は，あらかじめ仮固定のために刺入したワイヤをガイドとして，そのままスクリュー固定を行うためのスクリューである（図 6.5）。骨折した骨片は不安定であり，骨片どうしを正しい位置関係に整復位を保持したままスクリューを挿入するための太い穴を開けるのは，困難であることが多い。そこで，スクリューの中空部分に通る細いワイヤで整復した骨折部を仮固定し，骨折部がずれないようにワイヤを残したまま，ワイヤをガイドとして中空スクリューに通してスクリュー固定を行う。骨片間に圧迫をかけたい場合には，ねじ山加工がスクリューの先端部分だけに施されているタイプのスクリューを使用することもある。スクリューを締め込むことでね

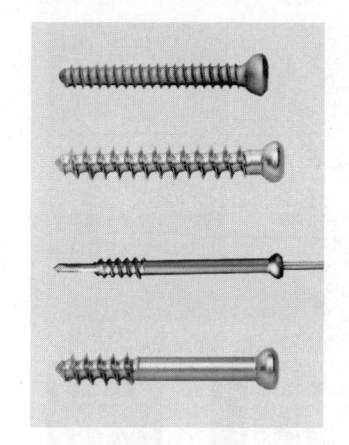

(a) 皮質骨用スクリュー

(b) 海綿骨用スクリュー

(c) 中空スクリュー（とガイドワイヤ）

(d) 海綿骨用スクリュー（ハーフスレッド）

図6.5 各種スクリュー（デピューシンセス・ジャパン提供）

じ山部分にかかる骨片を引き寄せ，骨折部分に圧迫をかけることができる（図6.5）。**ハーバート型スクリュー**（Herbert type screw）も骨片間に圧迫をかけるためのスクリューである。このスクリューにはいわゆるねじ頭がなく，骨内に埋没するように使用するスクリューである。スクリュー先端のねじ山のピッチが大きく，手前側のピッチが小さくなっており，締め込む際に，スクリューの先端側の骨片が手前側の骨片に引き寄せられ，骨折部に圧迫がかかるようになっている。

〔3〕**プレート** 骨片どうしを固定するために，スクリュー固定だけでは不十分な場合には**プレート**が使用される。使用部位に合わせてさまざまなサイズや形状のプレートが開発され，使われてきた。単なる直線状のプレートの他に，T字状，骨の形状に合わせて曲げ加工がしやすい形状にされた**リコンストラクションプレート**，さらには解剖学的に骨の形状に合わせた **anatomical plate**，などである（図6.6）。

単なる形状の工夫以外にもさまざまな工夫がなされている。固定する骨片間に圧迫力をかけて強固に固定するために開発されたのが**圧迫プレート**である。これはスクリューを閉め込むことで骨片とプレートがスライドし，骨折部位に圧迫がかかるというものである[1,2]（図6.7）。またスクリューを閉めることで

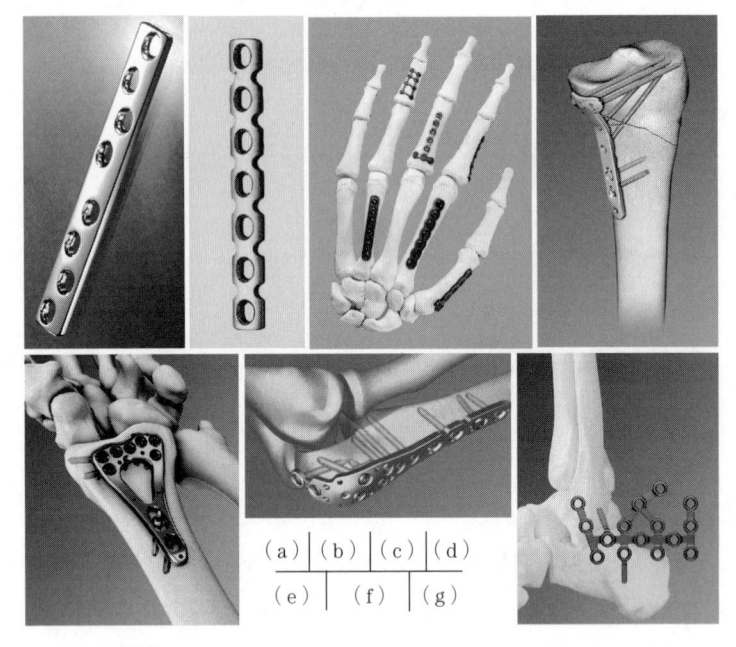

(a) ストレートプレート(曲げ加工をしての使用を前提としている)
(b) リコンストラクションプレート(3次元的な曲げ加工をしやすくした形状)
(c) 手指用の小型のプレート
(d) 脛骨(下腿)近位用のアナトミカルプレート(骨の解剖学的形状に合わせてつくられているため,基本的には曲げ加工が不要)
(e) 橈骨(前腕)遠位用のアナトミカルプレート
(f) 尺骨(前腕)近位用のアナトミカルプレート
(g) 踵骨用のプレート

図 6.6 各種プレート (デピューシンセス・ジャパン提供)

プレートが骨に圧着されると,その部分で血流障害が生じる。その血流障害が原因で一過性の骨萎縮が生じるとされ,プレートの裏面に凹凸をつけて骨との接触を減少させたようなタイプのプレートも開発された[3] (図 6.7)。

また,**ロッキングプレート**というタイプのプレートが開発され,近年,その使用が激増している[4),5]。このロッキングプレートは,これまでのプレート固定とはまったく概念が異なる。スクリューのねじ頭部分とプレートのねじ穴の内側にねじ山が切ってあり,スクリューを締めることで,最終的にスクリューとプレートが固定される(図 6.8)。これまでのプレート固定が骨片をプレー

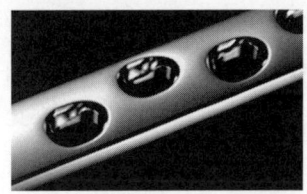

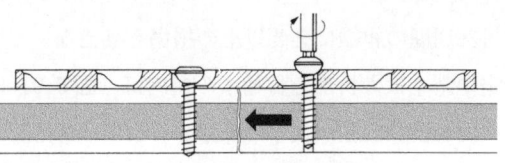

（a） 圧迫プレート（スクリューをスクリューホールに偏芯させて挿入することで，スクリューが締め込まれた際に，骨とスクリューがスライドするようにスクリューホールが設計されたプレート。スライドした結果，骨片間に圧迫力がかかる）

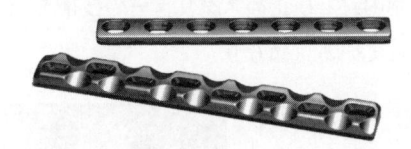

（b） LCP（limited contact plate）プレート（骨との接触面の形状を工夫することで，骨とプレートの接触面を小さくしている）

図 6.7 圧迫プレートと LCP プレート（デピューシンセス・ジャパン提供）

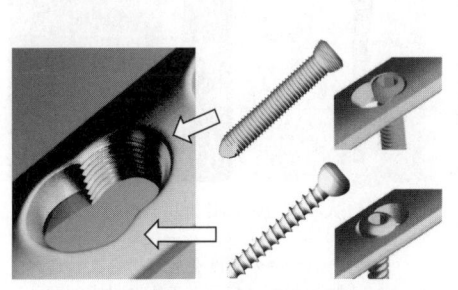

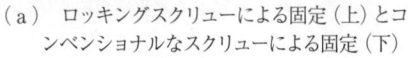

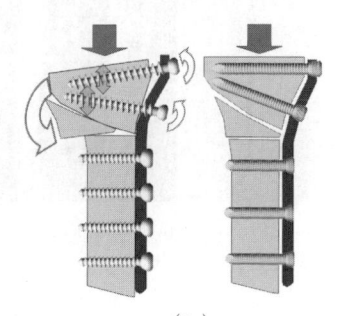

（a） ロッキングスクリューによる固定（上）とコンベンショナルなスクリューによる固定（下）

（b）

（b） コンベンショナルなプレートとスクリューによる固定（左）では，スクリューとプレートは固定されていない。ロッキングプレートとロッキングスクリューのみによる固定（右）では，プレートとスクリューが固定される

図 6.8 ロッキングスクリュープレートおよびコンベンショナルなスクリュープレートによる固定（デピューシンセス・ジャパン提供）

トに引き寄せ，圧着することで強固な固定を得ていたのに対し，ロッキングプレートでは骨片がプレートに圧着されることはない[6]。

〔4〕**髄 内 釘**　骨折を骨髄内から固定する**髄内釘**固定という手術がある。この固定法の適応は四肢の長管骨に限られるが，レントゲン透視下に骨端

の小皮切よりインプラントを挿入するため骨折部を展開する必要がなく，骨折部周囲の組織に必要以上の損傷を与えないですむというメリットがある。固定の基本は骨折部を貫通する髄内釘（図6.9）によるので，髄内釘の直径に比べて骨髄の内腔が大きい部分の骨折には対応できないことが多かったが，骨折部での短縮や回旋予防のために，髄内釘を貫く横止めスクリューが併用されるようになって，適応が拡大された。また，最も多い骨折の一つである大腿骨転子下骨折や上腕骨頚部骨折に対して，髄内釘と横止めスクリューの技術を発展させた固定法も開発され，広く使用されている（図6.9）。

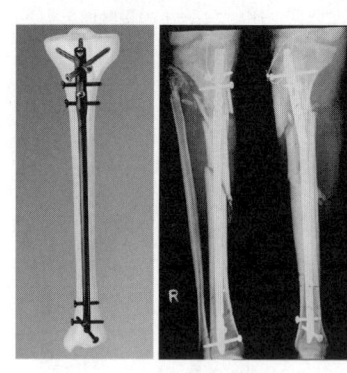

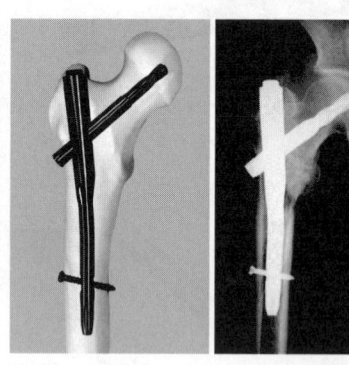

（a）脛骨用髄内釘　　（b）大腿骨近位部骨折用髄内釘（近位側の横止めスクリューに荷重に耐えられるだけの強度をもたせることで，大腿骨頚部や転子下骨折に対応）

図6.9　骨折用髄内釘（デビューシンセス・ジャパン提供）

6.3　脊椎疾患

6.3.1　脊椎疾患と治療

脊椎は体幹の中心背側に位置し，上から**頸椎**（7個），**胸椎**（12個），**腰椎**（5個），**仙椎**（仙骨）と呼ばれ，骨格における支柱の役割をしている。隣接している椎骨どうしは**椎間板**と**椎間関節**を介してつながっている。椎間板は前方部分の**椎体**といわれる部分の間に存在しクッションの働きも兼ね，椎間関節は

椎骨の後方部分に存在する（**図6.10**）。椎体後方には左右の**椎弓**に囲われた輪状の空間が形成され，椎骨が連続していることで**脊柱管**と呼ばれる脊椎全長にわたる管状の空間となる。

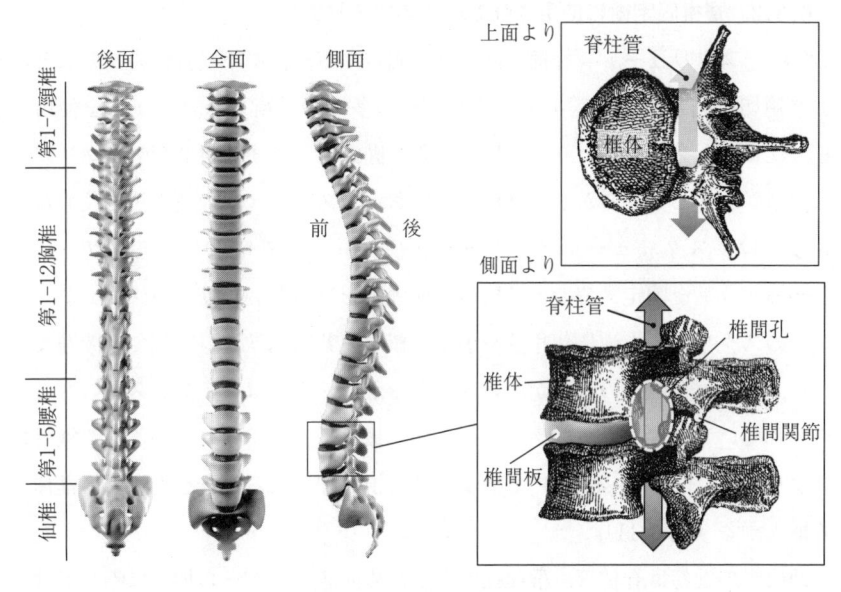

図6.10 脊椎の解剖

脊柱管には，脳から連続する脊髄（頚椎〜第1, 2腰椎レベル）と**馬尾神経**（第1, 2腰椎〜下位レベル）が存在し，さらにこれらの神経から枝分かれした神経根が椎骨間に形成される**椎間孔**から脊椎外に出て，抹消の筋肉や感覚器へとつながっている（図6.10）。脳からの信号はこれらの神経を通って末梢の筋肉へと伝達され，また，感覚器への外的刺激はこれらの神経を通って脳へと伝達される。加齢による脊椎（骨）の変形や椎間板などの周囲組織の変性などにより脊柱管や椎管孔が狭窄すると，神経が圧迫されて神経の伝導障害が生じ，疼痛や運動障害，知覚障害などを引き起こす。投薬や理学療法などで症状が改善しなければ神経の圧迫を取り除く手術（徐圧術）が必要となるが，脊椎の不安定性が圧迫の原因である場合や，徐圧手術をすることで新たに脊椎の不安定性が生じてしまう場合には，脊椎を固定して安定性を確保するために脊椎

固定術と呼ばれる手術が行われる。また，外傷や，脊椎に発生した腫瘍の摘出などでも不安定性が生じれば，脊椎固定術が行われる。

6.3.2 脊椎固定術に使用されるバイオマテリアル

〔1〕 スクリュー　　脊椎の固定は，固定する部位や不安定性の状態などにより適切な固定方法が選択されるが，その多くの手術でスクリューを使用する。プレートを固定したり，骨片どうしを固定したりする目的でもスクリューは使用されることもあるが，脊椎手術におけるスクリューの使用法で最も特徴的なのは，スクリューをアンカースクリューとして使用し，アンカースクリューどうしを固定することで椎体間の固定を得るという使用方法である。いずれのスクリューも生体親和性やMRI（核磁気共鳴画像法）評価での問題などから，チタン合金製のものが一般的であるが，一部ではステンレス製のものも使われている。アンカースクリューとして最も多く使用されているのが**椎弓根スクリュー**（pedicle screw）で椎骨の椎弓根と呼ばれる部分を貫通して椎体まで挿入する（**図6.11**）。

椎弓根の近傍は脊柱管，椎間孔であるため，スクリューの挿入に際しては，確実に椎弓根を通過させなければ神経損傷を引き起こすリスクがあり，習熟を要する手術操作の一つである。特に上位脊椎である頚椎は，骨自体が小さく椎弓根が細いため，スクリュー挿入の難度が最も高い。また，頚椎では，椎弓根

コラム

脊椎の弯曲

脊柱は人体における支柱の役割をしている。支柱といっても柱のようにまっすぐなわけではなく，生理的な弯曲を有している。正面から見た場合は左右対称なので直線状であるが，側面から見た場合，頚椎部分には前方に凸の弯曲（前弯），胸椎部分には後方に凸の弯曲（後弯）があり，さらに腰椎部の前弯，仙椎部分の後弯へと連続的な曲線状となっている。この生理的な弯曲から極端に逸脱した場合（側弯症，後弯症など）にも，脊椎変形に伴う神経症状や体幹のバランス保持困難などによる歩行障害，呼吸障害などの内臓の障害が生じることがあり，矯正手術が必要となる。

図6.11 脊椎疾患領域で使用されるスクリュー（日本ストライカー提供）

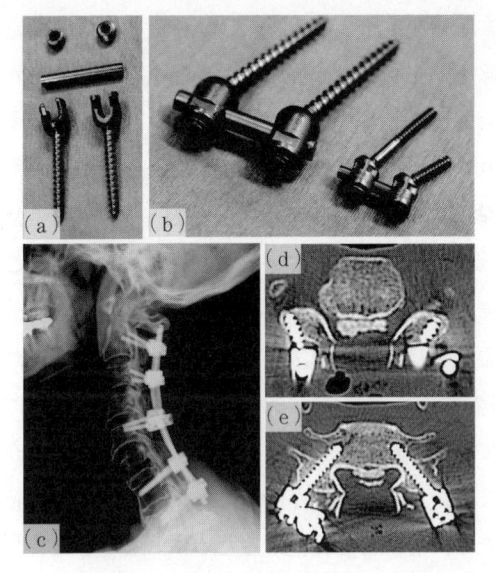

(a) 椎弓根スクリューとロッド，セットスクリュー（腰椎用）
(b) ロッドをセットした状態。ロッドはセットスクリューで椎弓根スクリューに固定される。左から腰椎用，頚椎用（左：椎弓根スクリュー，右：外側塊スクリュー）
(c) 頚椎の術後写真。上から3箇所は概則塊スクリュー，下から2箇所は椎弓根スクリュー
(d) 外側塊スクリューの挿入部位（CT）
(e) 椎弓根スクリューの挿入部位（CT）

のすぐ外側に椎骨動脈という脳へ血液を送る重要な血管が走行しており，スクリュー挿入時にこの血管を損傷すれば重大な脳の障害だけでなく致死的状況に陥るリスクもある。そのため，頚椎においては椎弓根スクリューに比べて固定性は低くなるが，**外側塊スクリュー**（lateral mass screw）という，比較的安全な部分で固定を行うスクリューも使用されている（図6.11）。

いずれのスクリューもねじ頭部分は連結ロッドと接続できる構造をとっており，各椎骨に挿入されたスクリューをロッドと連結することで各椎骨がロッドを介して固定される（図6.11）。固定された椎骨どうしは，長期的には骨とスクリュー，スクリューとロッドの間で緩みが生じる可能性があるため，椎骨間で骨性の架橋ができることを期待して，隣接する椎骨の横突起間（後側方固定）や椎体間（前方固定もしくは椎体間固定）に自家骨の骨移植を行う（詳細は，骨移植の項で後述）。

〔2〕 **椎体間スペーサー**　腰椎にかかる荷重の大部分は，椎骨の前方要素である椎体部分（図6.10）が支えている。したがって，椎体間固定では後側方固定などと比較して強固な固定性が得られるので，特に腰椎のアライメント

(前弯,椎間高など)の整復,維持が重要となる症例で行われる。椎体間固定では椎体間に存在する椎間板を除去,搔爬(かき出すこと)し,その部分に骨移植を行うことで椎体間の骨癒合を得る。骨癒合が生じるまでは数箇月を要するが,それまでの期間,整復されたアライメントを維持するために,前述の椎弓根スクリューによる固定と**椎体間スペーサー**を併用する(**図6.12**)。この強固な固定により,アライメントが維持され移植骨の圧潰(圧迫力で潰れること)も予防できる。荷重に耐えてアライメントを維持するためにはスペーサーが大きいほうが有利であるが,腰椎では椎体へのアプローチは後方(背側)から行われることが多く侵入経路の大きさが限られるため,腰椎スペーサーには,小型化しつつも荷重に負けて椎体へ沈み込む(食い込む)ことがないような形状の工夫が行われている。また,スペーサーが滑って脱転しないように骨との接触面に歯状の凹凸をつけたり,骨癒合を促進するために,強度を維持しつつも移植骨を充填する空間を大きくするなどの工夫もされている。

頚椎の場合,脊柱管内には脊髄が通っている。脊髄は馬尾神経などに比較して損傷しやすく,わずかな圧迫でも神経機能が低下してしまうことがある。ま

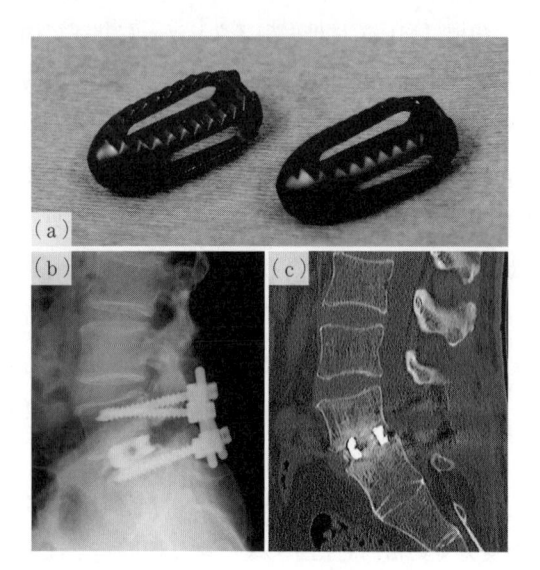

(a) チタン製椎間スペーサー(腰椎用)
(b) 術後レントゲン(椎弓根スクリューによる固定が併用される)
(c) 術後CT

図6.12 チタン製椎間スペーサー(日本ストライカー提供)

た一度損傷すると大きな機能回復は期待できず，重大な後遺症を残すことになる。したがって，椎間板ヘルニアや後縦靭帯骨化症などで脊髄が前方から圧迫を受けているような場合は，後方（背中側）からの手術だけでは脊髄の圧迫を除去するのが困難なだけでなく，脊髄の圧迫を除去するためにはアライメントも矯正する必要がある場合がある。このような場合，前方から椎体前面に達し，椎間板や椎体を除去して脊髄の圧迫を解除する（馬尾神経を収めている腰部の硬膜管は，ある程度は物理的に押しのけることができるため，後方から硬膜管の前方にアプローチすることができる）。その結果，頸椎前方には空間が生じることになるが，これまでは，その部分に自家骨移植を行うのが一般的であった。しかし，材料工学の進歩により，腰椎と同様に優れた頸椎スペーサーが開発され使用されるようになったため，近年では，使用する自家骨の量を減らすことができ，自家骨採取による合併症（後述）を減少させるのに役立っている。なお，頸椎の場合は椎体前面からのアプローチのため，椎弓根スクリューよりも椎体前面からプレート固定を併用することが多い（**図6.13**）。

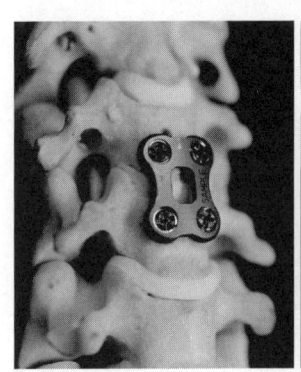

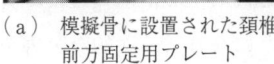

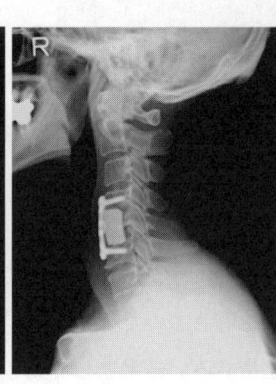

（a）模擬骨に設置された頸椎前方固定用プレート　（b）術後レントゲン写真（スペーサーはHA製）　（c）術後CT

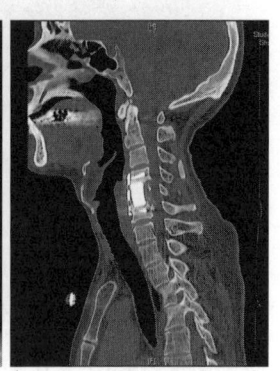

図6.13　頸椎前方固定用プレート（日本ストライカー提供）

これら椎体間スペーサーに使用される素材としてはチタン合金が最も多く用いられているが，近年では生体骨と同等の力学特性を有するために，椎体への沈み込みやストレスシールディング（コラム参照）が予防できるだけでなく，

適度な弾性により骨癒合を促進するとして，PEEK（poly-ether-ether-keton）やCFRP-PEEK（carbon fiber reinforced polymer-PEEK）を用いたものなども使用されている[7]（図6.14）。また，頚椎は腰椎よりも過重負荷が小さいため材料の自由度が高い。そのため，骨伝導による骨癒合を優先したハイドロキシアパタイト製のスペーサーなども使用されている[8]（図6.13）。また，薬剤や化学処理を加えることで生体活性を付与して，骨癒合を促進しようというスペーサーの開発も行われている。米国では，骨癒合を促進させるため，ケージ状のスペーサーに骨誘導性の増殖因子である Bone Morphogenetic Protein を含むコラーゲンスポンジを組み合わせた腰椎スペーサーも開発され，使用されている。国内でもチタンにアルカリ加熱処理を加え，生体活性を付与した腰椎スペーサーの良好な臨床経過も報告されており，今後が期待される[9]。

図6.14 PEEK製スペーサー
（上：腰椎用，下：頚椎用，日本ストライカー提供）

〔3〕 **人工椎間板**　既述のように，脊椎手術では脊椎固定が必要となることが多い。しかし，可動性を有していた部分を固定してしまうと，その動きを他の椎間で代償する必要が生じる。結果として動きを代償する椎間（通常は隣接した椎間）には許容範囲を超えた負担がかかることになり，二次的な障害を引き起こすことになる。例えば第4腰椎（L4）と第5腰椎（L5）を固定すると，隣接するL3-4とL5-S（仙骨）に過剰な負担がかり障害が生じ，もともとはなかった新しい症状が出現することがある。この隣接椎間障害の問題を解決するために，主に椎間板の変性を原因とする脊椎疾患に対して，本来の椎間板

の働きを代替する**人工椎間板**の開発が行われている．基本的な構造は上下それぞれの椎体の終板部分に固定されるチタン合金製の**金属終盤**と，その間に挟まるポリエチレン製の**インサート**からなる（**図 6.15**）．ポリエチレンインサートが両側の金属終盤との間に摺動面を形成するものや，片側の金属終盤には固定され，もう一方の金属終板とのみ摺動面を形成するものなどがある．新しいデバイスのため，国内では認可されていないが，海外ではすでに使用されている．これまでは短期成績の報告しかなかったが，最近，5年という比較的長期の randomized control study の結果も報告され，スタンダードである椎間固定術に勝るとも劣らない結果が得られている[10),11)]．国内においても，今後発展していく可能性のある手術法，デバイスであると考えられる．

（a）頚椎用　　　　　　　　（b）腰椎用

図 6.15　人工椎間板（デピューシンセスホームページより）

6.4 関節疾患

6.4.1 関節疾患と治療

骨と骨がつながっている部分の構造は**関節**と呼ばれ，一部の関節を除き，関節部分の骨の表面には**関節軟骨**が存在する．関節軟骨は滑動性と柔軟性に富み，関節の動きや衝撃の緩衝に重要な働きをしている．また，関節を形成する複数の骨どうしは関節部分で立体的に組み合い，さらに靭帯や**関節包**でつな

がっている。この関節の複雑な構造が，可動方向と可動域を規定することで，関節の安定性と可動性という相反する側面を両立させるのに重要な役割を果たしている（**図 6.16**）。

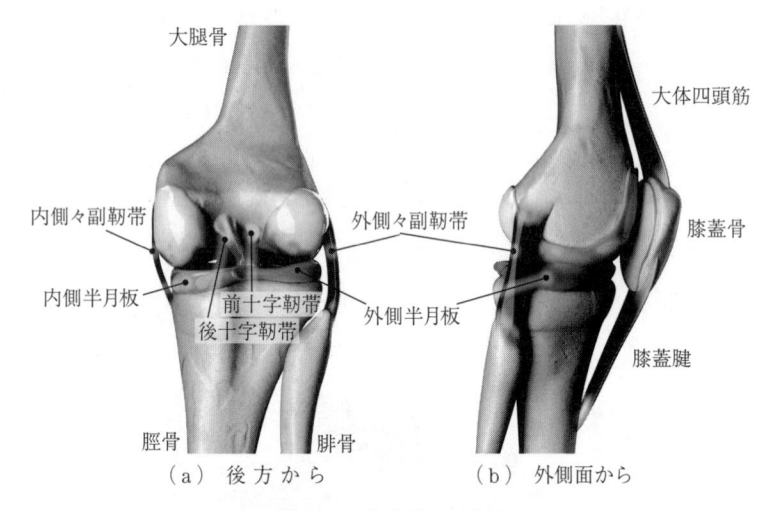

図 6.16 膝関節の解剖

（a）後方から　（b）外側面から

関節において骨の滑動面は**硝子軟骨**（がらすなんこつともいう）と呼ばれる軟骨に覆われている。この軟骨は加齢とともに変性するだけでなく，長年にわたり繰り返す滑動で少しずつ磨耗する。軟骨の変性と磨耗が進むと，関節炎や滑膜炎を生じて疼痛を引き起こし，関節近傍の骨に**骨棘**（棘のように出っぱった骨）が形成されるなどの変形が生じ，**変形性関節症**という状態となる（**図 6.17**）。また，これらの炎症は関節包の線維化や神経線維の増生を引き起こし，関節可動域の減少やさらなる疼痛の原因となる。また，硝子軟骨は細胞成分に乏しいだけでなく血流もないため自己修復能力が低く，ほとんど再生しない。したがって，変形性関節症は進行性で，経時的に症状は悪化して高齢者の**日常生活活動**（activities of daily living，**ADL**）を低下させる。

まず投薬や理学療法，もしくはヒアルロン酸の関節内注射などの保存療法が行われるが，治療を行っても関節軟骨が修復されることはなく，また予防的効果もほとんどないため，疼痛緩和を目的とした対症的治療といわざるを得な

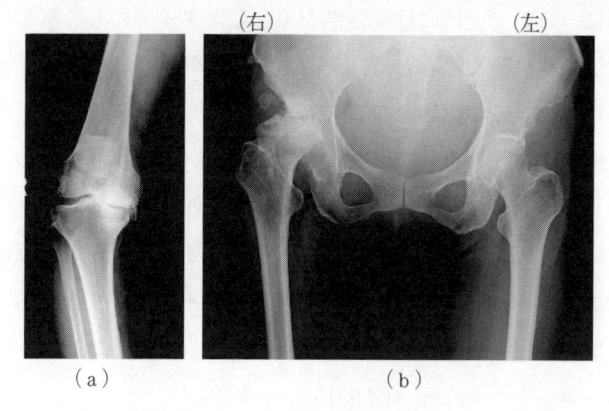

(a) 右変形性膝関節症（内側の関節裂隙が狭小化し，骨硬化も生じている）
(b) 右変形性股関節症（右股関節の臼蓋形成不全と関節裂隙の狭小化を認める。左は正常）

図 6.17 右変形性膝関節症・股関節症

い。病状が進行し，軟骨の磨耗や関節の変形が進めば疼痛や可動域制限が強くなり，著しく ADL が低下して手術が必要となる。手術が必要となるような変形性関節症の頻度は膝関節で最も高く，次いで股関節である。手術は，関節のアライメントを矯正する骨切術などが行われることもあるが，関節部分をすべて人工の関節に置換する人工関節全置換術が最も多く行われている。この他，自己免疫疾患である関節リウマチでは関節で滑膜炎が生じ，軟骨や近傍の骨が破壊されて関節機能が破綻してしまうことも多く，この場合も人工関節全置換術の適応となる。

6.4.2 人 工 関 節

〔1〕 **人工膝関節**　人工関節手術で最も多いのが**人工膝関節全置換術** (total knee arthroplasty) である。本格的に**人工膝関節**と呼べるものが開発されたのは 1950 年ごろで，当初は関節の安定性を重視して大腿骨側のコンポーネントと脛骨側のコンポーネントが膝の屈曲・伸展運動に対応したヒンジ機構で接続したタイプが主流であった。その後，1970 年代には膝の回旋運動に対

応するために，ヒンジ機構に回旋機構を追加したタイプのものなども開発されたが，膝関節の生理的な動きとはほど遠く，また骨とコンポーネントの間にストレスが集中して緩みの原因となってしまうため，一部の症例を除き，このタイプの人工関節はほとんど使われなくなっている。膝の屈曲・伸展運動は，回旋や内外転を伴うだけでなく転がりも伴うが，転がりは滑りも伴うので軸が移動する。このように膝の運動は複雑な要素からなるため，現在では本来の膝関節の解剖学的形状をベースとした表面置換型の人工関節が主流である。表面置換型の人工膝関節は基本的に**脛骨コンポーネント**，**大腿骨コンポーネント**，**膝蓋骨コンポーネント**からなる（図6.18）。

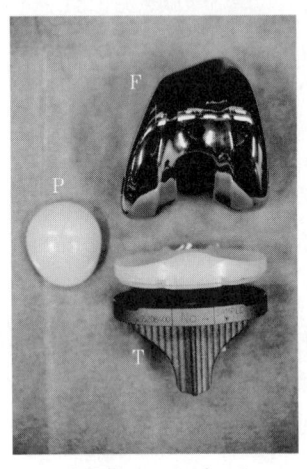

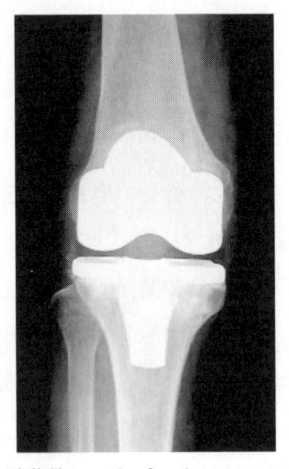

F：大腿骨コンポーネント　　P：膝蓋骨コンポーネント
T：脛骨コンポーネント（摺動面を形成するインサートと，骨と接合しインサートの土台となるベースプレートからなる）

図6.18　膝の人工関節（正面から，日本ストライカー提供）

脛骨コンポーネントは脛骨と直接接する**ベースプレート**と脛骨側の関節面になるインサートに分かれる。ベースプレートはチタン合金製のものが一般的で，骨との接合面には骨との適合性をさらに高めるためにハイドロキシアパタイトコーティングが施されているものなどもあるが，**骨セメント固定**（poly methyl methacrylate，**PMMA**）で使用されることが多く，固定性を向上させるため，骨セメントのアンカリングに有利なように凹凸をつけるなど表面形状

が工夫されている（**図6.19**）。インサートには摺動性と強度の面から**超高分子量ポリエチレン**（**UHMWPE**）が使用される。膝の運動時にはつねに大腿骨コンポーネントと摺れ合うため，表面は経時的に磨耗するが，この磨耗による厚みの減少や，生じた磨耗片を貪食するマクロファージによる骨吸収などが再置換の要因となることが多い。そのため，インサートの磨耗対策としてポリエチレンの強度を高めるためにγ線照射によるクロスリンク（架橋）処理を加えたり[12]，超高分子量ポリエチレンの成型の際に酸化抑制効果のあるビタミンEを添加したりなど[13]，さまざまな工夫が加えられている。

大腿骨コンポーネントは，膝の運動時にはつねに脛骨側のポリエチレンインサートと摺れ合うため，ポリエチレンインサートを極力磨耗させないような性

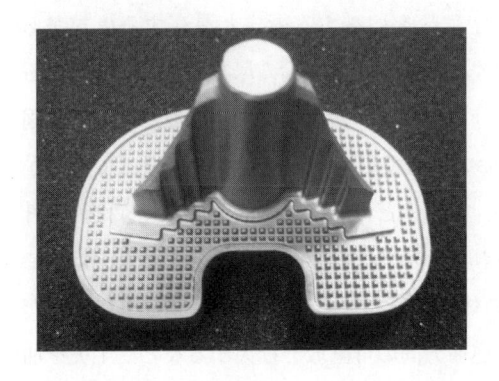

骨接合面やキールの部分には，セメントへのアンカリングを向上させるための凹凸がつけられている

図6.19 脛骨ベースプレートの裏側
（日本ストライカー提供）

コラム

骨セメント（PMMA骨セメント）

PMMA骨セメントは単に骨セメントと呼ばれることが多く，50年以上にわたり使用されている。主に人工関節などを骨に固定する際に使用されるアクリル樹脂で，ポリメタクリル酸メチルおよびそのスチレンとの共重合体を主成分とする粉剤と，メタクリル酸モノマーを主成分とする液剤からなる。アクリル樹脂はレントゲン透過性であるため，使用後のレントゲンでの観察を可能にするために粉剤には硫酸バリウムが加えられている。また，重合反応の活性剤，開始剤などを含む。液剤と粉剤を混合し，ペースト状にして使用する。混合後数分で硬化を開始し，10分ほどで実用的な硬度まで硬化する。なお，近年開発されたリン酸カルシウム骨セメントとは用途も性質も異なる。

質が求められる。これらの条件を満たす材料として、コバルトクロム合金が最も多く使用されている。大腿骨との接合面にはハイドロキシアパタイトコーティングやチタンコーティングなど、骨との適合性を高める処理がされているものもあるが、脛骨ベースプレートと同様、骨セメントでの固定が主流で、固定性を向上させるための表面形状の工夫がなされている。また、近年ではコバルトクロム合金よりもポリエチレンの磨耗を減らせる材料としてジルコニアセラミックスや表面を酸化理してセラミック様にさせた**表面酸化処理ジルコニウム合金（オキシニウム）**を用いた大腿骨コンポーネントも使われている[14]。膝蓋骨コンポーネントは超高分子量ポリエチレン製が一般的である。

人工膝関節のデザイン上での進化も重要である。例えば人工膝関節置換手術には、膝の安定性に重要な後十字靱帯を切離する術式と温存する術式がある。それぞれ一長一短でどちらが優れた術式かは議論の尽きないところであるが、それぞれの術式に対応したデザインのものが各社から発売されている（**図6.20**）。また、以前は日本国内においても使用されるインプラントは大部分が海外メーカー製のものであったが、欧米人とは体格や生活習慣が違うため、日本人に最適な人工膝関節が使用されているとは言い難い状況であった。近年では複数の国内メーカーが日本人の体格に合わせてインプラントを小型化したり、日本人の生活習慣に合わせて屈曲方向の可動域を拡大するなど、工夫を加えたデザインの人工関節を発売している。また、変形性膝関節症は関節の内側

コラム

摺動面からの磨耗粉による骨融解（osteolysis）

人工関節の摺動面と生じたサブミクロンサイズのポリエチレンの磨耗粉は、生体の異物反応により集積したマクロファージなどに取り込まれ、異物肉芽腫組織が形成される。異物肉芽腫からはさまざまな骨吸収に関与するサイトカインが放出され、活性化された破骨細胞などにより骨融解が進行すると考えられている。人工関節のコンポーネントどうしのインピンジ（衝突）や金属どうしの摺動面からの磨耗などにより、チタン合金やコバルトクロム合金などの磨耗粉が生じることがある。この場合、生体反応は多彩で、骨融解の他、細胞のアポトーシスや偽腫瘍の形成などが見られることがある。

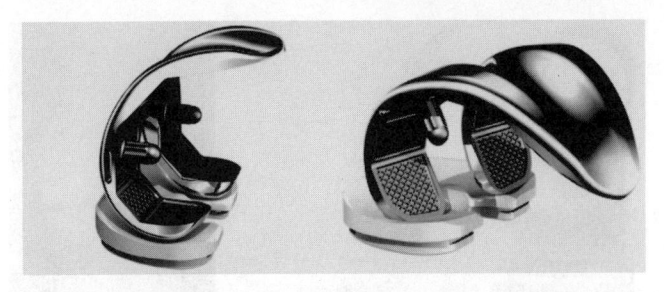

(a) 後十字靭帯を温存する術式用の人工膝関節

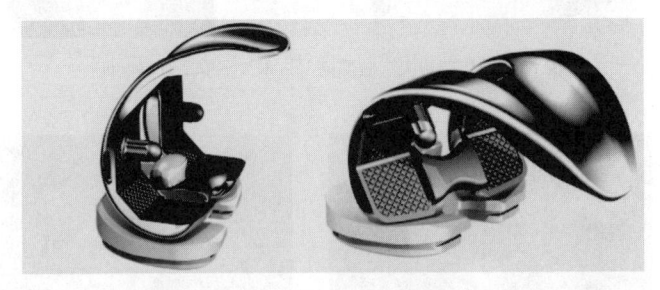

(b) 後十字靭帯を切離する術式用の人工関節（脛骨側のインサートに突起（ポスト）がある。大腿骨コンポーネントには，後方で内外側を架橋している構造（カム）がある。深屈曲時（右）にはポストとカムが接触することにより，大腿骨の前方へのすべりが抑制されることで，後十字靭帯の機能を代替する）

図 6.20 人工膝関節（日本ストライカー提供）

から進行することが多く，関節変性が内側に限られ，膝関節のアライメントや靭帯機能が温存されているような症例に対して，**内側のみの人工膝関節片側置換術**（unicompartmental knee arthroplasty）が行われることもあり，専用のインプラントが開発され使用されている（**図 6.21**）。この他，外側のみの人工膝関節片側置換術用のインプラントなどもある。

〔2〕 **人工股関節**　**人工股関節全置換術**（total hip arthroplasty）に用いられる**人工股関節**は大きく分けて寛骨臼（かんこつきゅう）側の**寛骨臼コンポーネント**と大腿骨側の大腿骨コンポーネントに分かれる。寛骨臼コンポーネントは**アウターシェル**と**ライナー**，大腿骨コンポーネントは**ステム**と**骨頭**（こっとう）というそれぞれ二つのモジュールからなる**モジュラータイプ**が主流である（**図 6.22**）。

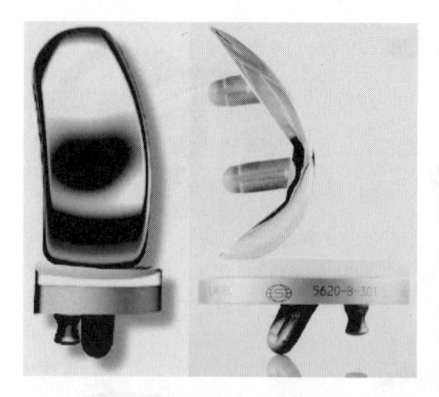

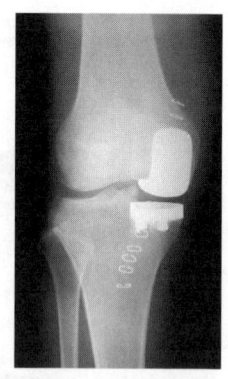

図6.21 片側用人工膝関節（日本ストライカー提供）

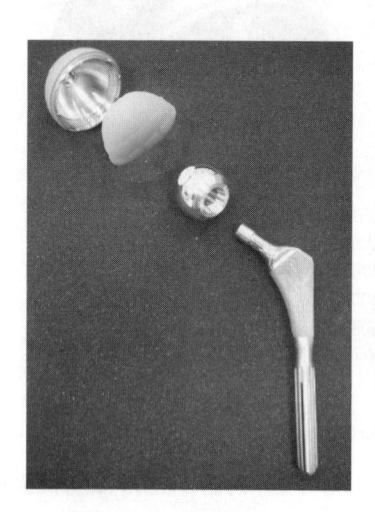

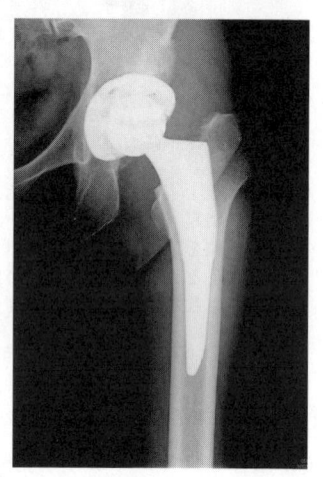

図6.22 人工股関節のモジュール構造（左）と体内装着時の術後レントゲン（右）（左のモジュール構造は，左上からアウターシェル，ライナー，骨頭，ステム，日本ストライカー提供）

　骨盤側の関節の土台となるアウターシェルは骨盤骨（寛骨）に固定され，その内側に骨頭と関節を形成するライナーがはめ込まれる．アウターシェルの骨盤への固定は，セメント固定も行われているが，骨盤骨を設置するアウターシェルよりもやや小さめに切削し，打ち込むことで骨の弾性により固定される**ノンセメント固定**（スクリューが併用されることもある）が主流になりつつある．再置換などで，アウターシェルの設置部分に大きな骨欠損が生じてしまう

場合などには，セメント固定や骨移植が併用されることが多い．大腿骨側の関節の土台であるステムは大腿骨の近位頚部を骨切りし，その部分から骨髄腔内に差し込むように設置する．以前は**セメント固定**が主流であったが，セメンティング手技の不安定さ，再置換の難しさ，セメント使用による合併症の問題などがあり，よりよいノンセメント固定用のインプラントの開発が望まれていた．近年では材料工学の進歩や**ノンセメントステム**の緩みのメカニズムの解明などのおかげでノンセメントステムの成績が向上し，骨質が不良な症例や再置換のために骨欠損が大きくなってしまったような症例を除き，ノンセメントステムが主流となっている．

寛骨臼側のアウターシェルとノンセメントステムはチタン合金製で，大部分がTi-6Al-4Vであったが，バナジウムの生体毒性への懸念から，近年ではこれらの金属を含まないTi-12Mo-6Zn-2Fe[15]やTi-6Al-2Nb-1Ta-0.8Mo[16]なども使われ始めている．これらのモジュールが骨と接合する面には，骨との結合性を高めるために表面加工がされている．表面加工の代表的なものはプラズマスプレーなどを用いた表面の多孔化で，周囲の骨から骨組織が進展し多孔構造の内部まで入り込むことで高い固定性が得られる（**図6.23**）．この他にも，骨伝導を促進する目的で，ハイドロキシアパタイトコーティングやアルカリ加熱処理によるチタンの表面修飾が施されたインプラントも使われている．表面処理の部位であるが，アウターシェルは接合面全体に表面処理が施されるが，ステムの場合，通常は一部分だけに表面処理が施される．ステムの全体に処理を施せばステムと大腿骨との結合性がステムの全体で高くなり，理想的なように思えるが，力学負荷の大部分が大腿骨からステムの遠位部分を介して伝達されるようになる結果，大腿骨近位部分での**応力遮蔽**（stress shielding，**ストレスシールディング**）に伴う骨萎縮が生じ，疼痛やステムの緩みの原因となってしまう．したがって，最近開発されたステムの大部分は近位部のみ骨伝導，骨侵入を促進するような表面処理を行い，逆に遠位は骨との接合を抑制するためにポリッシュ加工をしたものが多い[17]（図6.23）．

関節の摺動部は，アウターシェルにはめ込まれたライナーとステムに取り付

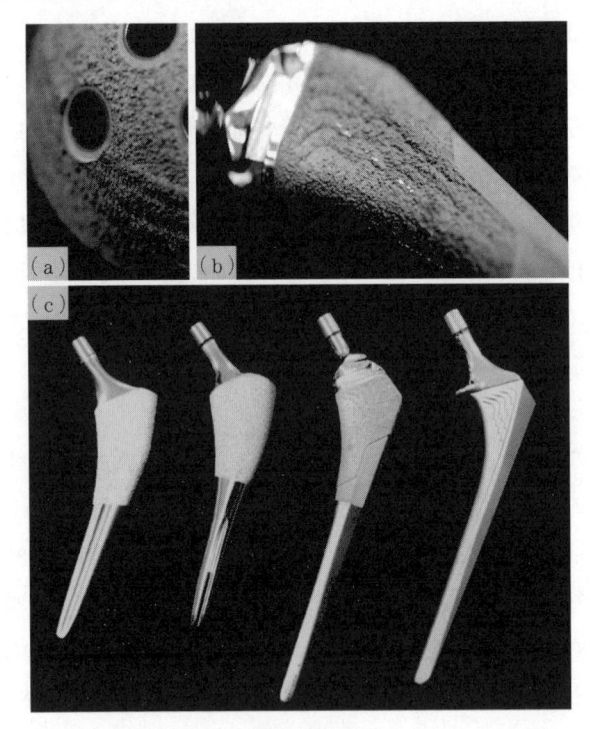

(a) アウターシェルの多孔質加工
(b) ステム近位の多孔質加工
(c) 各種ステム(左三つはセメントレス固定用のため,近位に多孔質加工+HA コーティングされている。一番右のステムはセメント固定用で,セメントマントル確保のため細く,またセメントのアンカリングを向上させるために表面に凹凸がつけられている)

図 6.23 人工股関節の多孔質加工(日本ストライカー提供)

けられた骨頭の間に形成される。股関節の摺動面での問題は,膝の人工関節と同様,磨耗である。ポリエチレンの磨耗片により引き起こされる骨吸収は,寛骨臼コンポーネントやステムの緩みを生じ,再置換の原因となる。「ライナー–骨頭」の組合せで最も多いのは「ポリエチレン–コバルトクロム合金」と「ポリエチレン–セラミックス」の組合せである。さらに磨耗を減らそうと「セラミックス–セラミックス」の組合せも使われているが,靭性の低さと長期成績が不十分なのが難点である[18]。ポリエチレンは膝と同様,超高分子量ポリエ

チレンが使われており，強度を増すためにクロスリンク処理[19)]や抗酸化剤のビタミンE添加をしたり[13)]，摩擦の減少および磨耗粉に対する生体反応抑制をさせるためにMPC（2-methacryloyloxyethyl phosphorylcholine）を摺動面にコーティングしたりなど[20)]，さらなる工夫が加えられているものがほとんどである。セラミックスはアルミナセラミックスやジルコニアセラミックスの他に，強度を向上させたアルミナ-ジルコニア複合セラミックスなどが使用されている。またジルコニア合金の強度をそのままに表面をジルコニアセラミックス様にしたオキシニウム製の骨頭も使用されている[14)]。他にはコバルトクロム合金の「メタル-メタル」の組合せも使用されているが，血中金属イオン濃度の上昇と，それに伴う全身性の影響が問題となる可能性が懸念されている[21),22)]。

（a）**人工骨頭置換術** **大腿骨近位部骨折**は，骨粗鬆症を伴う高齢者に多い骨折である。保存的治療では骨癒合を得て全荷重を行えるようになるまで数箇月を要するため，寝たきりや合併症を予防するために，通常，手術療法が選択される。大腿骨近位部骨折は，股関節内での骨折である**大腿骨頚部骨折**と，股関節外での骨折である**大腿骨転子部骨折**に分類される。分類が重要なのは，頚部骨折の場合，骨折部の転位が大きいと骨頭への栄養血管が骨折時に損傷し，大腿骨頭の遅発性壊死を生ずるリスクが高いためである。そのため，転子部骨折や転位の小さい頚部骨折では，プレートやスクリュー，髄内釘などを

コラム

ストレスシールディング（stress shielding, **応力遮蔽**）

インプラントとして使用されるチタン合金などの金属は骨より剛性が高い。そのため，インプラント設置後には周囲骨組織で応力伝達に変化が生じることになるが，このとき応力が減少する現象をストレスシールディングという。ストレスシールディングが生じた部分では骨のリモデリングに伴い骨萎縮が生じる。逆に応力が増加した部分では骨の硬化や肥厚が見られる。整形外科手術で問題となるものでは，人工股関節のステム挿入後のステム近位周囲でのストレスシールディングによる骨萎縮が代表的であるが，骨折のプレート固定などでも生じる。ストレスシールディングを予防するために，骨に近い剛性の生体材料を用いたインプラントの研究開発も行われている。

使用した内固定が選択されることが多いが，転位の大きい頚部骨折では，遅発性骨頭壊死や偽関節（骨癒合不全）による ADL 低下を回避するために，**人工骨頭置換術**や人工股関節全置換術が選択される。人工骨頭置換術というのは大腿骨の骨頭部分を人工のインプラントに置換する手術で，骨盤側の寛骨臼には手を加えない（変形性股関節症ではないので寛骨臼の形状は正常であることが多いため）。インプラントは，一般的に人工股関節の大腿骨コンポーネントに，患者の寛骨臼のサイズに適合した人工骨頭用のアウターヘッドと呼ばれる骨頭部分をかぶせるようにはめ込む。可動部（摺動部）は骨頭-アウターヘッド間とアウターヘッド-寛骨臼間の2箇所になるため，bipolar head arthroplasty とも呼ばれる（**図6.24**）。人工骨頭置換術の手術件数は，人工股関節全置換術よ

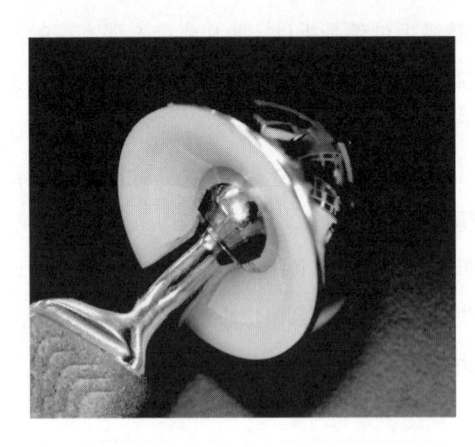

人工股関節のアウターシェルに相当する部分の骨盤側は平滑で，骨盤に固定されることなく骨盤側の臼蓋部との間で摺動部を形成する

図6.24 人工骨頭の骨頭部分
（日本ストライカー提供）

―― コラム ――

骨粗鬆症

骨では破骨細胞が古くなった骨を吸収し，骨芽細胞が吸収された部分に新しい骨を形成するという新陳代謝が繰り返され，つねに新しい骨に入れ替わっている。これをリモデリングという。骨の量は破骨細胞による骨吸収と骨芽細胞による骨形成が協調することでほぼ一定に保たれているが，この現象をカップリングという。このカップリングには骨芽細胞や破骨細胞自身が発現している因子の他に，ホルモンやビタミンなどの全身性の因子や骨組織内に存在する骨細胞が発現する因子が関与している。このバランスが崩れ，骨吸収が相対的に亢進した状態が続くと骨粗鬆症となる。

りもはるかに多い。

〔3〕 **人工肩関節**　　肩関節は非荷重関節であるため，いわゆる変形性関節症の頻度は膝や股関節に比べると低い。上腕骨の近位部骨折（頚部骨折）や骨頭壊死などが原因となって二次的に生じる変形性関節症を含めても，頻度は決して高くない。また，変形性関節症を生じても，症状が比較的軽度で，ADLは比較的保たれていることが多い。したがって，特に日本国内においては，関節リウマチや上腕骨近位の粉砕骨折などに対して，人工関節置換術もしくは人工骨頭置換術が行われる比率が高い。上腕骨の骨折など肩甲骨(けんこうこつ)が変形していない場合は，肩甲骨のコンポーネントは使用しないことも多く，その場合は人工骨頭置換術となる。肩の人工関節置換術は全人工関節置換術の1%程度である。

　人工肩関節の基本構造は人工股関節と類似しており，肩甲骨側と上腕骨側のコンポーネントに別れる。国内で使用されている人工肩関節では，肩甲骨側はポリエチレン製で，摺動面（関節面）は実際の肩甲骨窩と同様，浅い臼状にくぼんでおり，肩甲骨には骨セメントで固定される。上腕骨側は人工股関節の大腿コンポーネントと同様モジュラー型でステム部分と骨頭部分が分かれている（**図6.25**）。骨頭部分はコバルトクロム合金が，ステム部分はチタン合金あるいはコバルトクロム合金が使われている。上腕骨への固定はセメント固定，ノンセメント固定の両方が行われている。

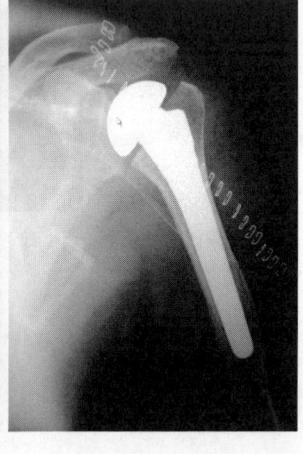

図6.25　人工肩関節の上腕骨コンポーネントと術後レントゲン（日本ストライカー提供）

〔4〕 **人工肘関節**　人工肘関節も，肩関節と同様に非荷重関節であり変形性関節症の頻度は低く，変形性関節症により人工関節置換術が必用となる症例は多くない。一方，関節リウマチ患者が肘関節を罹患する頻度は高く，進行例では高度な機能障害に陥り，肘の人工関節置換術が必要となることがある。したがって，肘の人工関節置換術は大部分が関節リウマチ患者である。全人工関節置換術における肘の人工関節置換術は1%程度である。

　肘の人工関節には大きく分けて**連結型**と**非連結型**がある（図6.26）。連結型は上腕コンポーネントと前腕コンポーネントが文字どおりドアの蝶番のような構造で連結しているタイプで，外れないため安定性が高く，脱臼のリスクがない。しかし，初期のものは，関節部分がタイトに連結（拘束型）していたため，逆に骨との接合部にストレスが集中し，緩みの原因となっていた。現在の連結型は，関節部分に遊びをもたせて連結することで安定性とストレスの分散を両立した，半拘束型と呼ばれるタイプである[23]。非連結型は表面置換型とも分類され，実際の肘関節のように上腕コンポーネントと前腕コンポーネント

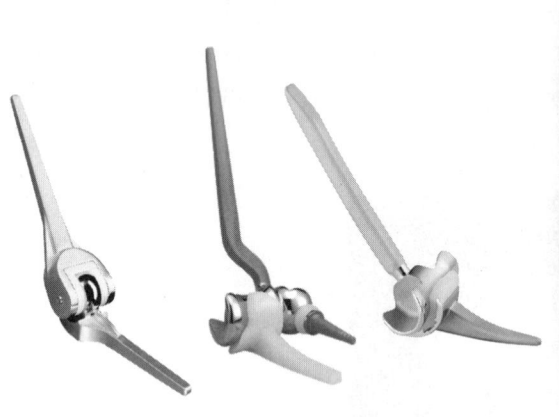

（a）連結型（日本ストライカー提供）　（b）非連結型（2機種，帝人ナカシマメディカル提供）　（c）術後レントゲン

図6.26　人工肘関節

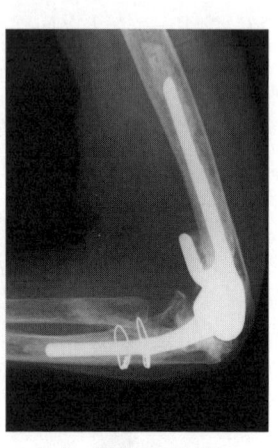

でヒンジ構造を形成しているが，連結はされていない[24]。インプラントを小型化できるため，骨切量が少なく再置換に対応しやすい。骨への固定はセメントレス固定ができるタイプとセメント固定用のタイプとがある。材質はやはりチタン合金，コバルトクロム合金，ポリエチレンなどである。

〔5〕 **人工指関節** 人工指関節も，関節リウマチ患者の高度な関節破壊に対して行われることが多い。古いものでは，破壊された関節部に弾性スペーサーとして挿入する一体型のシリコン製のものから[25]，肘関節と同様に関節部が連結した連結タイプ[26]や表面置換型[27]のものなどがある（**図6.27**）。関節リウマチ患者に対して行われることが多いため，関節の破壊が高度で関節軟骨や骨だけでなく，関節を安定させるための関節包や靭帯なども破綻していることが多い。そのため，臨床成績は軟部組織の修復手術のできに左右される割合が高く，インプラントの優劣は明らかではない。

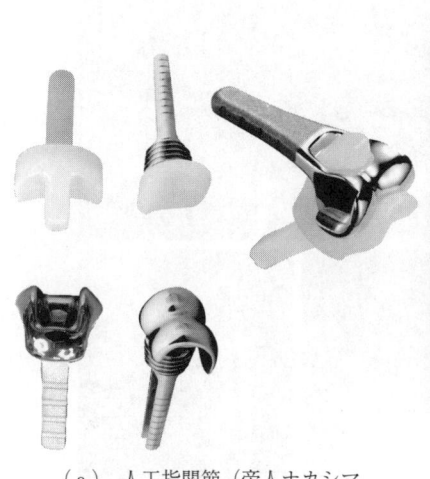

（a） 人工指関節（帝人ナカシマメディカル提供）　　（b） 術後レントゲン

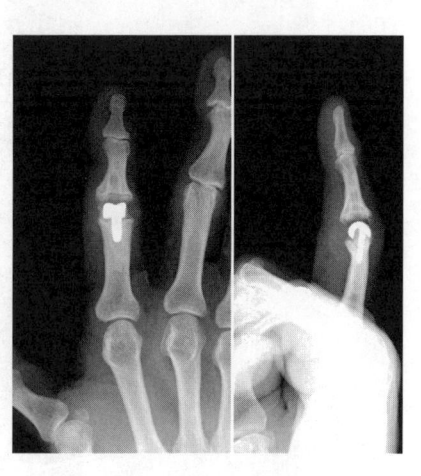

図6.27 人工指関節

6.5 骨　移　植

6.5.1 骨移植とは

　骨は自己修復能の高い組織で，骨折や腫瘍などで生じた骨欠損も，小さい欠損であれば自然に修復される。しかし骨欠損が大きい場合には完全には修復されずに骨欠損が残存してしまうため，骨欠損に対しては**骨移植**手術が行われる。また，脊椎の固定術では，本来は骨がない部分で骨性の架橋を得る手術であり，この架橋部分にも骨移植が必要となる（**図 6.28**）。骨移植に用いられる移植材料には，自家骨，同種保存骨，人工骨などがある。

　自家骨は，採取しても機能的に障害が残りにくい部分の骨を患者自身から採

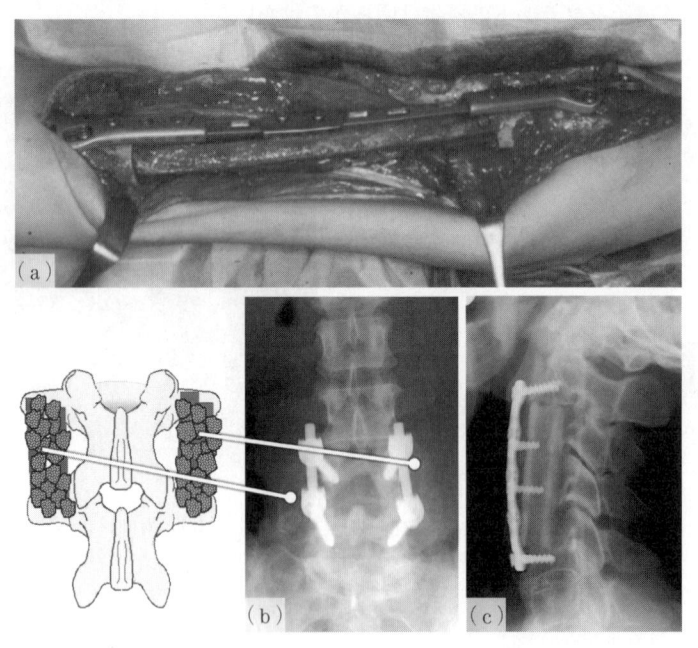

（a）骨腫瘍により生じた大腿骨の骨欠損への自家脛骨移植
（b）腰椎後側方固定における横突起間への自家腸骨移植
（c）頚椎前方固定における自家脛骨移植

図 6.28　骨　移　植

取し，移植材料として使用するものである．骨盤骨である腸骨や下腿の腓骨がよく用いられる．メリットとしては，生きた骨であるため強度や骨としての能力が最も高いこと，および患者自身の骨であるため感染症のリスクがない点，などが挙げられる．デメリットは，使用できる量（採取できる量）に限りがあること，また，健常部位にメスを入れなければならないだけでなく，比較的高頻度に採骨部に合併症（疼痛の残存や，神経損傷，血管損傷など）が生じることである．**同種保存骨**は，患者以外のドナーから供給される骨で，**凍結保存骨**や**凍結乾燥骨**，**脱灰凍結乾燥骨**などがある．整形外科領域では主に凍結保存骨が用いられている．凍結保存した骨に加温処理などを加え，移植に使用する．メリットは使用できる量に制限がないこと，初期強度が比較的高いこと，**自家骨**ほどではないにしろ，骨としての能力が比較的高いこと，などである．デメリットは，凍結保存骨であるため細胞成分は死滅しており，自家骨ほど能力が高いわけではないということ，保存するための設備もしくは供給体制の確立が必要であること，未知の感染症の伝播の可能性が完全には否定できないこと，などである．**人工骨**は，人工的に合成された移植材料で，使用できる量に制限がないことや，感染症のリスクがないことがメリットである．しかしなが

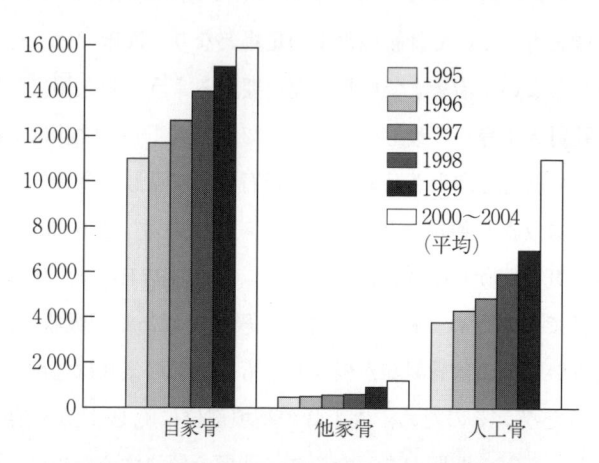

図 6.29 国内における骨移植材料の占有率[28),29)]

ら，自家骨や同種保存骨に比較すると骨としての能力は低く，自家骨に比べて使用法が限定的というデメリットがある（大きな骨欠損，脊椎固定術などには単独では対応できないことが多い）。

この他に異種他家骨（ウシの骨などを原料とする）などの移植材料もある。国内では自家骨移植が56％と最も多く行われており，ついで人工骨移植が多く（40％），同種保存骨は4％と少ない（図6.29）。日本国内における骨移植の特徴としては，近年では人工骨の性能向上，バリエーションの増加などにより，人工骨の使用割合は増加傾向であること，また同種保存骨の骨移植が米国など西欧諸国と比較して極端に少ないこと，が挙げられる[28),29)]。

6.5.2 人　工　骨

1970年代に焼結というハイドロキシアパタイト（HA）の形成法が発明されて以降，ハイドロキシアパタイト製のものを中心に，人工骨の開発，臨床応用が急速に進んだ。その他，HA同様に生体活性を有する**A-Wガラスセラミックス**やβ-リン酸三カルシウム（β-TCP）製の人工骨も開発された。現在ではHA製，β-TCP製のものが中心に使用されている他，HAとβ-TCPの複合材やHAとコラーゲンの複合材なども人工骨として臨床応用されている。人工骨は，骨伝導能を有していて骨組織再生の足場となり，臨床では，そのままでは治癒（再生）しないか治癒までに長期間を要するような骨欠損に移植される。

〔1〕 **多孔質人工骨**　　最も多く使われている人工骨の性状は，組織の侵入性，骨組織との結合を向上させるために軽石状に成型した多孔体で，移植部位に合わせてブロックや顆粒などが使い分けられている（図6.30）。しかし，初期の多孔体は気孔どうしの連通性に乏しく，また焼結HAは生体内で吸収されない非吸収性であるため（厳密には非常に緩徐ではあるが吸収される），人工骨の表面に近い部分には骨組織が侵入しても，深部の気孔は空虚なままであることが多かった[30)]。そのため，人工骨の補填部位に脆弱性が残存し，移植部で骨折が生じるなどの問題があった。この問題を解決するために，気孔間の連通性（気孔どうしがつながっていること）の向上を目的とした**高連通性**のHA

(a) ブロック　(b) 顆　　粒　(c) 一軸連通気孔（クラレ提供）
(d) 超高気孔率タイプ　(e) 低気孔率タイプ（HOYA提供）
(f) 緻密質-多孔質ハイブリッド頚椎スペーサー（オリンパステルモバイオマテリアル提供）

図 6.30　多孔質人工骨（ハイドロキシアパタイト製）

製多孔質人工骨が開発されて臨床で使用され，インプラントの深部にまで骨組織がしっかりと侵入していることが報告されている[31]。その他，気孔間の連通性に注目するだけでなく，気孔を一定の方向に配向させた一軸連通気孔構造を有する人工骨なども開発され臨床応用されている[32]（図 6.30）。気孔の存在

コラム

ハイドロキシアパタイトの吸収性

　焼結ハイドロキシアパタイト（HA）製の人工骨は，緩徐には吸収されるものの，基本的には半永久的に生体内に残存するため非吸収性に分類されている。一方，未焼結のナノスケール HA を含む人工骨は破骨細胞により吸収される。未焼結であるために結晶性が低く溶解性が高いということも理由の一つではあるが，焼結体でもミクロ気孔構造を有するような多孔質 HA は吸収されることがわかっている。これら吸収される HA に共通するのは比表面積の大きさであり，生体活性を有する表面積が大きいことで多くの破骨細胞を引き寄せ，さらに破骨細胞によりつくられた酸性環境で溶解されやすいためと考えられる。非吸収性の HA と吸収性の HA の関係は氷砂糖と角砂糖のような関係と似ている。

しない緻密体は強度が高いため,頚椎スペーサーとしても使用されている(前述)。この頚椎スペーサーも骨との結合性を向上させるために,接合面部だけは多孔質化されているものが多い[8](図6.30)。

〔2〕 **吸収置換型人工骨**　骨への完全吸収置換を目的として,生体内で吸収されやすい β-TCP 製の生体**吸収置換型人工骨**も開発されて臨床で多く使用されており,多孔質 HA に取って代わる勢いである。この多孔質 β-TCP 製人工骨は,移植後数年で吸収されて骨組織に置換されることが確認されている[33]。

〔3〕 **注入硬化型**　骨欠損に移植する際に,既存の人工骨の場合,少なくとも移植するインプラントと同じ大きさの開口部が必用であり,また小さな顆粒を骨欠損に充填していくような場合にも移植操作の際に顆粒がこぼれたり,こぼれた顆粒が周囲組織にくっつくなどして移植操作に困難を伴うことが多かった。これに対して注射器を用いて小さな手術創から注入することができ,注入後に生体内で硬化するというのが注入硬化型である(**図6.31**)。α 型リン酸三カルシウムやリン酸四カルシウムなどからなる粉剤や,リン酸四カルシウムと無水リン酸水素カルシウムからなる粉剤に液剤を混合するとペースト状となり,これを骨欠損部に注入または充填すると,水和硬化反応により生体内で一塊の HA に硬化する[34]。

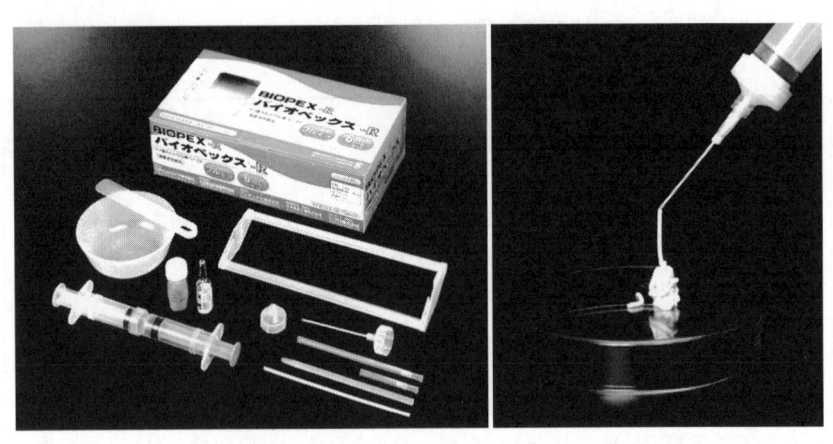

図6.31　注入型骨補填材 リン酸カルシウムペースト(HOYA 提供)

理想的な硬化条件で硬化させれば数十 MPa もの圧縮強度になるとされている。硬化したインプラントは非吸収性で，組織が侵入できるような気孔構造が存在しない緻密体となる。操作性のよさからさまざまな症例で盛んに使用されたが，生体内では血液の混入などを完全に回避できず十分な強度が得られなかったり，硬化完了までの間に力学ストレスがかかるなどして粉砕してしまうことも多い。非吸収性で緻密体であるということも不利な点であり，適応は慎重に選ぶ必要があると考えられる

〔4〕 **複 合 材 料**　HA や β-TCP などの複合材料や，HA とコラーゲンなどの高分子の複合材料も人工骨として使用されている。国内においては，HA とコラーゲンの複合体である多孔質 HAp/Col が開発され，臨床応用が始まった[35]。豚皮由来のアテロコラーゲンのリン酸溶液と水酸化カルシウム懸濁液を一定条件下で反応させると自己組織化が起こり，コラーゲンとナノスケールの HA 結晶の複合体である HAp/Col が合成される[36]。これを多孔体に形成したものが多孔質 HAp/Col で，HA とコラーゲンの質量比は約 80：20 で，気孔率は約 95% である。既存の多孔質人工骨のほとんどが脆く崩れやすいのに対し，多孔質 HAp/Col はスポンジ状の弾力性を有しているために操作性や加工性に優れている[37]（**図 6.32**）。実際に動物を用いて移植実験を行うと，既存の β-TCP 製人工骨よりも優れた骨伝性と吸収置換性を有していることが確認された。また，スポンジ状であるため，骨欠損に移植した際には母床の骨に隙間なくフィットするため，母床骨から連続性に骨組織が進展する。これに対

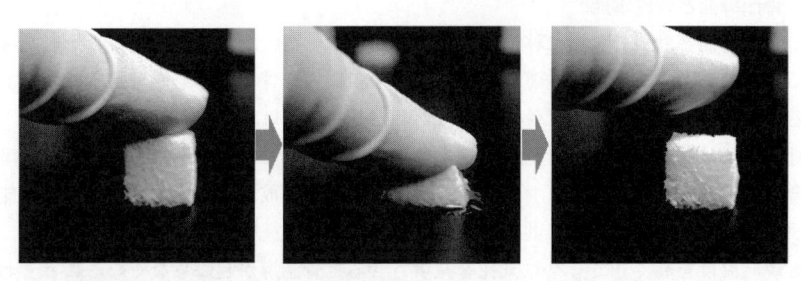

図 6.32　多孔質ハイドロキシアパタイト/コラーゲン複合体（崩れにくく，手術中の操作性に優れる）

し,既存の人工骨では母床骨との間に隙間ができ,その部分には線維性の組織が侵入してしまうという現象が確認された。

〔5〕**表　面　積**　このように,人工骨の研究開発が進み,さまざまなタイプの人工骨が開発された。中でも骨伝導能が高い人工骨はHA,β-TCPにかかわらず,気孔率が高く,また直径数μm以下という細胞が侵入できないレベルの**マイクロ気孔**と呼ばれる構造を有している[33),38)](**図6.33**)。またHAとbiphasic ceramics(HAとβ-TCP)の多孔体で焼結温度を変えた場合の骨誘導能を比較した論文では,高温で焼結したものはマイクロ気孔構造が減少して骨誘導能も低下することが報告されている[39)]。これらのインプラント材料には,マイクロ気孔という構造上の共通点の他に,材料の表面積が大きくなっているという共通点がある。また多孔質HAp/Colはいわゆるマイクロ気孔という構造は有していないが,含まれるHAが焼結されておらず,ナノスケールサイズであり,HAの比表面積は$75 \text{ m}^2/\text{g}$と広大である[40)]。生体活性のある生体材料の特性をより生かすためには,その表面積を大きくすることも重要であると考えられる。

コラム

骨伝導能と骨誘導能

　骨伝導能とは,骨欠損に移植した際に,周囲の骨組織からの連続的な骨形成を導く能力のことである。骨誘導能とは骨以外の組織内に骨組織を形成させる能力である。これまで,人工骨には骨伝導能はあるが骨誘導能はないとされてきたが,人工骨の中には弱いながらも骨誘導能をもつものがあることが明らかにされた。この場合,多孔質人工骨の気孔(マクロ気孔)内にのみ骨形成が生じる。また,骨誘導能が確認されている人工骨に共通しているのはミクロ気孔構造の存在で,同じ材料でも焼結温度を高くしてミクロ気孔を減少させると骨誘導が起こらなくなることもわかっている。これらのことから材質だけでなく,人工骨の立体構造の重要性が理解できる。

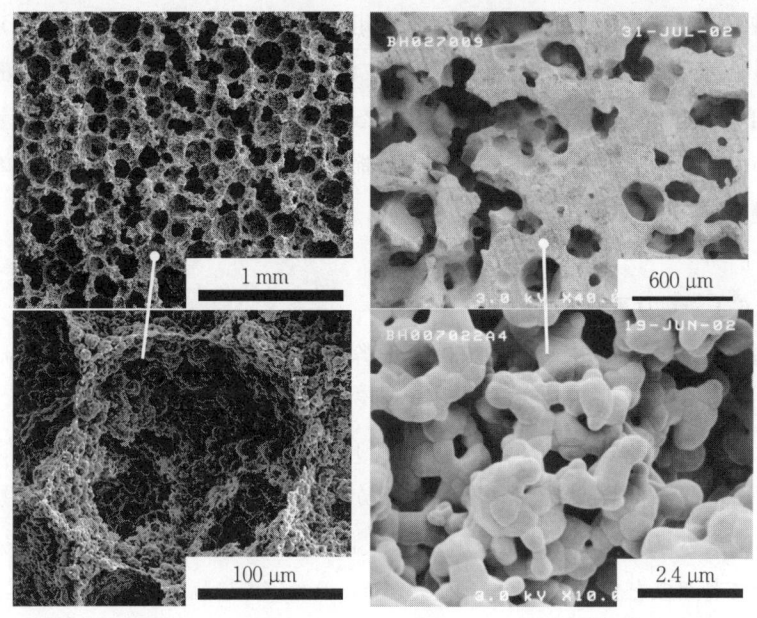

(a) 多孔質 HA（下段：強拡大, HOYA 提供）　　(b) 多孔質 β-TCP（下段：強拡大, オリンパステルモバイオマテリアル提供）

（a），（b）どちらも細胞が侵入できる大きさのマクロ気孔の他に，細胞が侵入できない大きさのマイクロ気孔と呼ばれる構造も有する

図6.33 マクロ気孔とマイクロ気孔

6.6 再 生 医 療

　人工関節や人工椎間板など，生体機能のかなりの部分を代替できるインプラントが開発され，治療成績も向上した。しかしながら，本来の組織の機能を完全に代替できるわけではなく，例えば，人工関節であればインプラントの緩みや摺動部での磨耗の問題，関節の可動域の制限など，本来の生体の関節にはかなわない部分がある。人工骨も，すべての骨欠損の治療に対応できるわけではなく，使用する部位や骨欠損の大きさによっては，自家移植骨を使用せざるを得ないことも多い。これらの事情から，近年では，生命科学と工学を融合した

組織工学的手法（tissue engineering）を用いてさまざまな組織を再生しようという，再生医療の研究が盛んに行われている。組織工学の重要な要素は**細胞**（cell），**薬剤**（drug），そして**足場**（scaffold）である。整形外科領域における主な再生医療研究の対象組織は，骨，関節軟骨，半月板（はんげつばん），椎間板，末梢神経，脊髄などである。

6.6.1 骨の再生医療

骨の場合，細胞は**骨髄由来間葉系幹細胞**，薬剤としては**BMPs**（bone morphogenetic proteins），足場としては多孔質人工骨が最もよく研究されている。なかでもBMPの一部は骨誘導能を有しており，筋肉内に注入するだけで，その部分に骨組織を形成させることができる。そのため，古くから薬物送達システム（DDS）（足場材料がDDSを兼ねることが多い）にBMPを組み合わせて骨組織を誘導するという研究が行われ，実際に臨床応用されるに至った。しかし，使用されたDDSの性能が不十分であったため，BMPの用量が過剰となり，さまざまな合併症を引き起こすといった問題が生じ普及していない。優れたDDSとなる足場材料が開発されれば，自家移植骨に完全に取って代わる可能性があると考えられる。

コラム

幹細胞の種類

幹細胞の定義は多分化能と自己複製能を有する細胞のことで，わかりやすく言い換えると，増殖する能力を維持しつつ，増殖してもさまざまな組織を形成する細胞に分化する能力を維持している細胞のことである。体を構成するすべての細胞に分化することができる万能性の幹細胞は，胚の一部から分離される胚性幹細胞（embryonic stem cell，ES cell）や，組織から培養した細胞に遺伝子導入し人為的に未分化な多能性幹細胞に初期化した人工多能性幹細胞（induced pluripotent stem cell，iPS cell）がある。成熟した生体の組織に存在する幹細胞は体性幹細胞と呼ばれ，限定した系統へしか分化できない。骨髄や脂肪，滑膜組織などを由来とする間葉系幹細胞や造血系幹細胞，神経幹細胞などがある。

6.6.2 軟骨・半月板の再生医療

外傷や一部の疾患では，若年者でも関節軟骨や半月板を損傷することがある。これを放置した場合，関節の変性，変形が促進され，より早期に人工関節置換術などが必要となる可能性がある。損傷した軟骨や半月板を修復することができれば，疾患の進行を遅らせたり止めたりすることができると考えられるが，投薬や手術操作（縫合やドリリングなど）だけでは十分な組織修復が期待できないことも多く，組織工学を用いた修復，再建法の研究が行われている。細胞としては培養軟骨細胞や骨髄間葉系幹細胞，滑膜間葉系幹細胞などが，薬剤では BMP や FGFs（fibroblast growth factors）などが，足場材料はコラーゲンスポンジや他の高分子ポリマーなどが使われることが多い。椎間板の再生研究も同様である。

6.6.3 脊髄の再生医療

脊髄は損傷するとほとんど機能回復することがなく，重度の脊髄損傷では，下半身の麻痺や四肢麻痺に陥り車椅子での生活を余儀なくされる。有効な治療法がないのが現状で，新しい治療法の開発を目指してさまざまな研究が行われている。最も期待される治療法の一つに細胞移植がある。研究に使用されている細胞は主に胚性幹細胞（ES 細胞）や人工多能性幹細胞（iPS 細胞）などである。これらの細胞は潜在能力が高く，霊長類を用いた移植実験においても脊髄損傷に対する有効性が報告されている。移植後に腫瘍化するリスクが高いという問題点もあるが，最も治療効果が高い細胞であることも事実で，腫瘍化のコントロールが可能になり，リスク（危険可能性）よりもベネフィット（利益）が大きいと判断されれば思いの他早く臨床治験へ進むかもしれない。また，細胞移植だけでは十分な脊髄再生は不可能とも考えられており，脊髄再生を促進する因子として**肝細胞増殖因子**（hepatocyte growth factor，**HGF**）や，損傷脊髄に形成される空洞部に充填し脊髄再生の足場となる**足場材料**などの研究も行われている。

6.7 おわりに

　整形外科手術と生体材料は密接につながっており，切り離して考えることはできない．新しい治療法，手術のコンセプトを生み出すことで生体材料に対する新しいニーズが生まれ，また，新しい生体材料が開発されることで，新しい手術法の開発へとつながる．急激に進む社会の高齢化の中で整形外科の重要性はますます高まるばかりであるが，同時に生体材料に対する期待もさらに高まるものと考えられる．

引用・参考文献

1) G.W. Bagby and J.M. Janes：The effect of compression on the rate of fracture healing using a special plate, Am. J. Surg., **95**(5), pp.761-771 (1958)
2) S.M. Perren, M. Russenberger, S. Steinemann, M.E. Müller and M. Allgöwer：A dynamic compression plate, Acta Orthop. Scand. Suppl., **125**, pp.31-41 (1969)
3) E. Gautier and S.M. Perren：Limited Contact Dynamic Compression Plate (LC-DCP) -biomechanical research as basis to new plate design, Orthopade, **21**(1), pp.11-23 (1992)
4) D. Osada, S. Kamei, K. Masuzaki, M. Takai, M. Kameda and K. Tamai：Prospective study of distal radius fractures treated with a volar locking plate system, J. Hand Surg. Am., **33**(5), pp.691-700 (2008)
5) S. Brorson, J.V. Rasmussen, L.H. Frich, B.S. Olsen and A. Hróbjartsson：Benefits and harms of locking plate osteosynthesis in intraarticular (OTA Type C) fractures of the proximal humerus: a systematic review, Injury, **43**(7), pp.999-1005 (2012)
6) D.L. Miller and T. Goswami：A review of locking compression plate biomechanics and their advantages as internal fixators in fracture healing, Clin. Biomech., **22**(10), pp.1049-1062 (2007)
7) S. Vadapalli, K. Sairyo, V.K. Goel, M. Robon, A. Biyani, A. Khandha and N.A. Ebraheim：Biomechanical rationale for using polyetheretherketone (PEEK) spacers for lumbar interbody fusion-A finite element study, Spine, **31**(26), pp.992-998 (2006)
8) T. Yoshii, M. Yuasa, S. Sotome, T. Yamada, K. Sakaki, T. Hirai, T. Taniyama, H. Inose, T. Kato, Y. Arai, S. Kawabata, S. Tomizawa, M. Enomoto, K. Shinomiya and A. Okawa：Porous/dense composite hydroxyapatite for anterior cervical discectomy and fusion, Spine, **38**(10), pp.833-840 (2013)
9) S. Fujibayashi, M. Takemoto, M. Neo, T. Matsushita, T. Kokubo, K. Doi, T. Ito, A. Shimizu and T. Nakamura：A novel synthetic material for spinal fusion: a prospective clinical trial of porous bioactive titanium metal for lumbar interbody fusion, Eur. Spine J., **20**(9),

pp.1486-1495 (2011)
10) R.B. Delamarter and J. Zigler : Five-year Reoperation Rates, Cervical Total Disc Replacement versus Fusion, Results of a Prospective Randomized Clinical Trial, Spine, **38**(9), pp.711-717 (2013)
11) J.E. Zigler and R.B. Delamarter : Five-year results of the prospective, randomized, multicenter, Food and Drug Administration investigational device exemption study of the ProDisc-L total disc replacement versus circumferential arthrodesis for the treatment of single-level degenerative disc disease, J. Neurosurg Spine, **17** (6), pp.493-501 (2012)
12) R. Chiesa, M.C. Tanzi, S. Alfonsi, L. Paracchini, M. Moscatelli and A. Cigada : Enhanced wear performance of highly crosslinked UHMWPE for artificial joints, J. Biomed. Mater. Res., **50**(3), pp.381-387 (2000)
13) S. Teramura, H. Sakoda, T. Terao, M.M. Endo, K. Fujiwara and N. Tomita : Reduction of wear volume from ultrahigh molecular weight polyethylene knee components by the addition of vitamin E, J. Orthop. Res., **26**(4), pp.460-464 (2008)
14) Smith & Nephew 社ホームページ：http://www.smith-nephew.com/professional/products/all-products/oxinium/
15) D.S. Casper, G.K. Kim, C. Restrepo, J. Parvizi and R.H. Rothman : Primary total hip arthroplasty with an uncemented femoral component five-to nine-year results, J. Arthroplasty, **26**(6), pp.838-841 (2011)
16) 京セラメディカル株式会社ホームページ：http://kyocera-md.jp/technical/ma-terial/
17) 神野哲也：【THAの合併症対策】ストレスシールディング, 関節外科, **31**(2), pp.188-197 (2012)
18) F. Traina, F. De Fine, A. Di Martino and C. Faldini : Fracture of ceramic bearing surfaces following total hip replacement: a systematic review, Biomed. Res. Int., Epub (2013)
19) S.M. Kurtz, H.A. Gawel and J.D. Patel : History and systematic review of wear and osteolysis outcomes for first-generation highly crosslinked polyethylene, Clin. Orthop. Relat. Res., **469**(8), pp.2262-2277 (2011)
20) Y. Takatori, T. Moro, M. Kamogawa, H. Oda, S. Morimoto, T. Umeyama, M. Minami, H. Sugimoto, S. Nakamura, T. Karita, J. Kim, Y. Koyama, H. Ito, H. Kawaguchi and K. Nakamura : Poly (2-methacryloyloxyethyl phospho-rylcholine)-grafted highly cross-linked polyethylene liner in primary total hip replacement: one-year results of a prospective cohort study, J. Artif. Organs., **16**(2), pp.170-175 (2013)
21) C. Lhotka, T. Szekeres, I. Steffan, K. Zhuber and K. Zweymüller : Four-year study of cobalt and chromium blood levels in patients managed with two different metal-on-metal total hip replacements, J. Orthop. Res., **21**(2), pp.189-195 (2003)
22) T. Imanishi, M. Hasegawa and A. Sudo : Serum metal ion levels after second-generation metal-on-metal total hip arthroplasty, Arch. Orthop. Trauma. Surg., **130**(12), pp.1447-1450 (2010)
23) B.F. Morrey, R.S. Bryan, J.H. Dobyns and R.L. Linscheid : Total elbow arthroplasty. A five-year experience at the Mayo Clinic, J. Bone Joint Surg. Am., **63**(7), pp.1050-1063 (1981)
24) H. Kudo and K. Iwano : Total elbow arthroplasty with a non-constrained surface-replacement prosthesis in patients who have rheumatoid arthritis. A long-term follow-up study, J. Bone Joint Surg. Am., **72**(3), pp.355-362 (1990)
25) A.B. Swanson : Flexible implant arthroplasty for arthritic finger joints : rationale,

technique, and results of treatment, J. Bone Joint Surg. Am., **54**(3), pp.435-455 (1972)
26) 政田和洋：新しい人工指関節, リウマチ科, **20**(5), pp.497-503 (1998)
27) 南川義隆：【RAの人工指関節置換術】表面型人工指関節, 骨・関節・靭帯, **14**(10), pp.1019-1029 (2001)
28) 日本整形外科学会移植問題等検討委員会 編：整形外科における組織移植の現状（1995～1999年）―日本整形外科学会認定研修施設を対象としたアンケート集計結果―, 日本整形外科学会誌, **76**, pp.225-261 (2002)
29) 日本整形外科学会移植・再生医療委員会 編：整形外科における組織移植と再生医療の現状（2000～2004年）―日本整形外科学会認定研修施設を対象としたアンケート集計結果―, 日本整形外科学会誌, **80**, pp.469-476 (2006)
30) R.A. Ayers, S.J. Simske, C.R. Nunes and L.M. Wolford：Long-term bone ingrowth and residual microhardness of porous block hydroxyapatite implants in humans, J. Oral Maxillofac. Surg., **56**(11), pp.1297-1301 (1998)
31) N. Tamai, A. Myoui, T. Tomita, T. Nakase, J. Tanaka, T. Ochi and H. Yoshikawa：Novel hydroxyapatite ceramics with an interconnective porous structure exhibit superior osteoconduction in vivo, J. Biomed. Mater. Res., **59**(1), pp.110-117 (2002)
32) 株式会社クラレホームページ：http://www.kuraray.co.jp/release/2009/ 090820.html
33) A. Ogose, N. Kondo, H. Umezu, T. Hotta, H. Kawashima, K. Tokunaga, T. Ito, N. Kudo, M. Hoshino, W. Gu and N. Endo：Histological assessment in grafts of highly purified beta-tricalcium phosphate（OSferion）in human bones, Biomaterials, **27**(8), pp.1542-1549 (2006)
34) 平野昌弘, 服部秀樹, 勝田真一：リン酸カルシウム骨ペースト（CPC95）の生物学的安全性試験, 薬理と治療, **26**(3), pp.275-285 (1998)
35) 四宮謙一, 石突正文, 森岡秀夫, 松本誠一, 中村孝志, 阿部哲士, 別府保男：第III相多施設共同無作為割付け並行群間比較試験 自己組織化したハイドロキシアパタイト/コラーゲン複合体vs β-リン酸三カルシウム, 整形外科, **63**(9), pp.921-926 (2012)
36) M. Kikuchi, S. Itoh, S. Ichinose, K. Shinomiya and J. Tanak：Self-organization mechanism in a bone-like hydroxyapatite/collagen nanocomposite synthesized in vitro and its biological reaction in vivo, Biomaterials, **22**(13), pp.1705-1711 (2001)
37) A. Tsuchiya, S. Sotome, Y. Asou, M. Kikuchi, Y. Koyama, T. Ogawa, J. Tanaka and K. Shinomiya: Effects of pore size and implant volume of porous hydroxyapatite/collagen（HAp/Col）on bone formation in a rabbit bone defect model, J. Med. Dent. Sci., **55**(1), pp.91-99 (2008)
38) M. Sakamoto, M. Nakasu, T. Matsumoto and H. Okihana：Development of superporous hydroxyapatites and their examination with a culture of primary rat osteoblasts, J. Biomed. Mater. Res., **A82**(1), pp.238-242 (2007)
39) P. Habibovic, H. Yuan, C.M. van der Valk, G. Meijer, C.A. van Blitterswijk and K. de Groot：3D microenvironment as essential element for osteoinduction by biomaterials, Biomaterials, **26**(17), pp.3565-3575 (2005)
40) Y. Sugata, S. Sotome, M. Yuasa, M. Hirano, K. Shinomiya and A. Okawa：Effects of the systemic administration of alendronate on bone formation in a porous hydroxyapatite/collagen composite and resorption by osteoclasts in a bone defect model in rabbits, J. Bone Joint Surg. Br., **93**(4), pp.510-516 (2011)

付　　録

表 A.1　代表的なグリコサミノグリカン

GAG	化学構造	備考
ヒアルロン酸 (hyaluronic acid) -GlcA-GluNAc-	D-グルクロン酸／N-アセチル-D-グルコサミン	ヒアルロナン (hyaluronan) 軟骨・皮膚・硝子体に分布
コンドロイチン硫酸 A (chondroitin sulfate) -GlcA-GalNAc-	D-グルクロン酸／N-アセチル-D-ガラクトサミン	コンドロイチン 4 硫酸 軟骨に分布
コンドロイチン硫酸 C -GlcA-GalNAc-	D-グルクロン酸／N-アセチル-D-ガラクトサミン	コンドロイチン 6 硫酸 軟骨に分布
デルマタン硫酸 (コンドロイチン硫酸 B) (dermatan sulfate) IdoA-GalNAc-	L-イズロン酸／N-アセチル-D-ガラクトサミン	皮膚・血管・腱に分布
ヘパリン (heparin) -GlcA/IdoA-GluN-	D-グルクロン酸/L-イズロン酸／D-グルコサミン	$R_1: = SO_3H/COCH_3$ $R_{2\sim4} = SO_3H/H$ $X_1 = COOH\ or\ H$ $X_2 = H\ or\ COOH$ 抗凝固薬 小腸・筋肉・肺・脾臓に分布
ヘパラン硫酸 (heparan sulfate) -GlcA/IdoA-GluN-	D-グルクロン酸/L-イズロン酸／D-グルコサミン	$R_1 = SO_3H/COCH_3$ $R_{2,3} = SO_3H/H$ $X_1 = COOH\ or\ H$ $X_2 = H\ or\ COOH$ ヘパリンより低硫酸化
ケラタン硫酸 (keratan sulfate) -Gal-GluNAc-	D-ガラクトース／N-アセチル-D-グルコサミン	$R = H/SO_3H$ 骨・軟骨・角膜に分布

表 A.2 増殖因子とその機能

受容体型チロシンキナーゼ	
血小板由来増殖因子 [1] (platelet-derived growth factor, **PDGF**)	PDGFは，九つの遺伝子情報から合成される，構造の異なる機能が同じ四つのアイソフォーム (A, B, C, D) があり，ホモ/ヘテロな AA, AB, BB, CC, DD の5種類の二量体を S-S 結合でつくる．前者三種は活性型で，後者二種は受容体と結合する際にタンパク質分解酵素で分離されるドメイン (CUB) がある不活性型で分泌される．上皮組織，神経組織，筋節，脈管都，平滑筋にはAが，胎児の血管内皮細胞にはBが発現する．受容体鎖αとβは，リガンドと結合するときに二量体 (αα, αβ, ββ) となり，各PDGFに対して異なる結合能の IgG 様ドメインをつくる．AAとCCはα鎖で，BBとDDはβ鎖でおもにシグナル伝達を行う．間葉系細胞はα鎖を，血管壁細胞になる間葉系細胞はβ鎖を発現する．α鎖でのシグナル伝達は，胚形成，頭蓋・心臓の神経堤形成，生殖腺・精子形成，肺胞・腸絨毛・皮膚 (毛穴形態)・中枢神経・骨格 (口蓋/歯) の発生に，β鎖でのシグナル伝達は，血管形成，造血，腎臓糸球体の形成に関わる．悪性腫瘍，アラローム性動脈硬化，線維症などの発症にも関与する．PDGFの自己分泌は神経腫瘍，非上皮性悪性腫瘍，白血病を，傍分泌は上皮癌を引き起こす．Dの傍分泌は上皮間葉転移を生じさせる．
血管内皮細胞増殖因子 [2] (vascular endothelial growth factor, **VEGF**)	VEGFは，PDGFと構造的・機能的に関連したスーパーファミリーを形成する．A～F，胎盤成長因子 (placental growth factor, PIGF-1～3) があり，ホモ/ヘテロな二量体をS-S 結合でつくる．発生・生理・病理の各過程では，VEGFは血管 (脈管) 形成を，PIGF は動脈形成を促進する．Aは内皮細胞の増殖・遊走・管形成を促進し，造血幹細胞・単球・骨芽細胞・神経にも作用する．Aは選択的スプライシングでアミノ酸数の異なる六つのアイソフォーム (121, 145, 165, 183, 189, 206) をつくる．A_{121} は比較的自由に組織内を拡散するが，A_{165} の半分は細胞表面のHSPと結合し，A_{189} はECM内のHSPに貯蔵される．褐色脂肪・心筋・骨格筋で発現するBには二つのアイソフォーム (167：非糖化, 186：O 型糖鎖) があり，極微量の後者は組織内を自由に拡散する．CとDはリンパ管の形成を促進し，胚発生時には肺と皮膚にDが多く含まれる．PIGFには，ホモ二量体やVEGFとのヘテロ二量体 (VEGFR-1と-2に結合) があり，胎盤・心臓・肺の形成を促進する．PIGF-2 は HSP と結合する．IgG 様ドメインのある受容体には，血管内皮細胞のVEGFR-1～-3，また神経発達の軸索誘導を引き起こすセマフォリンのためのNRP1とNRP2がある．VEGFR-1にはVEGF-A, VEGF-B, PIGFが，VEGRR-2にはVEGF-A, VEGF-C, VEGF-Dがそれぞれ結合して血管形成を促進する．VEGFR-3にはVEGF-C, VEGF-Dが結合してリンパ管形成を促進する．
上皮細胞増殖因子 [3] (epidermal growth factor, **EGF**)	EGFは，53個アミノ酸からなる1本のポリペプチド鎖で，35～40個のアミノ酸の配列，$C^1X_7C^2X_{3-5}C^3X_{10-12}C^4X^5C^5X_5GXRC^6$ がEGFの生理活性に関与する．Cysの配列の1-3, 2-4, 5-6 (上付数字) がS-S結合でつながれる．この構造と組成はEGFモチーフと呼ばれ，EGF増殖因子ではGlyとArgの配置が保存されている．EGFモチーフのあるタンパク質が，すべてEGF活性を示すわけではない．上皮細胞の増殖・分化・遊走に重要で，乳・唾液・尿・血漿・羊水などに含まれ，神経幹/前駆細胞，神経堤幹細胞，間葉系幹細胞，腸管幹細胞などの幹細胞の調整因子としても作用する．上皮系細胞の Na^+，Mg^{2+} のイオンチャネルの調整にも関わる．受容体には，ErbB1 (HER1), ErbB2 (Neu, HER2), ErbB3 (HER3), ErbB4 (HER4) の4種類があり，リガンドと結合する際にはホモ/ヘテロな二量体を形成して活性化する．高度にN型糖鎖化され，I, II, III, IVのドメインに分けられる．IとIIIはLeuの豊富な繰返しがあり，IIIにEGFが結合する．この受容体の過剰発現 (正常細胞の10^1～10^2倍多い) や変異は，グリア芽腫・乳・結腸直腸・卵巣・前立腺・膵臓などの癌組織に現れる．EGFと受容体の発現は，進行性腫瘍の成長・転移・低酸素微小空間の形成に関与する．EGF-Ras/Raf/MAPK/ERK 経路やEGFR-PI3K/AKT 経路で腫瘍細胞の増殖/遊走の促進，Trkの活性化・転写調節による細胞増殖に必要な受容体の局在化，癌の浸潤と転移を助長するMMP発現の刺激などがある．

表 A.2　増殖因子とその機能（つづき）

<table>
<tr><td rowspan="3">受容体型チロシンキナーゼ</td><td>

神経細胞増殖因子[4]　(nerve growth factor, **NGF**)

NGFとシナプスのリモデリング時に迅速に放出される脳由来神経栄養因子（brain-derived neurotrophic factor, BNDF, 119個のアミノ酸）は，ニューロトロフィンファミリー（neurotrophin, NT-3とNT-4）に属している。これら四つの増殖因子は，四つのS-S結合でつながった二量体である。NGFは，胚から末梢神経を発生させる際に，感覚・交感神経のニューロンの生存と軸索・樹状突起の成長を促進する。シナプス構造の形成・連結などを促して神経系となる。急性・慢性の痛みの発生や知覚過敏に重要な役割を果たしている。アルツハイマー病・脳卒中・癌などは，これらの因子の誤作動が原因の神経損傷から生じることがある。p75神経栄養因子受容体（neurotrophin receptor, p75NTR）とIgG様ドメインを細胞外にもつA〜Cのチロシンキナーゼ受容体（Trk-A, -B, -C）とでシグナル伝達を行う。NGFはTrk-Aと，BNDFとNT4はTrkBと，NT3はTrk-Cとそれぞれ選択的・特異的に結合し，受容体は二量体を形成する。P75^{NTR}にはすべての因子が結合するが，各受容体との結合親和性を変えることがある。

</td></tr>
<tr><td>

インスリン様増殖因子[5]　(insulin-like growth factor, **IGF**)

IGF（-Iと-II）は，構造的にインスリン（IS）と関連した，進化的に保存されたペプチドである。A〜Dのドメインがあり，AとBのドメインはISのそれと一致し，Cドメインは解離せず，DドメインはISにはない。細胞の増殖・分化・遊走・生存などの細胞反応を誘導する。骨格筋細胞の分化と成長に重要な役割を果たす。IGF-1は，グルコースとタンパク質代謝を改善し，IGF-1の循環量の低下によるI型糖尿病の心筋症を軽減させる。またインスリンの感度を増幅させ，II型糖尿病の糖代謝調整を改善する。受容体にはI型とII型がある。IGF-IRには，リガンド結合部位のCysが豊富な2本のα鎖がS-S結合し，細胞膜を貫通したTrk活性を示す2本のβ鎖があり，α鎖とβ鎖がS-S結合している。ISの受容体と配列・構造が類似しているため，これらのリガンドとは交差活性することがある。IGF-IRは，IGF-I＞IGF-II＞ISで選択的に結合する。IGF-IRは，結腸直腸・胃・子宮内膜・乳・前立腺などの癌に発現する。構造・機能がI型と異なる単量体のIGF-IIRは，15個のCysが豊富な繰返しの細胞外ドメインがあり，マンノース-6-リン酸（M6P）の受容体でもある。IGF-IIとは，IGF-Iと比べて約100倍も高い親和性を示す。構造と生物化学的性質の異なる6種類のタンパク質（IGF-binding protein, IGFBP）はシグナル伝達を担うIGFと結合する。多数のCys残基を含む共通ドメイン構造はN末端とC末端にあり，S-S結合でつながった球状になる。分泌されるIGPBPは，N末端側でIGFと特異的に結合して，体内循環時間を長くする。IGFBPは，IGFのIGF-IRに対する結合性が同じかそれ以上であり，IGFの代謝・輸送・循環半減期なども調整する。ISの受容体とIGFの交差結合を阻害し，低血糖の抑制を助ける。

</td></tr>
<tr><td>

肝細胞増殖因子[6]　(hepatocyte growth factor, **HGF**)

HGFは，初代肝細胞の分裂促進因子として同定された。α鎖（69κΔα）とβ鎖（34 kDa）のヘテロ二量体で，α鎖にはN末端にヘアピンドメインとそれからできる四つのクリングルドメインがあり，β鎖には活性のないセリンプロテアーゼ様ドメインがある。不活性な単一の鎖として分泌（プロHGF）され，セリン分解酵素で活性型の二量体となる。肝臓・肺・胃・膵臓・心臓・脳・腎臓の再生と保守に重要な役割を担っている。さまざまな疾患，胃・肝臓・肺・乳の癌などに関わっている。受容体はc-METと呼ばれ，細胞外にあるα鎖（50 kDa）と膜貫通しているβ鎖（145 kDa）との二量体からできている。

</td></tr>
</table>

表 A.2 増殖因子とその機能（つづき）

| 受容体型セリン/トレオニンキナーゼ | **骨形成タンパク質**[7]（bone morphogenetic protein, **BMP**）
BMP は，TGF-β の最大のサブファミリーに分類され，114 個のアミノ酸（16 kDa）で構成される．骨形成タンパク質（osteogenic protein, OP），軟骨誘導形成タンパク質（cartilage-derived morphogenetic protein, CDMP），増殖/分化因子（GDF）などの名称がある．骨や軟骨の形成修復や胚形成時の細胞増殖などを制御し，間葉系幹細胞の増殖を促進する骨形成にも必須な分子である．歯の形態・器官再生・胚形成などにおいても重要である．骨前駆細胞・軟骨細胞・血小板などから分泌される．配列の類似性やその機能などから，ヒトには約 20 種類もの BMP がある．BMP-1 は TGF-β には分類されず，プロコラーゲン（I, II, III）の C 末端を切断するメタロプロテアーゼである．BMP は，そのアミノ酸組成の類似性から四つのサブファミリーに分類される．(1) 80% の相同性を示す BMP2/BMP2A と BMP4/BMP2B，(2) BMP3A/BMP3 と BMP3B/GDF10，(3) 78% の相同性を示す BMP5，BMP6，BMP7/OP-1，BMP8A/OP-2，BMP8B/BMP8，(4) BMP14/GDF5/CDPM1，BMP13/GDF6/CDPM2，BMP12/GDF7 である．BMP3 と BMP13 は骨形成を阻害する．ヘテロ二量体の BMP4/7 や BMP2/6，BMP15/GDF9，BMP2b/7 は，ホモ二量体よりわずかに高い骨形成を促す．受容体はヘテロ四重体の複合膜貫通タンパク質（BMPR）であり，I 型（A と B）と II 型から構成される．活性化した BMPR-II は，オリゴマー化するときに BMPR-IA（ALK3）と BMPR-IB（ALK6）を補充・リン酸化させる．

増殖/分化因子（growth and differentiation factor, **GDF**）
GDF は TGF-β と BMP のスーパーファミリーであり，すでに BMP においてその因子の組成・構造を述べた．GDF1 は胚発生の段階での細胞分化の制御，GDF3 は胚性幹細胞の分化制御や前原腸発生時の中胚葉・内胚葉の形成，GDF5 は間葉系細胞の分化や歯周靭帯細胞の増殖の刺激，GDF8 は骨格筋成長の抑制，GDF15 は卵胞発達・心臓血管疾患のバイオマーカーなど，を担っている． |

付　録　293

表 A.3　代表的なサイトカイン

名　称	特徴・役割
I 型サイトカイン受容体	
インターロイキン Interleukin（IL）	IL-2[8]：4本のαヘリックス束（15.5 kDa）の分子で，T細胞の増殖/分化やT細胞・NK細胞の細胞溶解活性を促進する。T細胞をTh1/Th2細胞に分化させ，Th17細胞の分化は阻害する。リガンドとの結合性が異なる受容体α鎖・β鎖・γ鎖のサブユニットがあり，共通なγc鎖のファミリーには，IL-7，IL-15，IL-21がある。 IL-3[9]：糖タンパク質（20〜32 kDa）で，骨髄幹細胞・造血前駆細胞などの増殖・分化・生存を刺激する。受容体は，α鎖のIL-3Rαと共通なβc鎖とのヘテロ二量体である。 IL-4[10]：抗感染性を示し，B細胞の増殖とT細胞の分化に関与して，B細胞からIgEの産生を促進する。シグナル伝達経路は，IR-4Rαとγc鎖で主に行われる。 IL-5[11]：ホモ二量体の造血サイトカインで，B細胞を刺激してIgAを産生させ，好塩基球・肥満細胞・好酸球の分化・成熟・遊走・生存させる。受容体はIL-5Rαとβc鎖のヘテロ二量体である。 IL-6[12]：線維芽細胞も分泌する造血サイトカインで，貪食細胞を刺激する。受容体のIL-6Rαは肝細胞に多く発現し，gp130のホモ二量体と複合体をつくる。遊離したIL-6R（sIL-6R）とIL-6が複合化して，gp130と結合してシグナル伝達される。ファミリーにはIL-11，IL-31がある IL-7[13]：間質細胞・内皮細胞も分泌し，B細胞・T細胞の生存・分化・ホメオスタシスに関与する。受容体（IL-7R）は，α鎖と共通γc鎖のヘテロ二量体である。 IL-9[14]：Th2に特異的なサイトカインとして発見された。受容体は，α鎖と共通γc鎖のヘテロ二量体である。 IL-11[15]：間質細胞も分泌するが，その機能はまだ確定されていない。受容体IL-11Rαはgp130のホモ二量体と複合体をつくる。 IL-12[16]：NK細胞を刺激し，T細胞から，INFγをつくるTh1細胞に誘導する。ファミリーにはIL-23，IL-27，IL-35がある。 IL-13[17]：B細胞の増殖・分化を刺激し，Th1細胞を阻害する。貪食細胞の炎症性サイトカイン産生を促進する。免疫制御に重要である。IL-13RαLを通じでシグナルが伝達され，IL-13RαLはデコイ受容体（シグナル伝達させない囮の受容体）である。
顆粒球コロニー刺激因子[18] Granulocyte-colony stimulating factor（G-CSF）	貪食細胞が主に分泌する（25 KDa）。血清には，極低濃度30〜163 pg/mL含まれ，感染によりその濃度（最大3 ng/mL）は上昇する。顆粒球の増殖を促進し，好中球の増殖・機能を高める。癌化学療法に使用される。

表 A.3 代表的なサイトカイン（つづき）

名　　称	特徴・役割
II 型サイトカイン受容体	
インターフェロン Interferon (IFN)	ウイルス増殖阻止や細胞増殖抑制機能がある。ウイルス性肝炎（B 型や C 型）の抗ウイルス薬として使用される。I 型 IFN-α（白血球）と -β（線維芽細胞），II 型 IFN-細（T 細胞）などがある。TLR 受容体と結合する。肝炎・腫瘍・白血病の治療に使用される。
インターロイキン-10[19] (IL-10)	ホモ二量体で，単球，貪食細胞に作用し，炎症性サイトカイン産生や免疫機能抑制を制御する。T 細胞の増殖・成熟や B 細胞の増殖も促進する。自己免疫疾患に重要である。ファミリーには，IL-19, IL-20, IL-22, IL-24, IL-26 やその遠縁には IL-28A, IL-28B, IL-29 がある。受容体は，α 鎖の IL-10R1 (JAK1) と β 鎖の IL-10R2 (TyK2) がある。β 鎖は他のファミリーの受容体にもなる。
III 型サイトカイン受容体	
腫瘍壊死因子 Tumor necrosis factor (TNF)	TNF-α と TNF-β がある。固形癌に対して出血性壊死を生じさせる（約 25 kDa）。アポトーシスを誘導する。
受容体型チロシンキナーゼ	
顆粒球マクロファージコロニー刺激因子 Granulocyte-macrophage-CSF (GM-CSF)	線維芽細胞からも分泌される。顆粒球や貪食細胞系前駆細胞に作用し，分化・熟成を促進する。
免疫グロブリン・スーパーファミリー	
インターロイキン-1[20] (IL-1)	先天性免疫や急性炎症反応を誘導する。抗菌薬耐性などその機能は多岐にわたる。IL-1α と IL-1β があり，その活性を阻害する IL-1Ra もある。ファミリーには，IL-18, IL-33, IL-36α, IL-38β, IL-36γ が，またその活性を阻害する IL-36Ra, IL-38 や抗炎症性を示す IL-37 がある。受容体には I 型 (IL-1RI) と II 型 (IL-1RII) が存在し，II 型はデコイ受容体である。IL-1b は受容体と結合し，gp130/JAK/STAT の経路でシグナル伝達を行う。

表 A.4 生体微量必須元素の濃度・分布・障害など

元素	濃度[*1]〔mg/Kg〕	必須性・分布	欠乏/過剰障害	作用
Fe	5.7×10	ヘモグロビンの合成，酵素の運搬貯蔵，活性酵素の分解，電子伝達 ヘモグロビン：57～68% フェリチン　：13～27% ミオグロビン：　7～9%	貧血症・脱毛症/出血・嘔吐・循環器障害	鉄錯体で分布し，その代謝機構は解明されている。過剰な吸収は急性中毒を引き起こす。
Zn	2.9×10	骨成長促進作用，生殖能の正常化，創傷治癒の促進，味覚・嗅覚の正常化 肝　臓：70 mg/Kg 骨，筋肉：30～50 mg/Kg 肺，皮膚：10～15 mg/Kg 血液中：2.5 mg/Kg 　爪　：90～300 mg/Kg 毛　髪：90～260 mg/Kg	小人症・味覚障害・知能障害・皮膚炎/嘔吐・下痢・悪寒	亜鉛含有酵素は80種以上あり，4個のアミノ酸残基に配位して構造安定化に寄与する。また3個のアミノ酸残基と水とで配位した活性部位をつくる。オキシドレダクターゼ（酸化還元酵素），トランスフェラーゼ（転移酵素），ヒドロキシラーゼ（加水分解酵素）などに関与する。低毒性である。
Si	2.9×10	骨格形成の促進，皮膚の化学的・機械的安定 赤血球：92 mg/Kg 毛　髪：90 mg/Kg 大動脈：40 mg/Kg 　爪　：56 mg/Kg	骨格形成不全/尿石形成	ケイ酸は，植物の細胞壁にあるタンパク質のGly-Ser-Ser配列のSerのOH基と脱水縮合で結合している。化学的に不活性で害は少ない。
Cu	1.1	造血作用，鉄の代謝，酵素運搬 肝　臓：8～10 mg/Kg 　脳　：5 mg/Kg 心　臓：3.5 mg/Kg	貧血症・脳障害/肝硬変・ウィルソン氏病	銅タンパク質や銅酵素が存在する。
Mn	2.0×10^{-1}	生殖機能，脂質代謝，炭水化物代謝，骨格形成 肝　臓：1.7 mg/Kg 脾　臓：1.6 mg/Kg	骨格変形・発育障害・筋無力症・動脈硬化/肝硬変・パーキンソン病・神経障害・筋肉運動不整	細胞凝集や分裂，腫瘍の成長阻害など，Mnで活性化されるタンパク質や酵素がある。Caと交換しやすい。低毒性である。
Mo	1.4×10^{-1}	尿酸代謝，肝機能の安定化，酸化還元作用 肝臓：3.2 mg/Kg 腎臓：1.6 mg/Kg	痛風・貧血・食道癌	毒性は比較的弱い。銅との拮抗作用がある。
V	1.5×10^{-2}	細胞増殖・分化作用，血糖値降下作用，コレステロールの生合成阻害，石灰化作用 　肺：13～140 mg/Kg 血液：180～220 mg/L	成長減退・脂質代謝異常	バナジウム酸ナトリウム（V^{5+}）は硫酸バナジル（V^{4+}）より毒性が10～15倍高い。

表 A.4 生体微量必須元素の濃度・分布・障害など（つづき）

元素	濃度[*1] [mg/Kg]	必須性・分布	欠乏/過剰障害	作用
Cr	9.0×10^{-2}	グルコース・脂質・核酸の代謝，タンパク質合成	糖尿病・動脈硬化症・角膜障害/接触性皮膚炎	Cr^{3+}の毒性は低いが，参加力の強いCr^{6+}は毒性が高い。Cr^{3+}は核酸と結合しやすい。
Co	2.1×10^{-2}	造血作用 腎臓：0.23 mg/Kg 肝臓：0.18 mg/Kg 心臓：0.10 mg/kg	貧血症/心筋疾患・甲状腺肥大	コバルト含有活性物質は栄養素であり，ビタミンB_{12}の補酵素となる。

[*1] 構成元素の平均値（「生体関連元素の化学」，培風館，1997年より）

表 A.5 界面活性剤の種類

名称	組成	特徴
陽イオン系界面活性剤		
アルキルトリメチル四級アンモニウム	$H_3C-(CH_2)_n-N^+R_2-[Br^-]$ のR_1,R_3構造	$R_1, R_2, R_3 = CH_3, C_2H_5, C_3H_7$, $n = 8 \sim 22$
	$H_3C-(CH_2)_n-N^+(CH_3)_2-(CH_2)_m-[Br^-]$	$n = 8 \sim 22$, $m = 2 \sim 22$
	$H_3C-(CH_2)_n-N^+(CH_3)_2-(CH_2)_m-R\ [Br^-]$	$R = -\bigcirc, -\bigcirc^N, -OH$, など $n = 8 \sim 22$, $m = 2 \sim 22$
ジェミニ型 (gemini)	$H_3C-(CH_2)_n-N^+(CH_3)_2-(CH_2)_s-N^+(CH_3)_2-(CH_2)_m-CH_3[2Br^-]$	C_{n-s-m} $n = 8 \sim 22$, $s = 2 \sim 6$, $m = 1 \sim 22$
	$H_3C-(CH_2)_n-N^+(CH_3)_2-(CH_2)_s-N^+(CH_3)_2-CH_3[2Br^-]$	C_{n-s-1} $n = 8 \sim 22$, $s = 2 \sim 6$
	$H_3C-(CH_2)_{17}-O-\bigcirc-O-(CH_2)_4-N^+(CH_3)_2-(CH_2)_3-N^+(CH_3)_2-CH_3[2Br^-]$	$18B_{4-3-1}$
ボラ型 (bolaform)	$H_3C-N^+(CH_3)_2-(CH_2)_n-O-\bigcirc-\bigcirc-O-(CH_2)_n-N^+(CH_3)_2-CH_3[2Br^-]$	$n = 4, 6, 8, 10, 12$

表 A.5 界面活性剤の種類（つづき）

名　称		組　成	特　徴
非イオン性界面活性剤			
ポリブロック共重合体	トリブロック共重合体	HO−(CH₂−CH₂−O)ₙ−(CH−CH₂−O)ₘ−(CH₂−CH₂−O)ₙ−H （CH₃）	PEO-PPO-PEO プルロニック（Pluronic） F127, F108, F98
		HO−(CH−CH₂−O)ₙ−(CH₂−CH₂−O)ₘ−(CH₂−CH−O)ₙ−H （CH₃）（CH₃）	PPO-PEO-PPO Pluronic R
		HO−(CH₂−CH₂−O)ₙ−(CH−CH₂−O)ₘ−(CH₂−CH₂−O)ₙ−H （CH₂CH₃）	PEO-PBO-PEO B50-6600
オリゴメリックアルキルポリエチレンオキシド		$CH_3-(CH_2)_n(O-CH_2-CH_2)_m-OH$	Brij
		$CH_3-CH-CH_2-CH_2-CH(O-CH_2-CH_2)_x-OH$ （CH₃ CH₃）（CH₃）	Tergitol
アルキルフェノールポリエステルエチレンオキシド		(CH₃)₃C−C(CH₃)₂−C₆H₄−(O−CH₂−CH₂)ₓ−OH	Triton
ソルビタンエステル (sorbitan ester)		HO−(CH₂−CH₂−O)ₙ−〈sorbitan ring〉−(O−CH₂−CH₂)ₓ−OH, −CH(O−CH₂−CH₂)ᵧ−OH, −CH₂−O−(CH₂−CH₂−O)z−C(=O)−R	Tween
		HO−〈sorbitan ring〉−CH−CH₂−O−C(=O)−(CH₂)ₙ−CH₃	Span

表 A.6　アミノ酸の構造と略称

名　称	略号/一文字	構　造　式	等電点（pI） pK₁：COOH 基解離定数 pK₂：NH₂ 基解離定数 pK₃：R 基解離定数
グリシン (glycine)	Gly/G	$H-\underset{NH_2}{CH}-CO_2H$	6.06 2.35 9.78
アラニン (alanine)	Ala/A	$CH_3-\underset{NH_2}{CH}-CO_2H$	6.00 2.35 9.87
バリン (valine)	Val/V	$\underset{CH_3}{CH_3CH}-\underset{NH_2}{CH}-CO_2H$	5.96 2.29 9.74
ロイシン (leucine)	Leu/L	$\underset{CH_3}{CH_3CHCH_2}-\underset{NH_2}{CH}-CO_2H$	5.98 2.33 9.74
イソロイシン (isoleucine)	Ile/I	$CH_3CH_2\underset{CH_3}{CH}-\underset{NH_2}{CH}-CO_2H$	6.02 2.32 9.76
セリン (serine)	Ser/S	$\underset{OH}{CH_2}-\underset{NH_2}{CH}-CO_2H$	5.68 2.19 9.21
トレオニン (threonine)	Thr/T	$CH_3\underset{OH}{CH}-\underset{NH_2}{CH}-CO_2H$	6.16 2.09 9.10
システイン (cysteine)	Cys/C	$\underset{SH}{CH_2}-\underset{NH_2}{CH}-CO_2H$	5.07 1.92 10.7
メチオニン (methionine)	Met/M	$CH_3S-CH_2CH_2-\underset{NH_2}{CH}-CO_2H$	5.74 2.13 9.28
プロリン (proline)	Pro/P	$\underset{\underset{CH_2}{CH_2}}{CH_2}\underset{N_2}{\overset{-CH-CO_2H}{}}$	6.30 1.95 10.64
フェニルアラニン (phenylalanine)	Phe/F	⌬$-CH_2-\underset{NH_2}{CH}-CO_2H$	5.48 2.20 9.31

表 A.6 アミノ酸の構造と略称（つづき）

名称	略号/一文字	構造式	等電点 (pI) pK_1：COOH 基解離定数 pK_2：NH_2 基解離定数 pK_3：R 基解離定数
チロシン (tyrosine)	Tyr/Y	HO-⟨⟩-CH$_2$-CH(NH$_2$)-CO$_2$H	5.66 2.20 9.21
トリプトファン (tryptophan)	Trp/W	(indole)-CH$_2$-CH(NH$_2$)-CO$_2$H	5.89 2.46 9.41
アスパラギン酸 (asparatic acid)	Asp/D	HOOC-CH$_2$-CH(NH$_2$)-CO$_2$H	2.77 1.99 9.90
グルタミン酸 (glutamic acid)	Glu/E	HOOC-CH$_2$CH$_2$-CH(NH$_2$)-CO$_2$H	3.22 2.10 9.47
アスパラギン (asparagine)	Asn/N	H$_2$N-CO-CH$_2$-CH(NH$_2$)-CO$_2$H	5.41 2.14 8.72
グルタミン (glutamine)	Gln/Q	H$_2$N-CO-CH$_2$CH$_2$-CH(NH$_2$)-CO$_2$H	5.65 2.17 9.13
リシン (lysine)	Lys/K	CH$_2$CH$_2$CH$_2$CH$_2$-CH(NH$_2$)-CO$_2$H NH$_2$	9.75 2.16 9.06 10.54
アルギニン (arginine)	Arg/R	H$_2$N-C(=NH)-NH-CH$_2$CH$_2$CH$_2$-CH(NH$_2$)-CO$_2$H	10.76 1.82 8.99 12.48
ヒスチジン (histidine)	His/H	CH=C-CH$_2$-CH(NH$_2$)-CO$_2$H N NH ＝CH	7.59 1.80 9.33 6.04

pI：等電点 (isoelectric point)

引用・参考文献

1) J. Andrae, R. Gallini and C. Betsholtz : Genes Develop., **22**, pp.1276-1312 (2008)
2) T. Tammela, B. Enholm, K. Alitalo and K. Paavonen : Cardovas. Res., **65**, pp.550-563 (2005)
3) F. Zeng and R.C. Harris : Sem. Cell Devel. Biology, **28**, pp.2-11 (2014)
4) M.V. Chao : Nature Rev., **4**, pp.299-309 (2003) ; L. McKelvey, G.D. Shorten and G.W. O'Keeffe : J. Neurochem., **124**, pp.276-289 (2013)
5) C. Duan, H. Ren and S. Gao : Gen. Comp. Endocrinol., **167**, pp.344-351 (2010) ; J. Wu and E. Yu : Cancer Metast. Rev., **33**, pp.607-617 (2014)
6) H. Funakoshi and T. Nakamura : Clin. Chim. Acta., **327**, pp.1-23 (2003)
7) A.C. Carreira, G.G. Alves, W.F. Zambuzzi, et al. : Arch. Biochem. Biophy., **561**, pp.64-73 (2014)
8) G.C. Sim and L. Radvanyi : Cytokine & Growth Factor Rev., **25**, pp.377-390 (2014) ; E. Liao, J.X. Lin and W.J. Leonard : Immunity, **38**, pp.13-25 (2013)
9) D. Aldinucci, K. Olivo, D. Lorenzon, et al. : Leukemia & Lymphoma, **46**, pp.303-311 (2005)
10) R. Hurdayal and F. Brombacher : Immunity Letters, **161**, pp.179-183 (2014)
11) N.A. Molfino, D. Gossage, R. Kolbeck, et al. : Clinical & Exp. Allergy, **42**, pp.712-737 (2012)
12) J. Wolf, S.Rose-John and C. Barbers : Cytokine, **70**, pp.11-20 (2014)
13) H. Dooms : J. Autoimmunity, **45**, pp.40-48 (2014)
14) H.F. Pan, R.X. Leng, X.P. Li, et al. : Cytokine & Growth Factor Rev., **24**, pp.515-526 (2014)
15) C.D. Hook and D.B. Kurprash : Mol. Biol., **45**, pp.36-46 (2011)
16) A.L. Croxford, P. Kulig and B. Becher : Cytokine & Growth Factor Rev., **25**, pp.415-421 (2014)
17) B. Thaci, C.E. Brown and E. Binello, et al. : Neuro-Oncology, **16**, pp.1304-1412 (2014)
18) A.D. Panopoulos and S.S Watowich : Cytokine, **42**, pp.277-288 (2008)
19) G. Tian, J.L. Li, D.G. Wang and D. Zhou : Cell BIochem. Biophy., **70**, pp.37-49 (2014)
20) C. Garlanda, C.A. Dinarello and A. Mantovani : Immunity, **32**, pp.1003-1018 (2013)

索引

【あ】

アウターシェル	267
アクチン	176
アクチン線維	19
アゴニスト	28
足場	284
足場材料	285
アスパラギン	299
アスパラギン酸	299
アスピディン	166, 201
アダプタータンパク質	31
圧迫プレート	251
アデノシン三リン酸	16, 117
アテロコラーゲン	126
アミノ酸	298
アミロイドファイバ	103
アラニン	298
アルカリ可溶化コラーゲン	125
アルギニン	299
アルキルトリメチル四級アンモニウム	296
アルキルフェノールポリエステルエチレンオキシド	297
アンタゴニスト	28

【い】

異常プリオン	160
イソロイシン	298
一次能動輸送	35
遺伝子工学	90
遺伝毒性	69
イミノ酸	133
インサート	261, 264
飲作用	38
インスリン様増殖因子	291
インターナルノーマライゼーション	216

インターフェロン	153, 294
インターロイキン	8, 293
インターロイキン-1	294
インターロイキン-10	294
インテグリン	29
イントロン	207
インバースアゴニスト	28

【う】

ウエスタンブロット	208
内側のみの人工膝関節片側置換術	267
ウロコ	159, 161

【え】

液晶鋳型モデル	54
液性免疫	9
エキソサイトーシス	38
エキソン	207
エピトープ	12
エフェクター領域	27
エラスチン	3
エンドクリン FGF	7
エンドサイトーシス	38
エンドソーム	17
エンドトキシン汚染	142

【お】

応力遮蔽	269, 271
オキシニウム	266
オステオカルシン遺伝子	240
オステオン	168
オートクライン	8
オプソニン化	67
親ゼラチン	132
オリゴ DNA マイクロアレイ	214
オリゴメリックアルキルポリエチレンオキシド	297

【か】

階層型クラスター化法	235
外側塊スクリュー	257
回転培養	192
界面活性剤	296
海綿骨	168, 249
海綿骨スクリュー	250
海綿層	165
核酸類導入	156
核磁気共鳴画像	77
角膜	162
角膜実質	162
角膜上皮	162
角膜内皮	162
角膜内皮細胞	163
過誤支配	188
活動電位	34
滑面小胞体	16
カドヘリン	26
カノニカル FGF	7
カベオリン介在	64
可溶化コラーゲン	123
可溶化率	141
可溶性コラーゲン	123
顆粒球	9
顆粒球コロニー刺激因子	293
顆粒球マクロファージコロニー刺激因子	294
カルモジュリン	14
間期	170
寛骨臼コンポーネント	267
肝細胞増殖因子	285, 291
関節	261
関節軟骨	261
関節包	261
間葉系幹細胞	159, 167

【き】

基質	159

基底膜	2	光感受性物質	74	コンドロイチン硫酸A	289
基底膜様組織	163	交換輸送体	35	コンドロイチン硫酸B	289
キトサン	188	抗　原	11	コンドロイチン硫酸C	289
キナーゼ	6	抗原決定基	12	コントロール遺伝子	217
逆マイクロエマルジョン	51	抗原提示細胞	9	【さ】	
吸　収	31	交互浸漬法	198		
吸収置換型人工骨	280	抗コラーゲン抗体	136	細口径人工血管	155
凝集構造	50	好酸球	9	サイトカイン	8, 293
凝集成長モデル	48	後十字靱帯	196	サイトゾル	15
競争阻害剤	28	合成高分子	87	細　胞	284
協奏的会合モデル	54	光線力学的治療法	74	細胞外マトリックス	1, 115
胸　椎	254	構造タンパク質	115	細胞核	15
共役系高分子からなるナノ粒子	102	酵素可溶化コラーゲン	125	細胞骨格	176
		酵素結合免疫測定法	92	細胞質	15
共輸送体	35	抗　体	9, 11	細胞質基質	15
金属終盤	261	抗体産生	147	細胞質ゾル	15
【く】		好中球	9	細胞周期	170
		剛毛様構造	4	細胞小器官	15
グアノシン三リン酸	17	骨移植	276	細胞性免疫	9
クラスリン介在	64	骨　棘	262	細胞接着ペプチド	110
グリコサミノグリカン	1, 289	骨形成タンパク質	181, 292	細胞増殖因子	6
グリシン	174, 298	骨再生誘導法	188	細胞礎質	15
グリセロリン脂質	21	骨セメント	265	細胞毒性	69
グルコース輸送体	36	骨セメント固定	264	細胞表層ディスプレイ法	86
グルタミン	299	骨粗鬆症	272	細胞分化	7
グルタミン酸	299	骨単位	168	細胞膜	14
グローバルノーマライゼーション	216	骨髄腔	168	サクシニル化コラーゲン	136
		骨伝導能	282	酸化亜鉛ナノ粒子	226
クロマチン	16	骨　頭	267	酸化ジルコニウム	222
【け】		骨トンネル	197	酸化銅ナノ粒子	231
		骨　膜	168	酸可溶性コラーゲン	124, 125
脛骨コンポーネント	264	骨融解	266	【し】	
軽　鎖	11	骨誘導再生	181		
頸　椎	254	骨誘導能	282	ジェミニ型	296
血液脳関門	35	骨様組織	166	紫外線	138
血管内皮細胞増殖因子	290	骨梁構造	249	自家腱	197
結合性調節	30	コーティング	144	自家骨	277
血小板	148	古典的核生成論	41	自家神経移植	187
血小板由来増殖因子	290	コネキシン	26	止血材	150
ケネディー経路	21	コーネルドット	78	自己組織化	85, 86
ケラタン硫酸	289	コラゲナーゼ	120	自己組織化単分子膜	99
ケラチノサイト	164	コラーゲン	2, 159	自己分泌	8
ゲルクロマト法	131	コラーゲン線維	161	脂質二重層	21
ゲル内三次元培養	144	コラーゲンヘリックス	118	脂質ラフトモデル	24
原　料	140	ゴルジ体	16	歯周組織再生誘導法	152
【こ】		ゴールドマン・ホジキン・カッツの電位方程式	26	シスゴルジ網	16
				システイン	298
コアシェル	195	コレステロール	23	膝蓋骨コンポーネント	264
好塩基球	9	コンドロイチン硫酸	191	シトソール	15

索　引　303

霜柱技術	179	ステント	228	大腿骨コンポーネント
重　鎖	11	ストレスシールディング		264, 267
充填度	55		269, 271	大腿骨転子部骨折 271
手術補助剤	154	スフィンゴリン脂質	21	代替試験法 145
樹状細胞	9			代用硝子体 154
受動拡散	32	【せ】		ターゲット 214
腫瘍壊死因子	294	成形方法	138	多孔質人工骨 279
受容体型セリン/トレオ		成長因子	159	多孔体 178
ニンキナーゼ	6	セカンドメッセンジャー 28		脱灰凍結乾燥骨 277
受容体型チロシンキナーゼ		脊柱管	255	脱細胞 143
6, 290, 291, 294		脊　椎	254	単一分散 46
硝子体液	163	赤方遷移	186	単　球 9
硝子軟骨	262	受容体型セリン/トレオニ		単純拡散 33
上皮細胞	167	ンキナーゼ	292	単輸送体 35
上皮細胞増殖因子	290	ゼータ電位	44	
小胞体	16	石灰化	156	【ち】
常量必須元素	13	セメント固定	269	チタン合金 222
食作用	38	ゼラチン	119, 132	緻密層 165
ジルコニア	222	セラノスティック	81	中間径線維 19
ジーンオントロジー	221	セラミド	22	中空スクリュー 250
人魚共通ウイルス	160	セリン	298	中性塩可溶性コラーゲン
神経再生法	188	線維芽細胞	165	124, 125
神経細胞増殖因子	291	線維芽細胞増殖因子	6	超高分子量ポリエチレン 265
人工肩関節	273	繊維状ファージ	89	チロシン 298
人工気管	155	前十字靱帯	196	
人工股関節	267	染色体	16	【つ】
人工股関節全置換術	267	仙　椎	254	椎間関節 254
人工骨	277	選別/標的シグナル	37	椎間孔 255
人工骨頭置換術	272			椎間板 254
人工多能性幹細胞	285	【そ】		椎　弓 255
人工椎間板	261	増殖/分化因子	292	椎弓根スクリュー 256
人工膝関節	263	相同ファミリー	6	椎　体 254
人工膝関節全置換術	263	層板構造	162	椎体間スペーサー 258
人工肘関節	274	相分離モデル	54	
人工指関節	275	促進拡散	33	【て】
人獣共通ウイルス	160	促進拡散輸送体	36	ティラピア 171
新生骨	179	組織工学的手法	284	デオキシリボ核酸 15
靱帯再建	196	ソーセージケーシング 143		デスモソーム 26
浸　透	33	粗面小胞体	16	テネイシン 3
真　皮	164	ゾルゲル法	46	デスメ膜 162
親和性調節	30	ソルビタンエステル	297	デルマタン硫酸 289
				テロペプチド 116
【す】		【た】		伝令 RNA 207
水解小体	17	対向輸送体	35	
水酸アパタイト	164	代　謝	32	【と】
髄内釘	253	体性幹細胞	192	凍結乾燥骨 277
スクリュー	249	大腿骨近位部骨折	271	凍結保存骨 277
ステム	267	大腿骨頚部骨折	271	同種保存骨 277
ステロイド	16			ドライアイ 151

トランスゴルジ網	16	ハイブリダイゼーション		プローブ	214
トランスサイトーシス	38		206, 216	プロペプチダーゼ	119
トリスケリオン	39	ハウスキーピング遺伝子	217	プロリン	173, 298
トリプトファン	298	パーシャルアゴニスト	28	分子進化	86
トリブロック共重合体	297	パスウェイ解析	228	分子内架橋	122
トルイジンブルー	191	パスウェイデータベース	229	分子認識	85
トレオニン	298	白血球	9	分子ライブラリー	89
トロポコラーゲン	126	発泡技術	179	分　布	32
貪食細胞	9	ハーバース管	168	分裂期	170

【な】

		ハーバート型スクリュー	251	**【へ】**	
内　皮	165	馬尾神経	255		
ナチュラルキラー	9	バリン	298	ベースプレート	264
ナノコンポジット	168	半回神経麻痺	155	ヘパラン硫酸	289
ナノバイオニクス	159	半接着斑	26	ヘパラン硫酸プロテオグ	
ナノマテリアル	88			リカン	2
軟骨再生	192	**【ひ】**		ヘパリン	289
軟骨細胞	191, 192	ヒアルロン酸	191, 289	ペプチド	85
軟骨前駆細胞	192	非イオン性界面活性剤	297	ヘミデスモソーム	26
		非共有結合	85	変形性関節症	262
【に】		皮　甲	166	変性温度	128
		微細線維	19		
二酸化チタンナノ粒子	229	皮質骨	168, 249	**【ほ】**	
二次能動輸送	35	皮質骨スクリュー	250	放射性核種画像	77
二相リン酸カルシウム		微小管	19	房　水	163
セラミックス	238	ヒスチジン	299	ボウマン層	162
日常生活活動	262	必須元素	13	保湿効果	146
		ヒドロキシプロリン	116, 173	保湿性維持	146
【ぬ～の】		ヒドロキシシリシン	116	補体系	12
ヌクレオシド	17	皮内テスト	150	ボトムアップ	104
ヌクレオチド	17	表面開始重合法	59	ボラ型	296
熱混練法	184	表面酸化処理ジルコニウム		ポリクローナル抗体	12
熱変性	132	合金	266	ポリ乳酸	184, 249
ネルンストの式	25	表面修飾	99	ポリブロック共重合体	297
能動輸送	32	表面プラズモン共鳴法	93	ホルモン	8
ノンセメント固定	268	微量必須元素	13	翻訳後修飾	174
ノンセメントステム	269	非連結型	274		
				【ま】	
【は】		**【ふ】**		マイクロエマルジョン法	51
バイオインフォマティクス		ファゴサイトーシス	38, 120	マイクロ気孔	282
	225	ファージディスプレイ法	86	マイクロサージャリー	188
バイオガラス	221	フィブロネクチン	2	マーカー遺伝子	239
バイオパニング	90	フェニルアラニン	298	マクロピノサイトーシス	38
バイオマテリアル	148	プラズマメンブレイン	14	マトリックスメタロプロ	
配　向	140	プレクロッティング	153	テアーゼ	5, 120
胚性幹細胞	208, 285	プレシーリング	153		
排　泄	32	プレート	251	**【み】**	
ハイドロキシアパタイト		フロキュレーション	50	ミカエリス・メンテンの式	
	220, 278	プロコラーゲン	119		35
		プロテオグリカン	1, 4	ミスフォールド	103

ミセル会合モデル	54	有機・無機複合体	168	リコンストラクションプレート	251
ミトコンドリア	16	有機修飾シリカ粒子	76	リコンビナントコラーゲン	142
未分化細胞	165	誘導適合	94	リシルオキシダーゼ	123
		輸送小胞	38	リシン	299
【め】		輸送体	24	リソソーム	17
メソポーラスシリカ粒子	78	輸送体/トランスポーター	32	リボ核酸	16
メタクロマジア染体	191			リボソーム	16
メタロチオネイン	242	【よ】		流動モザイクモデル	24
メチオニン	298	陽イオン系界面活性剤	296	量子ドット	194
メチル化コラーゲン	136	溶血	69	リンカー四糖	4
免疫グロブリン	11	腰椎	254	リン酸三カルシウムセラミックス	220
免疫グロブリン・スーパーファミリー	294	陽電子放射断層法	77	リン脂質	21
		溶媒混練法	184	リンパ球	9
【も】		【ら】			
モジュラータイプ	267	ライソソーム	17	【る】	
モノクローナル抗体	12	ライソゾーム	17	類骨形成細胞	165
モノマー添加モデル	48	ライナー	267		
		ラインウィーバー・バークプロット	35	【れ】	
【や】				レッドシフト	186
薬剤	284	ラクーナ	191	連結型	274
薬剤担体	284	ラチローゲン	123		
薬物送達システム	40	【り】		【ろ】	
ヤブロンスキー図	74	リアルタイム定量 PCR	207	ロイシン	298
【ゆ】		リガンド結合領域	27	ロッキングプレート	252
有害元素	13				

【A】		C-dot	78	ELISA 法	92
		CD 分類	12	EPR 効果	41
ADAM	5	CM-セルロースクロマト法	130	ER	16
ADL	262			ES cell	285
ADME	32	CNT	41	ES 細胞	208
anatomical plate	251	CPN	102		
ATP	16, 117	CSD 法	86	【F】	
A-W ガラスセラミックス	278	CuO ナノ粒子	231	Fab 領域	11
【B】		【D】		Fc 領域	11
BBB	35	DDS	40, 284	FGF	6
BCP	238	DNA	16	FGF19	7
Bglap2	240	DNA チップ	205, 214	FHF	6
BMP	181, 292	DNA マイクロアレイ	205, 211	fiber	122
BMPs	284	dye	191	fibril	122
B 細胞	9	【E】		Flory-Stockmayer 理論	47
【C】		ECM	1	FLS	129
cDNA	212	ED	27	【G】	
cDNA マイクロアレイ	214	EGF	290	G1 期	170
				G2 期	170

GAG	1	
GBR 膜	181	
G-CSF	293	
GDF	292	
Gene チップ	214	
GHK 方程式	26	
GLUT	36	
Gly	174	
Gly-X-Y	117	
GM-CSF	294	
GO	221	
grafting from 法	59	
grafting to 法	59	
GTP	17	
GTR 法	152	

【H】

HA	220, 278	
Helfrich の弾性板モデル	65	
HGF	285, 291	
Higuchi の式	79	
HSP	2	
HyP	173	
H 鎖	11	

【I】

IFN	294	
IFN-a	153	
Ig	11	
IgA	11	
IgD	12	
IgE	11	
IGF	291	
IgM	11	
IL	8, 293	
IL-1	294	
IL-10	294	
in vitro 評価	218	
in vivo 評価	218	
iPS cell	285	
iPS 細胞	209	

【K】

K-means クラスター化法	235	
Korsmeyer-Peppas の式	80	

【L】

LaMer 機構	43	
LBD	27	
L 鎖	11	

【M】

M13 ファージ	89	
MFS	36	
microfibril	122	
MMP	5, 120	
MRI	77	
mRNA	207	
MSC	167	
M 期	170	

【N】

NGF	291	
NK	9	

【O】

ORMOSIL	76	

【P】

PDGF	290	
PDT	74	
PD 法	86	
PET	77	
pH 自己調整機能	186	
PLA	184, 249	
PMMA	264	
PMMA 骨セメント	265	
Pro	173	
PS	74	

【R】

RER	16	
RNA	16	

【S】

SAM	99	
SDS-PAGE	131	
SDS ポリアクリルアミドゲル電気泳動	131	
SER	16	
siRNA	232	
SLS	129	
SLS 線維	118	
Smoluchowski 理論	49	
SPR 法	93	
S 期	170	

【T】

TAT	77	
TCP	220	
TiO_2 ナノ粒子	229	
TNF	294	
T 細胞	9	

【U】

UHMWPE	265	

【V】

VEGF	290	

【W】

W/O エマルジョン	51	

【Z】

ZnO ナノ粒子	226	

【数字】

1 色法	216	
I 型コラーゲン分子	116	
I 型サイトカイン受容体	293	
II 型コラーゲン	191	
II 型サイトカイン受容体	294	
III 型サイトカイン受容体	294	
2 色法	216	
4D Stagger	119	

【ギリシャ文字】

α 鎖	116	
α 成分	130	
β-TCP	184, 278	
β 鎖	131	
β シートペプチド	103	
β 成分	130	
β-リン酸三カルシウム	184, 278	
γ 鎖	131	
γ 成分	130	
γ 線照射	137	
ζ 電位	44	

―― 著者略歴 ――

伊藤　博（いとう　ひろし）：3章
1978年　成蹊大学大学院修士課程修了
　　　　（工業化学専攻）
1978年　株式会社高研
2009年　横浜市立大学客員教授（兼任）
2010年　大日精化工業株式会社
　　　　現在に至る

芹澤　武（せりざわ　たけし）：2章
1996年　東京工業大学大学院博士後期課程修了
　　　　（バイオテクノロジー専攻）
　　　　博士（工学）
1996年　鹿児島大学助手
1999年　鹿児島大学助教授
2004年　東京大学助教授
2007年　東京大学准教授
2011年　東京工業大学教授
　　　　現在に至る

早乙女　進一（そうとめ　しんいち）：6章
1995年　東京医科歯科大学医学部医学科卒業
2003年　東京医科歯科大学大学院博士課程修了
　　　　（整形外科学専攻）
　　　　博士（医学）
2003年　科学技術振興機構CREST研究員
2005年　東京医科歯科大学疾患遺伝子研究センター教員
2007年　東京医科歯科大学大学院准教授
　　　　現在に至る

花方　信孝（はながた　のぶたか）：5章
1994年　東京大学大学院博士課程修了
　　　　（先端学際工学専攻）
　　　　博士（工学）
1994年　三井造船株式会社千葉研究所
1997年　東京大学先端科学技術研究センター助教授
2001年　東京工科大学教授
2005年　物質・材料研究機構主席研究員
2008年　北海道大学生命科学院連携分野教授（兼任）
2011年　物質・材料研究機構ナノテクノロジー融合ステーションステーション長
　　　　現在に至る

吉岡　朋彦（よしおか　ともひこ）：1章
2001年　岡山大学工学部生物機能工学科卒業
2006年　岡山大学大学院博士後期課程修了
　　　　（生体機能科学専攻）
　　　　博士（工学）
2007年　東京工業大学助手
2014年　岡山大学准教授
　　　　現在に至る

澤田　敏樹（さわだ　としき）：2章
2007年　日本学術振興会特別研究員（DC1）
2010年　東京工業大学大学院博士後期課程修了
　　　　（生物プロセス専攻）
　　　　博士（工学）
2010年　東京大学助教
2012年　東京工業大学助教
　　　　現在に至る

多賀谷　基博（たがや　もとひろ）：4章
2006年　東京工業大学大学院博士前期課程修了
　　　　（物質科学創造専攻）
2006年　ソニー株式会社マテリアル研究所
2008年　物質・材料研究機構生体材料センター
2010年　東京工業大学大学院博士後期課程修了
　　　　（材料工学専攻）
　　　　博士（工学）
2010年　日本学術振興会特別研究員PD
2011年　長岡技術科学大学助教
2014年　長岡技術科学大学テニュアトラック特任准教授
　　　　現在に至る

―― 編著者略歴 ――

生駒　俊之（いこま　としゆき）：1章，4章
- 1994年　早稲田大学理工学部資源工学科卒業
- 1999年　早稲田大学大学院博士課程修了
　　　　　（資源および材料工学専攻）
　　　　　博士（工学）
- 1999年　科学技術振興事業団科学技術特別研究員
- 2003年　物質材料研究機構生体材料研究センター
- 2010年　東京工業大学准教授
　　　　　現在に至る

田中　順三（たなか　じゅんぞう）：4章
- 1972年　静岡大学理学部化学科卒業
- 1972年　科学技術庁無機材質研究所
- 1984年　工学博士（東京工業大学）
- 2001年　物質・材料研究機構生体材料研究センター
- 2003年　北海道大学教授（兼任）
- 2006年　東京工業大学教授
- 2015年　東京工業大学名誉教授
- 2015年　物質・材料研究機構
　　　　　現在に至る

ナノバイオとナノメディシン
――― 医療応用のための材料と分子生物学 ―――
NanoBio and NanoMedicine ― Material and Molecular Biology for Medical Application ―
© Ikoma, Tanaka, Itoh, Serizawa, Sotome, Hanagata, Yoshioka, Sawada, Tagaya　2015

2015年10月2日　初版第1刷発行　　　　　　　　　　　　　★

検印省略	編著者	生駒	俊之
		田中	順三
	著　者	伊藤	博武
		芹澤	武
		早乙女	進一
		花方	信孝
		吉岡	朋彦
		澤田	敏樹
		多賀谷	基博
	発行者	株式会社　コロナ社	
	代表者	牛来真也	
	印刷所	萩原印刷株式会社	

112-0011　東京都文京区千石 4-46-10
発行所　株式会社　コロナ社
CORONA PUBLISHING CO., LTD.
Tokyo Japan
振替 00140-8-14844・電話(03) 3941-3131(代)

ホームページ http://www.coronasha.co.jp

ISBN 978-4-339-06749-1　　（金）　（製本：愛千製本所）
Printed in Japan

本書のコピー，スキャン，デジタル化等の無断複製・転載は著作権法上での例外を除き禁じられております。購入者以外の第三者による本書の電子データ化及び電子書籍化は，いかなる場合も認めておりません。

落丁・乱丁本はお取替えいたします